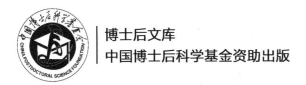

博士后文库
中国博士后科学基金资助出版

区间分析岩土工程理论与方法

唐利民　郑健龙　著

U0230929

科　学　出　版　社

北　京

内 容 简 介

　　本书是关于区间分析岩土工程理论与方法的专著,系统介绍区间变量及区间分析理论在岩土工程领域的最新研究成果。本书共9章,主要内容包括区间分析基础、INTLAB工具箱、岩土参数区间取值基本理论、区间超宽度的处理理论、区间分析土力学、区间岩土本构模型的构建方法、区间适定反演分析理论和方法、区间分析变形监测基础及区间分析岩土工程计算实例。

　　本书可供高等院校、科研院所相关专业的教师与研究生参考,也可供从事岩土工程及其他土木类工程科研、设计、施工与建设管理人员使用。

图书在版编目(CIP)数据

区间分析岩土工程理论与方法/唐利民,郑健龙著.—北京:科学出版社,2017.6
　(博士后文库)
　ISBN 978-7-03-052988-6

Ⅰ.①区⋯　Ⅱ.①唐⋯②郑⋯　Ⅲ.①岩土工程-区间-分析-研究
Ⅳ.①TU4

中国版本图书馆 CIP 数据核字(2017)第 118007 号

责任编辑:杨向萍　张晓娟 / 责任校对:桂伟利
责任印制:吴兆东 / 封面设计:陈　敬

科 学 出 版 社 出版
北京东黄城根北街 16 号
邮政编码:100717
http://www.sciencep.com

北京九州迅驰传媒文化有限公司 印刷
科学出版社发行　各地新华书店经销
*
2017 年 6 月第 一 版　开本:720×1000　1/16
2023 年 1 月第四次印刷　印张:15
字数:302 000

定价:108.00元
(如有印装质量问题,我社负责调换)

《博士后文库》编委会名单

《博士后文库》序言

1985 年,在李政道先生的倡议和邓小平同志的亲自关怀下,我国建立了博士后制度,同时设立了博士后科学基金。30 多年来,在党和国家的高度重视下,在社会各方面的关心和支持下,博士后制度为我国培养了一大批青年高层次创新人才。在这一过程中,博士后科学基金发挥了不可替代的独特作用。

博士后科学基金是中国特色博士后制度的重要组成部分,专门用于资助博士后研究人员开展创新探索。博士后科学基金的资助,对正处于独立科研生涯起步阶段的博士后研究人员来说,适逢其时,有利于培养他们独立的科研人格、在选题方面的竞争意识以及负责的精神,是他们独立从事科研工作的"第一桶金"。尽管博士后科学基金资助金额不大,但对博士后青年创新人才的培养和激励作用不可估量。四两拨千斤,博士后科学基金有效地推动了博士后研究人员迅速成长为高水平的研究人才,"小基金发挥了大作用"。

在博士后科学基金的资助下,博士后研究人员的优秀学术成果不断涌现。2013 年,为提高博士后科学基金的资助效益,中国博士后科学基金会联合科学出版社开展了博士后优秀学术专著出版资助工作,通过专家评审遴选出优秀的博士后学术著作,收入《博士后文库》,由博士后科学基金资助、科学出版社出版。我们希望,借此打造专属于博士后学术创新的旗舰图书品牌,激励博士后研究人员潜心科研,扎实治学,提升博士后优秀学术成果的社会影响力。

2015 年,国务院办公厅印发了《关于改革完善博士后制度的意见》(国办发〔2015〕87 号),将"实施自然科学、人文社会科学优秀博士后论著出版支持计划"作为"十三五"期间博士后工作的重要内容和提升博士后研究人员培养质量的重要手段,这更加凸显了出版资助工作的意义。我相信,我们提供的这个出版资助平台将对博士后研究人员激发创新智慧、凝聚创新力量发挥独特的作用,促使博士后研究人员的创新成果更好地服务于创新驱动发展战略和创新型国家的建设。

祝愿广大博士后研究人员在博士后科学基金的资助下早日成长为栋梁之才,为实现中华民族伟大复兴的中国梦做出更大的贡献。

中国博士后科学基金会理事长

前　言

岩土工程涉及两大重要研究课题,一是岩土的基本力学性质,二是岩土工程问题计算方法的研究及验证。岩土的基本力学性质包括岩土力学参数的获取。以试验或检测为基础的参数抽样及获取方法,其"真值"难以获取,只能获得岩土力学参数值的一个范围。从量子效应和测不准原理看,岩土力学参数的"真值"是不能被最终确定的。

目前,一般用点变量表示岩土力学参数的取值。由于岩土参数本身的复杂性及土工试验采样的特点,点变量不能充分反映岩土体的不均匀性等复杂特征。针对点变量表达岩土力学参数的不足,本书采用区间变量来表达岩土力学参数。在此基础上,基于区间分析理论,结合岩土工程相关理论问题,对区间分析岩土工程的基本理论问题进行研究,重点构建区间分析土力学的基本理论框架。结合岩土工程实际问题,提供区间分析在岩土工程诸多领域中的计算实例。

全书共9章,第1章对区间分析(区间数学)这个新的数学分支做简单介绍;第2章介绍区间分析计算工具箱 INTLAB 的安装及基本计算操作;第3章讨论岩土参数区间取值的各种方法,明确指出区间取值理论是区间分析岩土工程的基础理论;第4章介绍区间超宽度理论,重点讨论消除或减少区间超宽度的几种方法;第5章基于经典土力学知识,着重讨论区间分析土力学的基本理论,建立起区间分析土力学的基本框架;第6章探讨区间莫尔-库仑准则、一般区间岩土本构模型及区间非饱和膨胀土抗剪强度模型的构建理论和方法;第7章讨论区间适定反演分析的基本理论,重点分析区间适定反演的步骤和方法;第8章主要探讨区间分析理论在岩土工程变形监测领域的应用;第9章给出区间分析在岩土工程九个方面的计算实例,每道例题均提供了 INTLAB 可执行代码,方便读者自行练习。

从点变量到区间变量的拓展,是计算数学向前发展的一大步。区间分析岩土工程是对目前以点变量为理论基础的岩土工程学科的一步推进。本书的出版也为进一步研究和推广基于区间指标的岩土工程、路基路面工程、建筑工程、水利工程等工程领域专业的试验、设计、施工、验收等方面的理论与方法(包括相关规范规程)奠定了部分基础。

本书的出版得到了中国博士后科学基金资助项目(2013M531776)、国家重点研发计划(2017YFC0805300)、湖南省自然科学青年基金资助项目(14JJ3090)、湖南省教育厅优秀青年项目(15B010)、长沙理工大学公路养护技术国家工程实验室开放基金重点资助项目(kfj140102)、2016 年度博士后研究人员优秀学术专著出版资助、现代公路交通基础设施先进建养技术协同创新中心和长沙理工大学出版资助的支持,在此一并表示感谢!

　　研究生王雷和谢佳伟承担了本书部分编校工作,科学出版社的张晓娟编辑及其同仁对本书的出版给予了大力支持和帮助,在此表示感谢!

　　区间分析是一门非常年轻的数学分支,区间分析岩土工程的研究更是刚刚起步。无论区间分析本身的理论,还是区间分析岩土工程的基本理论,均有待进一步深入研究。限于作者水平,书中难免存在不足之处,敬请广大读者批评指正。

目　　录

第1章　区间分析基础

1.1　区间分析简介

区间分析(interval analysis),又称区间数学,是一门用区间变量代替点变量进行运算的数学分支,最初是从计算数学的误差理论研究发展起来的[1-3]。区间分析理论是美国数学家Moore[4-6]在20世纪60年代第一次系统提出的。为了提高计算结果的可靠性,Moore基于数值计算与误差分析理论,借鉴前人的研究成果,提出了一套完整的区间分析与计算方法。随后,有关区间分析的研究越来越多。随着基础理论的发展,区间分析方法越来越受到关注,人们发现其可以有更为广泛的应用。

1.1.1　区间分析理论的提出

由于计算机有限字长的限制,绝大多数实数无法被计算机精确存储,这种真实值和近似值之间的误差在有限精度的浮点计算机上进行运算时将会被进一步传播。同时,由于测量精度问题,输入数据本身存在的误差也会在计算中被传播。由于存在这些因素,数值计算结果往往含有输入误差、舍入误差和截断误差等。虽然通过运算可以得到一个精确结果,但实质上这个结果并不准确,而且计算结果也不包含任何准确度的信息。人们通常认为,采用浮点计算机运算舍去小数点多位之后的误差应当不会对结果有太大影响,因此可以忽略不计。但实际情况并非如此。文献[6]中给出了一个例子:

设 $a=77617.0, b=33096.0$,试计算

$$f=333.75b^6+a^2(11a^2b^2-b^6-121b^4-2)+5.5b^8+\frac{a}{2b} \tag{1-1}$$

Rump基于IBM 370计算机,分别采用单精度、双精度、扩展精度模式对式(1-1)进行了计算。

单精度运算结果:$f=1.17260361\cdots$

双精度运算结果:$f=1.17260394005317847\cdots$

扩展精度运算结果:$f=1.17260394005317863185\cdots$

一般会认为至少计算结果的前几位有效数字(如1.172603)是正确的。但是,真实结果却是 $f=-0.82739605994683135$(误差为 10^{-7}),显然,IBM 370的计算

结果是错误的,甚至连符号都不对。

为了提高计算结果的可靠性,并且能够自动进行误差分析,美国数学家 Moore 提出了区间分析理论。区间分析(又称区间计算、区间数学)理论是定义在区间集上的数学理论,它是将一个实数用一个包含其真值的区间表示,并利用区间进行计算的理论与算法。区间分析思想最早出现于文献[1]~[3]中。公认的区间分析理论的奠基人是美国数学家 Moore,他在 1962 年的博士论文中提出了较完整的区间分析理论[4],并于 1966 年出版了专著《区间分析》[5]。随后该理论迅速发展,很快成为计算数学的一个较活跃的分支。区间分析以区间来实现对数据的存储与运算,运算结果保证包含所有可能的真实值,即结果是准确可靠的。另外,人们可以很方便地把某些不确定性计算参数表述为区间并直接包含在区间算法之中,这在实际应用中也具有重要意义,如土木工程中的结构计算参数及反演分析。区间分析理论从产生至今,已经在科学计算和工程领域中得到了大量成功的应用。

1.1.2　区间分析研究工具和资源

区间分析理论产生至今,已经引起了研究者的极大关注。美国、德国、法国、加拿大等许多国家的知名大学成立了相关的研究中心。美国路易斯安那大学拉法叶分校、美国得克萨斯大学埃尔帕索分校、德国汉堡大学等在区间分析求解非线性方程组和全局优化及优化软件包实现等方面取得的突出成果,是区间理论研究最成功、最典型的代表。IEEE 控制系统学会成立了一个专门研究区间方法在控制领域应用的组织,给研究者提供交流平台。1991 年,一个专门的国际期刊被用来发表区间分析方面的研究成果,原名为《区间计算》(*Interval Computations*),1995 年更名为《可靠计算》(*Reliable Computing*)。随着感兴趣研究者的增多,学者们还定期召开区间分析国际会议和一些特别会议,讨论和交流区间分析的最新研究成果。另外,在数值分析、可靠计算、计算机、人工智能、控制等领域的国际会议也有相关的特别专题。

同时,支持区间计算的软件也在不断增加,人们可以在互联网上得到越来越多与区间计算有关的资源。区间算法常用的编程语言包括 C++、Fortran、MATLAB 等。人们开发了一些区间软件库来实现在浮点计算机上进行严格的区间运算,如 INTLAB、PROFIL/BLAS 等。此类软件库通常都包含基本区间算术运算、集合运算、基本初等函数,以及一些工具子程序等。其中,Rump 教授带领团队开发的 INTLAB 工具箱,使用较为方便且有广泛的应用。

区间计算的一个重要信息网站是 http://cs.utep.edu/interval-comp/main.html。该网站提供了许多区间分析研究的信息和相关链接,包括区间分析简介、编程语言、区间运算库链接地址、研究者的主页地址、区间计算专门杂志《可靠计算》的链接等。

1.1.3　区间分析研究方向和现状

区间分析或称区间数学,是近五十多年发展起来的一个新的数学分支,其基本思想是用区间变量代替点变量进行计算。

"区间"在数学上的使用可追溯到 20 世纪 30 年代以前,例如,用有理数端点的"区间套"定义实数等。但区间分析作为一个数学分支出现却是近五十多年的事情。由于科学技术和工程问题对计算提出越来越高的要求以及高速计算工具——电子计算机的迅速发展,误差问题变得非常突出。工程问题中给出的初始数据总是有误差的,中间计算也总有截断误差的累积。这就使计算结果具有一定的误差。怎样才能估计计算结果的误差?这是摆在 20 世纪 60 年代初期计算数学面前的紧迫课题。以美国斯坦福大学 Forsythe 和英国牛津大学 Fox 为首的计算数学家多次开会讨论研究误差问题,后来发展成两种不同的误差估计理论。一种是以 Wilkinson 为代表的预先估计的理论,另一种就是区间分析的理论。

区间运算是指定义在区间集合上的运算,较早的区间运算形式出现在 1924 年 Burkill[1] 和 1931 年 Young[2] 的文献中,1958 年 Sunaga[3] 也对区间运算进行了研究。1962 年,美国斯坦福大学的 Moore[4] 发表了其博士论文,1966 年在其博士论文基础上,出版了经典著作《区间分析》[5],该书系统地提出了区间运算的理论。此后,区间分析的研究大范围地开展起来,区间算法很快就成为计算数学的一个活跃分支。国际杂志 *Reliable Computing* 专门发表区间算法的最新研究成果,由俄罗斯和西欧合办,每年刊载的文献有一百多篇。其他相关的杂志还有 *Computing*、*Global Optimization*、*SIAM Journal on Numerical Analysis* 等。此外,每年都有很多涉及区间算法的国际会议。德国弗赖堡大学应用数学所还设有专门的"区间图书馆"。在数学研究中,涉及区间分析的有区间代数、区间拓扑、区间几何和区间微积分等,更多是应用于计算数学和工程部门及其他科学,如区间软件、区间逼近、数学规划、系统识别、统计和心理学,在此基础上,还发展出了圆域分析、集值函数计算等相近理论。以上这些理论可统称为区间数学。

五十多年来,区间分析理论受到了广泛的关注并逐渐被越来越多的人们所接受,同时有大量的相关著作出版[6-10]。而关于区间分析的论文也在不断增加,区间分析开始从理论走向实际,在越来越多的领域发挥作用。

1. 国外研究进展

区间分析逐渐成为应用数学的一个分支,其在数学、计算机、工程科学等领域的应用越来越多,发表的文献无法计数,推动了相关领域的科技进步,为部分领域的研究工作提供了一个新的思路。

区间分析的最初思想是用来估计计算机的计算误差。其在数学领域的研究，较其他领域的工作更详尽、更丰富。Hansen[11]研究了区间分析方法对一维和多维情形下全局优化结果的求解；Caprani 等[12]讨论了中值形式的区间分析；Hansen 等[13]分析了带约束条件方程组的区间解；Hansen 等[14]探讨了区间牛顿方法；Rall[15]研究了中值和泰勒级数形式的区间分析；Matijasevich[16]讨论了后验条件下的区间分析；Oppenheimer[17]讨论了区间分析技术在线性系统中的应用；Soh 等[18]研究了连续和离散区间矩阵的稳定性；Ishibuchi 等[19]讨论了多目标规划的区间目标函数优化；Wang 等[20]比较了基于区间分析的自我验证和矩形二元正态概率算法的结果；Neumaier[21]讨论了一种线性方程组的区间分析算法；Ratschek 等[22]总结了区间分析在全局优化中的作用；Kearfott 等[23]研究了预条件的区间高斯-赛德尔方法；Dubois 等[24]探讨了随机集和模糊区间分析理论；Kubota 等[25]提出了快速自动化和区间分析相结合的舍入误差估计方法；Jaulin 等[26]通过区间分析进行非线性有界误差估计；Vaidyanathan 等[27]利用区间分析讨论了全局非凸非线性规划的优化及非凸的 MINLP 的区间分析；Mckinnon 等[28]基于区间分析讨论了相平衡问题的全局优化；Ichida[29]讨论了区间分析下的约束优化；Rao 等[30]提出了不确定结构系统的区间分析方法；Chen 等[31]则提出了区间卡尔曼滤波方法；Kieffer 等[32]研究了递推非线性状态估计的区间分析法；Hua 等[33]利用区间分析进行状态模型三次方程的可靠性计算；Markov 等[34]分析了 Sunaga 对区间分析和可靠性计算的贡献；Gau 等[35]利用区间分析进行非线性参数估计；Dubois 等[36]探讨了模糊区间分析方法；Bhattacharyya 等[37]讨论了模糊均值-方差-偏度的区间分析；Kolev[38]讨论了全局非线性分析的区间方法；Litvinov 等[39]研究了全幂等区间分析及优化问题；Hargreaves[40]开发了基于 MATLAB 的区间分析程序；Qiu[41]分析了采用凸模型和区间分析方法的结构静态响应比较结果；Casado 等[42]提出了基于梯度信息的区间分析支持函数在全局最小化算法中的应用；Moore 等[43]研究了区间分析法和模糊集理论；Su 等[44]基于区间分析提出了没有加宽和变窄的一类多项式可解的约束范围；Fusiello 等[45]使用区间分析解决全局收敛的自动校准；Andújar 等[46]讨论了基于区间数学的稳定性分析与多变量模糊系统的综合使用；Kearfott 等[47]提出了区间分析中的标准化符号方法；Fortin 等[48]讨论了模糊区间分析的常规数字及其应用；Abdallah 等[49]采用区间分析研究了盒粒子滤波的非线性状态估计。

区间分析在医学领域中，Fuster 等[50]基于区间分析研究了电池放电在电子视觉系统中的应用；Cheng 等[51]分析了视动性眼球震颤的影响；Blatz 等[52]研究了分门机制；Laguna 等[53]基于区间分析提出了 24h 动态心电图分析新算法等。区间分析在医学领域得到了广泛应用，主要包括心电图数据处理、细菌数据的分析和健康监测相关数据的分析等[54-64]。

在电路电子等领域，区间分析方法也得到了广泛使用。Oppenheimer 等[65]利用区间分析技术讨论了电路线性系统的初始值问题;Leenaerts[66]讨论了基于区间分析的电路设计;Timmer 等[67]分析了电子资源约束条件下区间分析的执行问题;Ratschek 等[68]采用区间分析来解决电路设计问题;Wabinski 等[69]利用区间分析来测量振幅和振动时间;Sadler 等[70]讨论了周期性脉冲的区间分析;Shi 等[71]根据参数变化对线性模拟电路进行了区间分析;Benedetti 等[72]研究了基于复数区间分析位宽度的 DSP 优化配置;Kieffer 等[73]、Barboza 等[74]也讨论了区间分析在电子信号处理中的应用。

计算机图形学中,Mitchell[75]研究了基于区间分析的射线相交方法;Snyder[76]讨论了区间分析在计算机绘图中的应用;Noblet 等[77]提出了一种基于分层变形和区间分析优化的 3D 变形图像配准拓扑技术。

化学物理方面,Stadtherr 等[78]、Kieffer 等[79]、Hua 等[80]、Braems 等[81]发表了相关研究论文。

机械制造和自动化领域中,区间分析的应用研究较多。Piazzi 等[82]基于区间分析研究了复杂机械制造的轨迹全局最小时间问题;Rao 等[83]基于区间分析提出机器人逆运动的解决措施;Kieffer 等[84]讨论了机器人自动定位的区间分析方法;Merlet[85]提出了基于区间分析的空间并联机构与指定工作空间的设计改进方法;Sainz 等[86]利用模态区间分析进行故障检测;Chablat 等[87]研究了以区间分析为基础的三自由度并联运动机床的设计;Lhommeau 等[88]提出基于区间分析的鲁棒控制器设计;Wu 等[89]讨论了区间方式为公差的应用;Lee 等[90]讨论了五点精度合成的区间分析;Madi 等[91]提出了基于区间分析的 LuGre 摩擦模型参数的建立和反演技术;Merlet[92]研究了求解 Gough 型并联机器人运动状态的区间分析方法;Hao 等[93]提出了基于区间分析的并联机器人多标准优化设计方法;Wu 等[94]提出了基于区间分析的机器人机械手关节的不确定性分析;Rocca 等[95]讨论了区间分析在散射数据处理和反演中的应用。

区间分析的另一个重要应用领域是材料力学和结构力学等力学领域。Dima-rogonas[96]提出了振动系统的区间分析;Qiu 等[97,98]基于区间分析对结构参数的不确定性非概率特征值问题进行了分析;Nakagiri 等[99]讨论了位移及荷载不确定性的有限元区间分析问题;Chen 等[100]分析了梁结构的区间有限元方法;Mcwilli-am[101]基于区间分析探讨了不确定结构的优化;Qiu 等[102]还研究了基于区间分析的非概率不确定性反优化技术;Chen 等[103,104]讨论了区间静态位移分析与区间参数及区间特征值分析等问题;Qiu 等[105-107]研究了使用非概率区间分析法、凸模型和区间分析方法来预测复合材料结构的屈曲问题,提出参数摄动法求解有界参数结构的动态响应等问题;Jiang 等[108]探讨了基于非线性区间数学规划和区间分析的一个不确定结构优化方法;Sim 等[109]基于区间分析对不确定但有界参数结构的模态进行了分析;Degrauwe 等[110]通过仿射算法对区间分析的有限元计算方法进行了改进。

岩土工程领域中,Valliappan 等[111]讨论了弹性地基梁的模糊有限元分析;Donald 等[112]探讨了边坡稳定性分析的方法;Beck 等[113]分析了基于贝叶斯统计理论的模型更新及其不确定性问题;Tonon 等[114]研究了岩石工程中参数测定范围的随机集理论;Dodagoudar 等[115]采用模糊集理论进行了边坡的可靠性分析;Hall 等[116]对工程系统故障的随机和模糊集可靠性进行了分析;Wojtkiewicz 等[117]探讨了大型计算工程中模型不确定性的量化问题;Wang 等[118]提出了比奥固结过程中的径向点插值法;Collins 等[119]分析了一簇土壤模型的热力学问题;Giasi 等[120]研究了 Aliano 边坡的模糊可靠度;Pichler 等[121]基于计算机软件对岩土工程模型的参数进行了反分析;Fetz 等[122]研究了模糊模型在岩土工程和施工管理中的应用;Schweiger 等[123]讨论了岩土工程中随机有限元方法的可靠性分析。

区间分析在经济领域和统计数据分析方面也有很好的应用[124,125]。

2. 国内研究进展

国内,区间分析在数学上的研究与应用开始于 20 世纪 80 年代,陈建杰[126]、祁力群[127]、沈祖和[128]、郭第渐[129]等讨论了区间分析在不确定系统能控性、运筹学、具有数据扰动的数学规划等问题中的应用。90 年代开始,区间分析在应用数学及数值分析方面的讨论与研究大量展开,张乃良等[130]提出了非线性规划的区间方法;马少青等[131]采用区间分析方法来求解定积分;张连生等[132]讨论了一类非光滑函数的区间扩展;吴和琴等[133]讨论了未确知数学在区间分析中的应用;谷同祥等[134]利用并行多分裂 GAOR 法求解线性区间方程组;吕雄[135]运用区间分析讨论了模糊数学的一些问题;申培萍等[136]对一类非光滑总体优化区间算法进行了数值分析;陈怀海[137]给出了一种非确定结构系统区间分析的直接优化法;甘作新等[138]讨论了多非线性区间 Lurie 系统的鲁棒绝对稳定性;陈怀海等[139]还提出了一种求解实对称矩阵区间特征值问题的直接优化法;申培萍等[140,141]还给出了求解多变量非光滑函数所有总体极小点的区间算法和一类非光滑总体极值的区间算法;刘兆君等[142]讨论了泰勒中间点分布的区间分析;郭书祥等[143]给出了区间有限元静力控制方程的一种迭代解法;李敏等[144]讨论了泛灰数在区间分析中的应用;吕震宙等[145]提出了一种改进的区间截断法;邱志平等[146]提出了非概率区间分析模型;王海军等[147]讨论了求凸多目标优化有效解集的区间算法;张燕新[148]详细讨论并提出了有穷区域上多极值优化的区间算法;宋协武等[149]给出了约束多目标优化问题的区间极大熵方法;申培萍等[150]则讨论了一类约束全局优化的区间方法;李苏北等[151]给出了一类线性规划问题的区间调节熵算法;彭瑞等[152,153]讨论了区间分析及其在控制理论、极大极小全局优化和鲁棒控制中的应用;黄时祥等[154]讨论了一种求 Lipschitz 连续函数全局最优值的区间算法;张帆等[155]提出了含不确定参数结构特征值界限的区间-椭球联合估算方法;邵俊伟[156]讨论了区间运算及其在不等式证明中的应用;杨卫锋等[157]分析了区间分析在非线性系统模型参数估计中的应用;姜浩[158]详细讨论了基于区间算法求解非线性方程组和全局最优化问题;郭惠昕等[159]提出了证据理论和区间分析相结合的可靠性优化设计方法;袁泉等[160]讨论了一类区间矩阵特征值界的性质;朱增青等[161]给出了一种不确定结构区间分析的仿射算法;林蓉芬[162]讨论了求解非线性区间方程和极大极小问题的区间算法;白影春[163]提出了一种求解大不确定性问题的区间优化方法;孙海龙等[164]对区间数排序方法进行了评述;侯晓荣等[165]讨论了基于区间分析的不等式自动证明;刘方芳[166]提出了基于区间运算的区间幂法;李梅等[167]讨论了无约束线性二层规划问题的区间算法;邵俊伟[168]讨论了基于实代数几何理论的区间系统鲁棒稳定性;赵志理[169]分析了区间线性规划的优化条件与区间矩阵分解问题。

区间分析理论在数学上的成熟应用,使其直接扩展到其他各行各业的应用。涉及的领域有建筑、交通、水电、工业、经济、自动化、农业、医学等,几乎所有可以用数学模型来表达的相关知识,都可以借鉴区间分析理论使本行业的研究和应用得到进一步的拓展。

在建筑结构领域,屠义强等[170]基于区间分析对结构系统非概率可靠性进行了分析;郭书祥等[171]考虑了概率-非概率混合结构体系失效概率的区间分析;吴杰[172]讨论了区间参数结构的动力优化;邱志平等[173]研究了结构疲劳寿命的区间估计;能肖文[174]详细分析了基于区间数学的有限元方法;佘远国等[175]给出了一种改进的区间有限元静力控制方程迭代解法;张建国等[176]提出了一种具有区间参数的不确定结构静力区间分析的算法;张秀国[177]利用区间因子法进行了区间参数的结构静动力分析;孙海龙等[178]分析了典型系统的区间可靠性;宋振华[179]利用区间方法研究了天线结构;戎瑞亚等[180]提出了非线性不确定结构动力响应的区间逐步离散法;梁震涛等[181]讨论了不确定结构动力区间分析方法;孙海龙等[182]还提出了结构区间可靠性分析的可能度法;朱增青等[183]研究了基于可信度约束结构分析的区间因子法;郭惠昕等[184]讨论了证据理论和区间分析相结合的可靠性优化设计方法;朱增青等[185]还提出了基于可信度约束结构分析的区间因子法;陈龙等[186]讨论了模糊性区间参数桁架结构的有限元分析;尼早等[187]研究了结构模糊区间可靠性分析方法;朱增青等[188]还分析了区间参数桁架结构动力特征值分析的概率处理;张洁等[189]则提出了基于度的结构区间可靠性分析方法研究;史文谱等[190]建议在力学教学中引入区间分析方法;祁武超等[191]讨论了基于区间分析的结构非概率可靠性优化设计。目前,基于区间分析的工程结构不确定性问题研究,一般有四个方面:不确定性结构系统的区间有限元分析;基于区间的非概率可靠性分析;工程结构区间反演分析;基于区间参数的结构优化设计。

在桥梁工程领域,王永刚等[192]讨论了区间分析在桥墩抗震性能评估中的应用;张鸿等[193]利用区间分析研究苏通大桥桥塔模板体系风振响应;叶士昭等[194]讨论了桥梁施工评估的神经网络模型和区间分析;马中军等[195]研究了混凝土桥梁应变的区间型预警阈值设定。

在隧道工程方面,苏静波等[196]讨论了地下隧洞结构区间分析的优化方法;张晓君等[197]研究了基于区间理论的高应力巷(隧)道围岩岩爆预测;贺启[198]、苏永华等[199]基于仿射算法对隧道衬砌承载进行了区间分析;邵国建等[200]讨论了区间可靠性分析方法及在地下隧道结构计算中的应用。

在岩土及路基工程、边坡稳定等领域,苏永华等[201]研究了基于区间变量的响应面可靠性的分析方法;孙河川等[202]提出了基于区间理论的黏性土降水沉降预测风险评价方法;李兴高[203]则提出了基于区间分析理论的地表沉降风险评价方法;苏静波[204]利用区间分析对土体参数敏感性分析进行了研究;蒋冲等[205]、赵明华等[206]研究了基于区间分析理论的岩土结构、挡土墙稳定性非概率可靠性分析;黄明奎[207]基于区间分析对粒径改良路基厚度进行了研究;张永杰等[208]提出了岩溶区公路路基稳定性的区间模糊评判分析方法;蒋冲等[209]还提出了利用区间理论对基桩响应面进行可靠度分析;朱冀军等[210]研究了基于区间分析的高等级公路土工结构物非概率可靠性;邱天[211]和喻和平[212]讨论了区间分析在边坡工程中的应用;罗麟[213]利用区间分析法对滑坡灾害风险进行了评价;于生飞等[214,215]研究了基于区间不确定方法的边坡稳定性分析及非概率可靠度评价。

在交通运输工程领域,严飞等[216]利用区间分析研究了考虑倒计时的交叉口公交优先检测器布设位置;余朝蓬等[217]讨论了车辆跟驰安全距离的区间分析方法;左丹[218]讨论了区间不确定需求下的交通用户平衡分配方法;郭玮娜[219]研究了公路货运量区间情景组合预测方法;尚晓旭[220]分析了基于区间分析的公路网设计方案风险评价;杨鹏[221]讨论了区间随机需求下混合公路网络设计方法;杨启福[222]则研究了区间不确定需求下的鲁棒混合公路网络设计模型;杨鹏等[223]提出了基于区间需求下系统总时间最小的混合交通网络设计优化模型。

在材料工程方面,邱志平等[224]提出了含不确定参数的复合材料板振动的区间分析法;邱志平等[225]研究了复合材料层合板屈曲荷载计算的区间分析算法;邱志平等[226]讨论了复合材料层合梁自由振动的区间分析;郭红玲[227]则利用蚁群算法求解了黏弹性区间反问题;孙民等[228]研究了基于界面元法含分层损伤复合材料层合板的区间分析。

在水利水电工程方面,蔡新等[229,230]讨论了覆盖层地基上面板堆石坝区间优化设计及土石坝结构区间优化设计;王登刚等[231]研究了混凝土坝振动参数区间逆分析;王济干等[232]讨论了区间分析在水资源配置和谐性评判中的运用;苏怀智等[233]和雷鹏等[234,235]研究了混凝土坝材料参数区间反演分析方法和基于 RNN 模型的坝体与岩基区间参数反演方法,并提出了考虑区间影响因素的混凝土坝变形监控指标。

1.2　区间分析计算基础

区间分析理论和算法对传统浮点算法进行了一个根本性的改革,它采用区间进行存储与运算,从而保证得到可靠的运算结果。区间分析方法为许多新的计算方法奠定了理论基础,如区间高斯消去法、区间牛顿法等。这些新算法解决了一些传统方法难以解决的问题,如区间线性方程组求解、非线性方程组求解和全局优化等。

1.2.1　区间表示

区间数学是定义在区间集合上的数学理论[6]。

实数集 R 上的一个连续子集 $X=[\underline{X},\overline{X}]$ 称为实区间。例如,土粒相对密度 d_s,黏性土可表示为 $[2.72,2.75]$,粉土可表示为 $[2.70,2.71]$,砂土可表示为 $[2.65,2.69]$ 等。

当 $\underline{X}=\overline{X}$ 时,称为退化区间,表示一个确定的实数。如水的重度 $\gamma_w=9.81\times10^3\,\mathrm{N/m^3}$ 或 $\gamma_w=10\mathrm{kN/m^3}$。

所有实区间的集合记作 $\mathrm{IR}=\{[\underline{X},\overline{X}]:\underline{X},\overline{X}\in R,\underline{X}\leqslant\overline{X}\}$。区间 X 上、下端点分别记作 $\sup(X)$ 和 $\inf(X)$。区间 X 的中点、宽度、半径和绝对值,分别定义为

$$\mathrm{mid}(X)=\frac{1}{2}(\underline{X}+\overline{X}) \tag{1-2}$$

$$\mathrm{wid}(X)=\overline{X}-\underline{X} \tag{1-3}$$

$$\mathrm{rad}(X)=\frac{1}{2}(\overline{X}-\underline{X}) \tag{1-4}$$

$$|X|=\max\{|\underline{X}|,|\overline{X}|\} \tag{1-5}$$

为符号简洁化,记 $m(X)=\mathrm{mid}(X)$,$w(X)=\mathrm{wid}(X)$,$r(X)=\mathrm{rid}(X)$。

分量为区间的向量称为区间向量。所有 n 维实区间向量的集合记作 IR^n。对于一个 n 维区间向量 $X=(X_1,\cdots,X_n)$,其中点、半径和绝对值仍是向量,分别定义为

$$m(X)=(m(X_1),\cdots,m(X_n)) \tag{1-6}$$

$$r(X)=(r(X_1),\cdots,r(X_n)) \tag{1-7}$$

$$|X|=\max\{|X_1|,\cdots,|X_n|\} \tag{1-8}$$

区间向量的宽度和无穷范数是标量,分别定义为

$$w(X)=\max_i(w(X_i)),\quad i=1,\cdots,n \tag{1-9}$$

$$\|X\|_\infty=\|\|X\|\|_\infty=\max_i|X_i| \tag{1-10}$$

元素为区间的矩阵称为区间矩阵。所有 $m \times n$ 实区间矩阵的集合记作 $IR^{m \times n}$。对于一个 m 行 n 列的区间矩阵，可写为

$$A = \begin{bmatrix} A_{11} & A_{12} & \cdots & A_{1n} \\ A_{21} & A_{22} & \cdots & A_{2n} \\ \vdots & \vdots & & \vdots \\ A_{m1} & A_{m2} & \cdots & A_{mn} \end{bmatrix} \tag{1-11}$$

区间矩阵 A 的中点、半径及绝对值仍是矩阵，按照元素扩展方法可得到。其宽度和无穷范数分别定义为

$$w(A) = \max_{i,j}(w(A_{ij})) \tag{1-12}$$

$$\| A \|_{\infty} = \max_{i}\left(\sum | A_{ij} |\right) \tag{1-13}$$

两个实数区间 X 和 Y 的距离定义为

$$d(X,Y) = \max(| \underline{X} - \underline{Y} |, | \overline{X} - \overline{Y} |) \tag{1-14}$$

两个区间向量 X 和 Y 的距离定义为

$$d(X,Y) = \max_{i} d(X_i, Y_i) \tag{1-15}$$

1.2.2　区间运算法则

设 $X = [\underline{X}, \overline{X}] \in IR, Y = [\underline{Y}, \overline{Y}] \in IR$。区间四则运算法则如下：

区间加法，

$$X + Y = [\underline{X} + \underline{Y}, \overline{X} + \overline{Y}] \tag{1-16}$$

例如，$X = [2,5], Y = [3,9], X + Y = [2+3, 5+9] = [5,14]$。

区间减法，

$$X - Y = [\underline{X} - \overline{Y}, \overline{X} - \underline{Y}] \tag{1-17}$$

例如，$X = [2,5], Y = [3,9], X - Y = [2-9, 5-3] = [-7,2]$。

区间乘法，

$$X \times Y = [\min(\underline{XY}, \underline{X}\overline{Y}, \overline{X}\underline{Y}, \overline{X}\overline{Y}), \max(\underline{XY}, \underline{X}\overline{Y}, \overline{X}\underline{Y}, \overline{X}\overline{Y})] \tag{1-18}$$

例如，$X = [2,5], Y = [3,9], X \times Y = [\min(6,18,15,45), \max(6,18,15,45)] = [6,45]$。

区间除法，

$$X \div Y = X \times [1/\overline{Y}, 1/\underline{Y}], \quad 0 \notin Y \tag{1-19}$$

例如，$X = [2,5], Y = [3,9], X \div Y = [2/9, 5/3] = [0.2222, 1.6667]$。

式(1-19)说明，对于基本区间运算，不允许被包含 0 的区间除。要去除这个限制，就需要扩展区间运算。对于 $X = [\underline{X}, \overline{X}], Y = [\underline{Y}, \overline{Y}], \underline{Y} \leqslant 0 \leqslant \overline{Y}$ 的情形下，其区间除法规则为

$$X \div Y = \begin{cases} [\overline{X}/\underline{Y}, +\infty), & \overline{X} \leqslant 0 \text{ 且 } \underline{Y} = 0 \\ (-\infty, \overline{X}/\overline{Y}] \cup [\overline{X}/\underline{Y}, +\infty), & \overline{X} \leqslant 0 \text{ 且 } \underline{Y} < 0 < \overline{Y} \\ (-\infty, \overline{X}/\overline{Y}], & \overline{X} \leqslant 0 \text{ 且 } \underline{Y} = 0 \\ (-\infty, +\infty), & \underline{X} < 0 < \overline{X} \\ (-\infty, \underline{X}/\underline{Y}], & \underline{X} \leqslant 0 \text{ 且 } \overline{Y} = 0 \\ (-\infty, \underline{X}/\underline{Y}] \cup [\underline{X}/\overline{Y}, +\infty), & \underline{X} \leqslant 0 \text{ 且 } \underline{Y} < 0 < \overline{Y} \\ [\underline{X}/\overline{Y}, +\infty), & \underline{X} \leqslant 0 \text{ 且 } \underline{Y} = 0 \end{cases} \quad (1\text{-}20)$$

通常情形下,区间运算中,$X - X \neq 0, X \div X \neq 1$。

对于区间运算,交换律和结合律仍然成立。但分配律通常不成立,一般仅有次分配律成立,即

$$X \times (Y + Z) \subseteq X \times Y + X \times Z \quad (1\text{-}21)$$

区间运算的集合运算法则:

任给 $X = [\underline{X}, \overline{X}] \in \text{IR}, Y = [\underline{Y}, \overline{Y}] \in \text{IR}$,则有

$$X \cap Y = [\max(\underline{X}, \underline{Y}), \min(\overline{X}, \overline{Y})] \quad (1\text{-}22)$$

$$X \cup Y = [\min(\underline{X}, \underline{Y}), \max(\overline{X}, \overline{Y})] \quad (1\text{-}23)$$

如果 $\underline{Y} > \overline{X}$,则 $X \cap Y = \varnothing, X \cap Y$ 为空区间。

区间运算法则有其自身的特性。对于一些特殊的函数,当 X 为区间变量时,如 $\sin(X), \cos(X)$ 等,与采用端点值计算得到的结果区间值有本质区别。

例如,令 $X = [0, \pi]$,求 $\sin([0, \pi]) = ?$

采用端点值计算:$\sin(0) = 0, \sin(\pi) = 0$,则 $\sin([0, \pi]) = [0, 0]$。但根据区间运算法则,则 $\sin([0, \pi]) = [0, 1]$。

又如,令 $X = [2.6, 7.2]$,按端点值计算,所得区间结果为 $\sin([2.6, 7.2]) = [0.5155, 0.7937]$,而按区间运算法则,$\sin([2.6, 7.2]) = [-1, 0.9739]$。如图 1-1 所示。

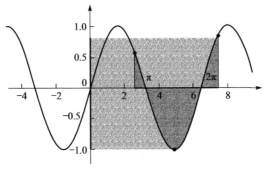

图 1-1　$\sin(X)$ 函数区间运算示意图

　　换句话说,区间运算法则考虑了函数自变量所在区间对应的全部值域区间,而根据端点值计算所获得的结果,不一定包含函数自变量所在区间对应的全部值域区间,只有在特定情形下(如函数在自变量区间内为单调递增或单调递减),根据端点值计算的结果,才能包含自变量区间对应的全部值域区间。

　　区间向量和区间矩阵运算规则分别是实向量和实矩阵运算规则的推广,只是分量或元素间运算采用区间运算规则,具体运算规则可见文献[4]~[6]。当在计算机上实现区间运算时,一切计算结果(包括中间结果)都必须满足包含原理。因此,区间运算需采用向上向下舍入模式,使得有限精度浮点运算可以保证计算结果的可靠性。

参 考 文 献

[1]　Burkill J C. Functions of intervals[J]. Proceedings of the London Mathematical Society, 1924,S2-22(1):275−310.

[2]　Young R C. The algebra of many-valued quantities[J]. Mathematics Annalen,1931,104 (12):260−290.

[3]　Sunaga T. Theory of an interval algebra and its application to numerical analysis[J]. Gauku-tsu Bunken Fukeyu-kai,1958,2:29−46.

[4]　Moore R E. Interval Arithmetic and Automatic Error Analysis in Digital Computing[D]. Palo Alto:Stanford University,1962.

[5]　Moore R E. Interval Analysis[M]. Upper Saddle River:Prentice-Hall,1966.

[6]　Moore R E,Cloud M J,Kearfott R B. Introduction to Interval Analysis[M]. Siam:Society for Industrial and Applied Mathematics,2009.

[7]　Hansen E R. A Generalized Interval Arithmetic[M]. Berlin:Springer Berlin Heidelberg, 1975.

[8]　Kaucher E. Interval Analysis in the Extended Interval Space IR[M]. Berlin:Springer Vien-na,1980.

[9]　Moore R E. Reliability in Computing[M]. New York:Academic Press,1988.

[10]　Jaulin L,kieffer M,Didrit O,et al. Applied Interval Analysis:With Examples in Parameter and State Estimation,Robust Control and Robotics[M]. Berlin:Springer,2001.

[11]　Hansen E R. Global optimization using interval analysis:The one-dimensional case[J]. Journal of Optimization Theory and Applications,1979,29(3):331−344.

[12]　Caprani O,Madsen K. Mean value forms in interval analysis[J]. Computing,1980,25(2): 147−154.

[13]　Hansen E R,Sengupta S. Bounding solutions of systems of equations using interval analy-sis[J]. BIT Numerical Mathematics,1981,21(2):203−211.

[14]　Hansen E R,Greenberg R I. An interval Newton method[J]. Applied Mathematics and Computation,1983,12(2):89−98.

[15] Rall L B. Mean value and Taylor forms in interval analysis[J]. SIAM Journal on Mathematical Analysis,1983,14(2):223—238.

[16] Matijasevich Y V. A posteriori interval analysis[C]//EUROCAL'85. Berlin:Springer Berlin Heidelberg,1985.

[17] Oppenheimer E P. Application of interval analysis techniques to linear systems. II. The interval matrix exponential function[J]. IEEE Transactions on Circuits and Systems,1988, 35(10):1230—1242.

[18] Soh Y C,Evans R J. Stability analysis of interval matrices—continuous and discrete systems[J]. International Journal of Control,1988,47(1):25—32.

[19] Ishibuchi H,Tanaka H. Multiobjective programming in optimization of the interval objective function[J]. European Journal of Operational Research,1990,48(2):219—225.

[20] Wang M,Kennedy W J. Comparison of algorithms for bivariate normal probability over a rectangle based on self-validated results from interval analysis[J]. Journal of Statistical Computation and Simulation,1990,37(1-2):13—25.

[21] Neumaier A. Interval Methods for Systems of Equations (Encyclopedia of Mathematics and its Applications)[M]. London:Cambridge University Press,1992.

[22] Ratschek H,Voller R L. What can interval analysis do for global optimization? [J]. Journal of Global Optimization,1991,1(2):111—130.

[23] Kearfott R B,Hu C Y,Novoa III M. A review of preconditioners for the interval Gauss-Seidel method[J]. SIAM Journal on Numerical Analysis,1991,1(1):59—85.

[24] Dubois D,Prade H. Random sets and fuzzy interval analysis[J]. Fuzzy Sets and Systems, 1991,42(1):87—101.

[25] Kubota K,Iri M. Estimates of rounding errors with fast automatic differentiation and interval analysis[J]. Journal of Information Processing,1992,14(4):508—515.

[26] Jaulin L,Walter E. Set inversion via interval analysis for nonlinear bounded-error estimation[J]. Automatica,1993,29(4):1053—1064.

[27] Vaidyanathan R,El-Halwagi M. Global optimization of nonconvex nonlinear programs via interval analysis[J]. Computers & Chemical Engineering,1994,18(10):889—897.

[28] Mckinnon K I M,Millar C,Mongeau M. Global optimization for the chemical and phase equilibrium problem using interval analysis[J]. State of the Art in Global Optimization, 1996,7:365—381.

[29] Ichida K. Constrained optimization using interval analysis[J]. Computers & Industrial Engineering,1996,31(3):933—937.

[30] Rao S S,Berke L. Analysis of uncertain structural systems using interval analysis[J]. AIAA Journal,1997,35(4):727—735.

[31] Chen G,Wang J,Shieh L S. Interval kalman filtering[J]. IEEE Transactions on Aerospace and Electronic Systems,1997,33(1):250—259.

[32] Kieffer M,Jaulin L,Walter E. Guaranteed recursive nonlinear state estimation using inter-

val analysis[C]//Proceedings of the 37th IEEE Conference, Florida, 1998.

[33]　Hua J Z, Brennecke J F, Stadtherr M A. Enhanced interval analysis for phase stability: Cubic equation of state models[J]. Industrial & Engineering Chemistry Research, 1998, 37 (4): 1519—1527.

[34]　Markov S, Okumura K. The Contribution of T. Sunaga to Interval Analysis and Reliable Computing[M]. Berlin: Springer Netherlands, 1999: 167—188.

[35]　Gau C Y, Stadtherr M A. Reliable nonlinear parameter estimation using interval analysis: Error-in-variable approach[J]. Computers & Chemical Engineering, 2000, 24(2): 631-637

[36]　Dubois D, Kerre E, Mesiar R, et al. Fuzzy Interval Analysis[M]. New York: Springer US, 2000: 483—581.

[37]　Bhattacharyya R, Kar S, Majumder D D. Fuzzy mean-variance-skewness portfolio selection models by interval analysis [J]. Computers & Mathematics with Applications, 2011, 61(1): 126—137.

[38]　Kolev L. An interval method for global nonlinear analysis[J]. IEEE Transactions on Fundamental Theory and Applications, 2000, 47(5): 675—683.

[39]　Litvinov G L, Sobolevskiĭ A N. Idempotent interval analysis and optimization problems [J]. Reliable Computing, 2001, 7(5): 353—377.

[40]　Hargreaves G I. Interval analysis in MATLAB[J]. Manchester Centre for Computational Mathematics Numerical Analysis Reports, 2002, 416: 1—49.

[41]　Qiu Z. Comparison of static response of structures using convex models and interval analysis method[J]. International Journal for Numerical Methods in Engineering, 2003, 56(12): 1735—1753.

[42]　Casado L G, Martínez J A, García I, et al. New interval analysis support functions using gradient information in a global minimization algorithm[J]. Journal of Global Optimization, 2003, 25(4): 345—362.

[43]　Moore R, Lodwick W. Interval analysis and fuzzy set theory[J]. Fuzzy Sets and Systems, 2003, 135(1): 5—9.

[44]　Su Z, Wagner D. A Class of Polynomially Solvable Range Constraints for Interval Analysis without Widenings and Narrowings[M]. Berlin: Springer Berlin Heidelberg, 2004.

[45]　Fusiello A, Benedetti A, Farenzena M, et al. Globally convergent autocalibration using interval analysis[J]. IEEE Transactions on Pattern Analysis and Machine Intelligence, 2004, 26(12): 1633—1638.

[46]　Andújar J M, Bravo J M, Peregrin A. Stability analysis and synthesis of multivariable fuzzy systems using interval arithmetic[J]. Fuzzy Sets and Systems, 2004, 148(3): 337—353.

[47]　Kearfott R B, Nakao M T, Neumaier A, et al. Standardized notation in interval analysis [C]//Proceedings of XIII Baikal International School-seminar Optimization Methods and Their Applications, Geneva, 2005.

[48]　Fortin J, Dubois D, Fargier H. Gradual numbers and their application to fuzzy interval

analysis[J]. IEEE Transactions on Fuzzy Systems,2008,16(2):388—402.

[49] Abdallah F,Gning A,Bonnifait P. Box particle filtering for nonlinear state estimation using interval analysis[J]. Automatica,2008,44(3):807—815.

[50] Fuster J M,Herz A,Creutzfeldt O D. Interval analysis of cell discharge in spontaneous and optically modulated activity in the visual system[J]. Archives Italiennes de Biologie,1965,103(1):159—177.

[51] Cheng M,Outerbridge J S. Inter-saccadic interval analysis of optokinetic nystagmus[J]. Vision Research,1974,14(11):1053—1058.

[52] Blatz A L,Magleby K L. Adjacent interval analysis distinguishes among gating mechanisms for the fast chloride channel from rat skeletal muscle[J]. The Journal of Physiology,1989,410(1):561—585.

[53] Laguna P,Thakor N V,Caminal P,et al. New algorithm for QT interval analysis in 24-hour Holter ECG:Performance and applications[J]. Medical and Biological Engineering and Computing,1990,28(1):67—73.

[54] Cordes A K,Ingham R J,Frank P,et al. Time-interval analysis of interjudge and intrajudge agreement for stuttering event judgments[J]. Journal of Speech,Language and Hearing Research,1992,35(3):483—494.

[55] Alavi M R,Affronti L F. Induction of mycobacterial proteins during phagocytosis and heat shock:a time interval analysis[J]. Journal of Leukocyte Biology,1994,55(5):633—641.

[56] Wijngaarden W J,Sahota D S,James D K,et al. Improved intrapartum surveillance with PR interval analysis of the fetal electrocardiogram:A randomized trial showing a reduction in fetal blood sampling[J]. American Journal of Obstetrics and Gynecology,1996,174(4):1295—1299.

[57] Badilini F,Maison-Blanche P,Childers R,et al. QT interval analysis on ambulatory electrocardiogram recordings:A selective beat averaging approach[J]. Medical & Biological Engineering & Computing,1999,37(1):71—79.

[58] Strachan B K,van Wijngaarden W J,Sahota D,et al. Cardiotocography only versus cardiotocography plus PR-interval analysis in intrapartum surveillance:A randomised,multicentre trial[J]. The Lancet,2000,355(9202):456—459.

[59] Sahambi J S,Tandon S N,Bhatt R K P. An automated approach to beat-by-beat QT-interval analysis[J]. Engineering in Medicine and Biology Magazine,IEEE,2000,19(3):97—101.

[60] Dmitrienko A,Smith B P. Analysis of the QT interval in clinical trials[J]. Drug Information Journal,2002,36(2):269—279.

[61] Hughes N P,Tarassenko L,Roberts S J. Markov models for automated ECG interval analysis[C]//Advances in Neural Information Processing Systems,British Columbia,2003.

[62] Hartley R S,Hitti J. Birth order and delivery interval:Analysis of twin pair perinatal outcomes[J]. Journal of Maternal-Fetal and Neonatal Medicine,2005,17(6):375—380.

［63］ Ulas U H,Unlu E,Hamamcioglu K,et al. Dysautonomia in fibromyalgia syndrome:Sympathetic skin responses and RR interval analysis［J］. Rheumatology International,2006, 26(5):383—387.

［64］ Tucker W,Moulton V. Parameter reconstruction for biochemical networks using interval analysis［J］. Reliable Computing,2006,12(5):389—402.

［65］ Oppenheimer E P,Michel A N. Application of interval analysis techniques to linear systems. Ⅲ. Initial value problems［J］. IEEE Transactions on Circuits and Systems,1988,35 (10):1243—1256.

［66］ Leenaerts D M W. Application of interval analysis for circuit design［J］. IEEE Transactions on Circuits and Systems,1990,37(6):803—807.

［67］ Timmer A H,Jess J A G. Execution interval analysis under resource constraints［C］// IEEE/ACM International Conference on Computer-Aided Design,Irkutsk,1993.

［68］ Ratschek H,Rokne J. Experiments using interval analysis for solving a circuit design problem［J］. Journal of Global Optimization,1993,3(4):501—518.

［69］ Wabinski W,von Martens H J. Time interval analysis of interferometer signals for measuring amplitude and phase of vibrations［C］//Second International Conference on Vibration Measurements by Laser Techniques:Advances and Applications. International Society for Optics and Photonics,Bellingham,1996.

［70］ Sadler B M,Casey S D. On periodic pulse interval analysis with outliers and missing observations［J］. IEEE Transactions on Signal Processing,1998,46(11):2990—3002.

［71］ Shi C J R,Tian M W. Simulation and sensitivity of linear analog circuits under parameter variations by robust interval analysis［J］. ACM Transactions on Design Automation of Electronic Systems (TODAES),1999,4(3):280—312.

［72］ Benedetti A,Perona P. Bit-width optimization for configurable DSP's by multi-interval analysis［C］//Signals, Systems and Computers,Conference Record of the Thirty-Fourth Asilomar Conference on IEEE,Pacific Grove,2000.

［73］ Kieffer M,Jaulin L,Walter é. Guaranteed recursive non-linear state bounding using interval analysis［J］. International Journal of Adaptive Control and Signal Processing,2002,16 (3):193—218.

［74］ Barboza L V,Dimuro G P,Reiser R H S. Towards interval analysis of the load uncertainty in power electric systems［C］//Probabilistic Methods Applied to Power Systems,2004 International Conference on IEEE,Beijing,2004.

［75］ Mitchell D P. Robust ray intersection with interval arithmetic［C］//Proceedings of Graphics Interface,Montreux,1990.

［76］ Snyder J M. Interval analysis for computer graphics［J］. ACM SIGGRAPH Computer Graphics,1992,26(2):121—130.

［77］ Noblet V,Heinrich C,Heitz F,et al. 3-D deformable image registration:A topology preservation scheme based on hierarchical deformation models and interval analysis optimization[J]. IEEE Transactions on Image Processing,2005,14(5):553—566.

[78] Stadtherr M A,Schnepper C A,Brennecke J F. Robust Phase Stability and Analysis using Interval Methods[C]//AIChE Symposium Series,New York,1995.

[79] Kieffer M,Walter E. Interval Analysis for Guaranteed Nonlinear Parameter Estimation [M]. Berlin:Springer,1998:115—125.

[80] Hua J Z,Maier R W,Tessier S R,et al. Interval analysis for thermodynamic calculations in process design:A novel and completely reliable approach[J]. Fluid Phase Equilibria,1999, 158:607—615.

[81] Braems I,Berthier F,Jaulin L,et al. Guaranteed estimation of electrochemical parameters by set inversion using interval analysis[J]. Journal of Electroanalytical Chemistry,2000, 495(1):1—9.

[82] Piazzi A,Visioli A. Global minimum-time trajectory planning of mechanical manipulators using interval analysis[J]. International Journal of Control,1998,71(4):631—652.

[83] Rao R S,Asaithambi A,Agrawal S K. Inverse kinematic solution of robot manipulators using interval analysis[J]. Journal of Mechanical Design,1998,120(1):147—150.

[84] Kieffer M,Jaulin L,Walter é,et al. Robust autonomous robot localization using interval analysis[J]. Reliable Computing,2000,6(3):337—362.

[85] Merlet J P. An improved design algorithm based on interval analysis for spatial parallel manipulator with specified workspace[C]//2001 IEEE International Conference on Robotics and Automation,Banff Alberta,2001.

[86] Sainz M A,Armengol J,Veh J. Fault detection and isolation of the three-tank system using the modal interval analysis[J]. Journal of Process Control,2002,12(2):325—338.

[87] Chablat D,Wenger P,Majou F,et al. An interval analysis based study for the design and the comparison of three-degrees-of-freedom parallel kinematic machines[J]. The International Journal of Robotics Research,2004,23(6):615—624.

[88] Lhommeau M,Hardouin L,Cottenceau B,et al. Interval analysis and dioid:application to robust controller design for timed event graphs[J]. Automatica,2004,40(11):1923—1930.

[89] Wu W,Rao S S. Interval approach for the modeling of tolerances and clearances in mechanism analysis[J]. Journal of Mechanical Design,2004,126(4):581—592.

[90] Lee E,Mavroidis C,Merlet J P. Five precision point synthesis of spatial RRR manipulators using interval analysis[C]//ASME 2002 International Design Engineering Technical Conferences and Information in Engineering Conference. American Society of Mechanical Engineers,Montreal,2002.

[91] Madi M S,Khayati K,Bigras P. Parameter estimation for the LuGre friction model using interval analysis and set inversion[C]//Systems,Man and Cybernetics,International Conference on IEEE,Beijing,2004.

[92] Merlet J P. Solving the forward kinematics of a Gough-type parallel manipulator with in-

terval analysis[J]. The International Journal of Robotics Research,2004,23(3):221—235.

[93]　Hao F,Merlet J P. Multi-criteria optimal design of parallel manipulators based on interval analysis[J]. Mechanism and Machine Theory,2005,40(2):157—171.

[94]　Wu W,Rao S S. Uncertainty analysis and allocation of joint tolerances in robot manipulators based on interval analysis[J]. Reliability Engineering & System Safety,2007,92(1): 54—64.

[95]　Rocca P,Carlin M,Massa A. Imaging weak scatterers by means of an innovative inverse scattering technique based on the interval analysis[C]//Antennas and Propagation (EU-CAP),European Conference on IEEE,Prague,2012.

[96]　Dimarogonas A D. Interval analysis of vibrating systems[J]. Journal of Sound and Vibration,1995,183(4):739—749.

[97]　Qiu Z P,Chen SH,Elishakoff I. Non-probabilistic eigenvalue problem for structures with uncertain parameters via interval analysis[J]. Chaos, Solitons & Fractals, 1996,7(3): 303—308.

[98]　Qiu Z P,Elishakoff I. Antioptimization of structures with large uncertain-but-non-random parameters via interval analysis[J]. Computer Methods in Applied Mechanics and Engineering,1998,152(3):361—372.

[99]　Nakagiri S,Suzuki K. Finite element interval analysis of external loads identified by displacement input with uncertainty[J]. Computer Methods in Applied Mechanics and Engineering,1999,168(1):63—72.

[100]　Chen S H,Yang X W. Interval finite element method for beam structures[J]. Finite Elements in Analysis and Design,2000,34(1):75—88.

[101]　Mcwilliam S. Anti-optimisation of uncertain structures using interval analysis[J]. Computers & Structures,2001,79(4):421—430.

[102]　Qiu Z P,Elishakoff I. Anti-optimization technique-a generalization of interval analysis for nonprobabilistic treatment of uncertainty[J]. Chaos, Solitons & Fractals, 2001, 12(9): 1747—1759.

[103]　Chen S H,Lian H D,Yang X W. Interval static displacement analysis for structures with interval parameters[J]. International Journal for Numerical Methods in Engineering, 2002,53(2):393—407.

[104]　Chen S H,Lian H D,Yang X W. Interval eigenvalue analysis for structures with interval parameters[J]. Finite Elements in Analysis and Design,2003,39(5):419—431.

[105]　Qiu Z P,Wang X J. Comparison of dynamic response of structures with uncertain-but-bounded parameters using non-probabilistic interval analysis method and probabilistic approach[J]. International Journal of Solids and Structures,2003,40(20):5423—5439.

[106]　Qiu Z P. Convex models and interval analysis method to predict the effect of uncertain-but-bounded parameters on the buckling of composite structures[J]. Computer Methods in Applied Mechanics and Engineering,2005,194(18):2175—2189.

[107]　Qiu Z P,Wang X J. Parameter perturbation method for dynamic responses of structures with uncertain-but-bounded parameters based on interval analysis[J]. International Journal of Solids and Structures,2005,42(18):4958—4970.

[108]　Jiang C,Han X,Guan F J,et al. An uncertain structural optimization method based on nonlinear interval number programming and interval analysis method[J]. Engineering Structures,2007,29(11):3168—3177.

[109]　Sim J S,Qiu Z P,Wang XJ. Modal analysis of structures with uncertain-but-bounded parameters via interval analysis[J]. Journal of Sound and Vibration,2007,303(1):29—45.

[110]　Degrauwe D,Lombaert G,De Roeck G. Improving interval analysis in finite element calculations by means of affine arithmetic[J]. Computers & Structures,2010,88(3):247—254.

[111]　Valliappan S,Pham T D. Fuzzy finite element analysis of a foundation on an elastic soil medium[J]. International Journal for Numerical and Analytical Methods in Geomechanics,1993,17(11):771—789.

[112]　Donald I B,Chen Z. Slope stability analysis by the upper bound approach:Fundamentals and methods[J]. Canadian Geotechnical Journal,1997,34(6):853—862.

[113]　Beck J L,Katafygiotis L S. Updating models and their uncertainties. I:Bayesian statistical framework[J]. Journal of Engineering Mechanics,1998,124(4):455—461.

[114]　Tonon F,Bernardini A,Mammino A. Determination of parameters range in rock engineering by means of random set theory[J]. Reliability Engineering & System Safety,2000,70(3):241—261.

[115]　Dodagoudar G R,Venkatachalam G. Reliability analysis of slopes using fuzzy sets theory [J]. Computers and Geotechnics,2000,27(2):101—115.

[116]　Hall J W,Lawry J. Imprecise Probabilities of Engineering System Failure from Random and Fuzzy Set Reliability Analysis[C]//The Interferometric Point Target Analysis,New York,2001.

[117]　Wojtkiewicz S F,Eldred M S,Field R V,et al. Uncertainty quantification in large computational engineering models[C]//19th AIAA Applied Aerodynamics Conference,Anaheim,2001.

[118]　Wang J G,Liu G R,Lin P. Numerical analysis of Biot's consolidation process by radial point interpolation method[J]. International Journal of Solids and Structures,2002,39(6):1557—1573.

[119]　Collins I F,Kelly P A. A thermomechanical analysis of a family of soil models[J]. Geotechnique,2002,52(7):507—518.

[120]　Giasi C I,Masi P,Cherubini C. Probabilistic and fuzzy reliability analysis of a sample slope near Aliano[J]. Engineering Geology,2003,67(3):391—402.

[121]　Pichler B,Lackner R,Mang H A. Back analysis of model parameters in geotechnical engineering by means of soft computing[J]. International Journal for Numerical Methods in

Engineering,2003,57(14):1943—1978.

[122] Fetz T,Jäger J,Köll D,et al. Fuzzy Models in Geotechnical Engineering and Construction Management[M]. Berlin:Springer Berlin Heidelberg,2005:211—239.

[123] Schweiger H F,Peschl G M. Reliability analysis in geotechnics with the random set finite element method[J]. Computers and Geotechnics,2005,32(6):422—435.

[124] Matthews J,Broadwater R,Long L. The application of interval mathematics to utility economic analysis[J]. IEEE Transactions on Power Systems,1990,5(1):177—181.

[125] Holman W L,Pae W E,Teutenberg J J,et al. INTERMACS:Interval analysis of registry data[J]. Journal of the American College of Surgeons,2009,208(5):755—761.

[126] 陈建杰. 不确定系统能控性的区间分析方法[J]. 辽宁大学学报(自然科学版),1981,2:57—66.

[127] 祁力群. 区间分析[J]. 运筹学杂志,1982,1:29—35.

[128] 沈祖和. 隐函数存在定理的计算可检验充分条件[J]. 高等学校计算数学学报,1982,4:381—384.

[129] 郭第渐. 用区间分析方法计算具有数据扰动的数学规划问题[J]. 辽宁大学学报(自然科学版),1983,1:1—12.

[130] 张乃良,王海鹰,刘蕴华. 非线性规划的区间方法[J]. 河海大学学报,1992,3:97—103.

[131] 马少青,宁静. 用区间分析方法解定积分[J]. 沈阳大学学报,1993,04:7—10.

[132] 张连生,田蔚文,朱文兴. 一类非光滑函数的区间扩展[J]. 应用数学与计算数学学报,1994,2:52—60.

[133] 吴和琴,刘开第,庞彦军. 未确知数学在区间分析中的应用[J]. 河北煤炭建筑工程学院学报,1994,4:26—29.

[134] 谷同祥,王能超. 解线性区间方程组的并行多分裂 GAOR 方法[J]. 应用数学,1996,2:142—146.

[135] 吕雄. 运用区间分析讨论模糊数学中的若干问题[J]. 内蒙古农牧学院学报,1997,1:93—98.

[136] 申培萍,张利霞. 一类非光滑总体优化区间算法的数值分析[J]. 河南师范大学学报(自然科学版),1999,3:5—7.

[137] 陈怀海. 非确定结构系统区间分析的直接优化法[J]. 南京航空航天大学学报,1999,2:146—150.

[138] 甘作新,葛渭高. 多非线性区间 Lurie 系统的鲁棒绝对稳定性[J]. 辽宁师范大学学报(自然科学版),2000,1:9—14.

[139] 陈怀海,陈正想. 求解实对称矩阵区间特征值问题的直接优化法[J]. 振动工程学报,2000,1:117—121.

[140] 申培萍,杨守志. 求多变量非光滑函数所有总体极小点的区间算法(英文)[J]. 应用数学,2001,1:15—21.

[141] 申培萍,张娟,王燕军. 一类非光滑总体极值的区间算法[J]. 数学的实践与认识,2001,5:541—544.

[142] 刘兆君,于永胜.泰勒中间点分布的区间分析[J].济南大学学报(自然科学版),2001,4:339—340.

[143] 郭书祥,吕震宙.区间有限元静力控制方程的一种迭代解法[J].西北工业大学学报,2002,1:20—23.

[144] 李敏,罗佑新,郭惠昕,等.泛灰数在区间分析中的应用[J].数学的实践与认识,2002,3:430—432.

[145] 吕震宙,冯蕴雯,岳珠峰.改进的区间截断法及基于区间分析的非概率可靠性分析方法[J].计算力学学报,2002,3:260—264.

[146] 邱志平,王晓军,马一.处理不确定问题的新方法——非概率区间分析模型[C]//力学史与方法论论文集,北京,2003.

[147] 王海军,吴彦强,曹德欣.求凸多目标优化有效解集的区间算法[C]//中国系统工程学会,北京,2004.

[148] 张燕新.有穷区域上多极值优化的区间算法[D].南京:南京师范大学,2004.

[149] 宋协武,王海军.约束多目标优化问题的区间极大熵方法[J].徐州工程学院学报,2005,1:68—72.

[150] 申培萍,李文强.一类约束全局优化的区间方法[J].数学的实践与认识,2005,11:148—152.

[151] 李苏北,姜建国.一类线性规划问题的区间调节熵算法[J].运筹与管理,2006,5:29—34.

[152] 彭瑞,岳继光.区间分析及其在控制理论中的应用[J].控制与决策,2006,11:1201—1207.

[153] 彭瑞.区间分析在极大极小全局优化和鲁棒控制中的应用[D].上海:同济大学,2007.

[154] 黄时祥,梁晓斌.一种求 Lipschitz 连续函数全局最优值的区间算法[J].芜湖职业技术学院学报,2007,3:54—56.

[155] 张帆,邱志平.含不确定参数结构特征值界限的区间-椭球联合估算方法[J].河南大学学报(自然科学版),2007,6:569—573.

[156] 邵俊伟.区间运算及其在不等式证明中的应用[D].宁波:宁波大学,2008.

[157] 杨卫锋,曾芳玲.区间分析在非线性系统模型参数估计中的应用[C]//第六届全国信息获取与处理学术会议论文集(2),北京,2008:5.

[158] 姜浩.基于区间算法求解非线性方程组和全局最优化问题[D].长沙:国防科学技术大学,2008.

[159] 郭惠昕,刘德顺,胡冠昱,等.证据理论和区间分析相结合的可靠性优化设计方法[J].机械工程学报,2008,12:35—41.

[160] 袁泉,何志庆.一类区间矩阵特征值界的性质[J].华东理工大学学报(自然科学版),2008,6:917—920+936.

[161] 朱增青,陈建军,李金平,等.不确定结构区间分析的仿射算法[J].机械强度,2009,3:419—424.

[162] 林蓉芬.求解非线性区间方程和极大极小问题的区间算法[D].长沙:国防科学技术大学,2009.

[163] 白影春. 一种求解大不确定性问题的区间优化方法及应用[D]. 长沙:湖南大学,2010.

[164] 孙海龙,姚卫星. 区间数排序方法评述[J]. 系统工程学报,2010,3:304—312.

[165] 侯晓荣,邵俊伟. 基于区间分析的不等式自动证明[J]. 系统科学与数学,2010,10:1351—1358.

[166] 刘方芳. 基于区间运算的区间幂法[D]. 上海:华东理工大学,2011.

[167] 李梅,曹德欣,田大东. 无约束线性二层规划问题的区间算法[J]. 济南大学学报(自然科学版),2011,2:215—218.

[168] 邵俊伟. 基于实代数几何理论的区间系统鲁棒稳定性研究[D]. 成都:电子科技大学,2012.

[169] 赵志理. 区间线性规划的优化条件与区间矩阵分解[D]. 杭州:杭州电子科技大学,2013.

[170] 屠义强,王景全,江克斌. 基于区间分析的结构系统非概率可靠性分析[J]. 解放军理工大学学报(自然科学版),2003,2:48—51.

[171] 郭书祥,吕震宙,刘成立,等. 概率-非概率混合结构体系失效概率的区间分析[J]. 西北工业大学学报,2003,6:667—670.

[172] 吴杰. 区间参数结构的动力优化[D]. 长春:吉林大学,2004.

[173] 邱志平,王晓军. 结构疲劳寿命的区间估计[J]. 力学学报,2005,5:653—657.

[174] 能肖文. 基于区间数学的有限元方法及其工程应用研究[D]. 南京:河海大学,2005.

[175] 佘远国,沈成武. 改进的区间有限元静力控制方程迭代解法[J]. 武汉理工大学学报(交通科学与工程版),2005,2:248—251.

[176] 张建国,陈建军,马孝松. 具有区间参数的不确定结构静力区间分析的一种算法[J]. 机械科学与技术,2005,10:1158—1162.

[177] 张秀国. 区间参数结构静动力分析的区间因子法研究[D]. 西安:西安电子科技大学,2007.

[178] 孙海龙,姚卫星. 典型系统的区间可靠性分析[J]. 南京航空航天大学学报,2007,05:637—641.

[179] 宋振华. 区间方法研究及其在天线结构分析中的应用[D]. 西安:西安电子科技大学,2008.

[180] 戎瑞亚,吴国荣,何锃. 非线性不确定结构动力响应的区间逐步离散法[J]. 振动与冲击,2008,4:153—154,158,177.

[181] 梁震涛,陈建军,朱增青,等. 不确定结构动力区间分析方法研究[J]. 应用力学学报,2008,1:46—50,180—181.

[182] 孙海龙,姚卫星. 结构区间可靠性分析的可能度法[J]. 中国机械工程,2008,12:1483—1488.

[183] 朱增青,陈建军,梁震涛. 基于可信度约束结构分析的区间因子法[J]. 湖南科技大学学报(自然科学版),2008,2:36—40.

[184] 郭惠昕,刘德顺,胡冠昱,等. 证据理论和区间分析相结合的可靠性优化设计方法[J]. 机械工程学报,2008,12:35—41.

[185] 朱增青,陈建军,李金平,等. 不确定结构区间分析的仿射算法[J]. 机械强度,2009,3:

419—424.

[186]　陈龙,陈建军,李金平,等.模糊性区间参数桁架结构的有限元分析[J].固体力学学报,
　　　　2009,2:189—195.

[187]　尼早,邱志平.结构模糊区间可靠性分析方法[J].计算力学学报,2009,4:489—493.

[188]　朱增青,陈建军,宋宗凤,等.区间参数桁架结构动力特征值分析的概率处理[J].振动、测
　　　　试与诊断,2010,3:232—235,336.

[189]　张洁,蒋文涛,薛彩军.基于度的结构区间可靠性分析方法研究[J].航空工程进展,2012,
　　　　2:235—240.

[190]　史文谱,曲淑英.力学教学中引入区间分析方法之探讨[J].力学与实践,2012,6:55—57.

[191]　祁武超,邱志平.基于区间分析的结构非概率可靠性优化设计[J].中国科学(G 辑),
　　　　2013,1:85—93.

[192]　王永刚,张景绘,李更俭.区间分析在桥墩抗震性能评估中的应用[J].中国公路学报,
　　　　2000,1:52—55.

[193]　张鸿,徐伟,骆艳斌.苏通大桥桥塔模板体系风振响应区间分析研究[J].建筑施工,2005,
　　　　12:51—53,64.

[194]　叶士昭,蔡军.桥梁施工评估的神经网络模型和区间分析[J].交通科技,2007,6:1—3,7.

[195]　马中军,谈志诚,张钢.混凝土桥梁应变的区间型预警阈值设定[J].西安建筑科技大学学
　　　　报(自然科学版),2013,4:526—532.

[196]　苏静波,吴中,施泉.地下隧洞结构区间分析的优化方法[J].岩土力学,2007,S1:455—
　　　　459.

[197]　张晓君,郑怀昌.基于区间理论的高应力巷(隧)道围岩岩爆预测[J].采矿与安全工程学
　　　　报,2011,3:401—406.

[198]　贺启.基于仿射算法的隧道衬砌承载区间分析[D].长沙:湖南大学,2012.

[199]　苏永华,贺启,罗正东,等.基于仿射算法的深部隧道衬砌力学状态区间分析[J].计算力
　　　　学学报,2012,6:921—926.

[200]　邵国建,苏静波.区间可靠性分析方法及在地下隧道结构计算中的应用[J].计算力学学
　　　　报,2013,1:71—75.

[201]　苏永华,何满潮,赵明华,等.基于区间变量的响应面可靠性分析方法[J].岩土工程学报,
　　　　2005,12:1408—1413.

[202]　孙河川,施仲衡,张弥.基于区间理论的黏性土降水沉降预测风险评价[J].北京交通大学
　　　　学报,2006,01:1—4.

[203]　李兴高.基于区间分析理论的地表沉降风险评价[J].岩土力学,2007,S1:823—827.

[204]　苏静波,邵国建,褚卫江.基于区间的土体参数敏感性分析方法研究[J].应用数学和力
　　　　学,2008,12:1502—1512.

[205]　蒋冲,赵明华,曹文贵.基于区间分析的岩土结构非概率可靠性分析[J].湖南大学学报
　　　　(自然科学版),2008,3:11—14.

[206]　赵明华,蒋冲,曹文贵.基于区间理论的挡土墙稳定性非概率可靠性分析[J].岩土工程学
　　　　报,2008,4:467—472.

[207]　黄明奎.基于区间分析的粒径改良路基厚度研究[J].重庆交通大学学报(自然科学版),2009,01:77—79,94.

[208]　张永杰,曹文贵,赵明华,等.岩溶区公路路基稳定性的区间模糊评判分析方法[J].岩土工程学报,2011,1:38—44.

[209]　蒋冲,赵明华,周科平,等.基于区间理论的基桩响应面可靠度分析[J].岩土工程学报,2011,S2:282—286.

[210]　朱冀军,母焕胜,乔存学,等.高等级公路土工结构物基于区间分析的非概率可靠性研究[J].交通标准化,2011,7:82—85.

[211]　邱天.区间分析在边坡工程中的应用[D].南京:河海大学,2006.

[212]　喻和平.区间分析理论及其在边坡工程中的应用[D].南京:河海大学,2006.

[213]　罗麟.区间分析法在滑坡灾害风险评价中的应用研究[D].北京:中国地质大学(北京),2008.

[214]　于生飞.基于区间不确定方法的边坡稳定性分析及非概率可靠度评价研究[D].南京:南京大学,2012.

[215]　于生飞,陈征宙,张明瑞,等.基于区间不确定分析方法的边坡稳定性分析[J].工程地质学报,2012,2:228—233.

[216]　严飞,李克平,孙剑.考虑倒计时的交叉口公交优先检测器布设位置研究[J].交通信息与安全,2009,6:79—83.

[217]　余朝蓬,王营,高峰.车辆跟驰安全距离的区间分析方法[J].农业机械学报,2009,11:31—35.

[218]　左丹.区间不确定需求下的交通用户平衡分配方法[D].长沙:长沙理工大学,2010.

[219]　郭玮娜.公路货运量区间情景组合预测方法[D].长沙:长沙理工大学,2012.

[220]　尚晓旭.基于区间分析的公路网设计方案风险评价[D].长沙:长沙理工大学,2013.

[221]　杨鹏.区间随机需求下混合公路网络设计研究[D].长沙:长沙理工大学,2013.

[222]　杨启福.区间不确定需求下的鲁棒混合公路网络设计模型[D].长沙:长沙理工大学,2013.

[223]　杨鹏,杨阳梅.基于区间需求下系统总时间最小的混合交通网络设计优化模型[J].长沙大学学报,2013,2:77—79.

[224]　邱志平,马一,王晓军.含不确定参数的复合材料板振动的区间分析法[J].北京航空航天大学学报,2004,7:682—685.

[225]　邱志平,李飞,杨嘉陵.复合材料层合板屈曲荷载计算的区间分析算法(英文)[J].Chinese Journal of Aeronautics,2005,3:218—222.

[226]　邱志平,邱薇,王晓军.复合材料层合梁自由振动的区间分析[J].北京航空航天大学学报,2006,7:838—842.

[227]　郭红玲.蚁群算法求解粘弹性区间反问题[D].大连:大连理工大学,2010.

[228]　孙民,邱志平.基于界面元法含分层损伤复合材料层合板的区间分析[J].复合材料学报,2010,2:123—126.

[229]　蔡新,吴威,吴黎华,等.覆盖层地基上面板堆石坝区间优化设计[J].计算力学学报,

1998,4:478—484.

[230] 蔡新,吴威,吴黎华,等.土石坝结构区间优化设计[J].河海大学学报,1998,3:1—5.

[231] 王登刚,刘迎曦,李守巨.混凝土坝振动参数区间逆分析[J].大连理工大学学报,2002,5:522—526.

[232] 王济干,董增川,张婕.区间分析在水资源配置和谐性评判中的运用[J].水利水电技术,2003,11:12—14+106.

[233] 苏怀智,雷鹏,顾冲时,等.混凝土坝材料参数区间反演分析方法[J].河海大学学报(自然科学版),2008,5:654—658.

[234] 雷鹏,苏怀智,张贵金.基于 RNN 模型的坝体和岩基区间参数反演方法研究[J].岩土力学,2011,2:547—552.

[235] 雷鹏,肖峰,苏怀智.考虑区间影响因素的混凝土坝变形监控指标研究[J].水利水电技术,2011,6:91—93,97.

第 2 章　INTLAB 工具箱

能够用于区间计算的辅助软件有很多,如一般编程语言 C、C++、VB 等。MATLAB 是一款经典的数学计算辅助软件,基于 MATLAB 的区间运算工具箱,以 INTLAB 最为经典[1],广泛应用于各行各业。本章专门介绍 INTLAB 应用的一些基础知识。

Rump 教授在其网页上(http://www.ti3.tu-harburg.de/rump/intlab/)声明了对 INTLAB 拥有的知识产权[2]:

INTLAB LICENSE INFORMATION

Copyright(c) 1998-2016 Siegfried M. Rump @ TUHH,Institute for Reliable Computing. All rights reserved.

===> INTLAB can be downloaded and used for private and for purely academic purposes, and for commercial purposes within a company. In any case proper reference has to be given acknowledging that the software package IN-TLAB has been developed by Siegfried M. Rump at Hamburg University of Technology,Germany.

2.1　INTLAB 工具箱安装

INTLAB 工具箱 LOGO 界面如图 2-1 所示。

INTLAB 工具箱安装步骤:

第一步,安装 MATLAB。

第二步,获得 Intlab_V6 安装包后,拷贝 Intlab_V6 文件夹到 MATLAB 安装文件中的 toolbox 中,如 D:\Program Files\MATLAB\R2012a\toolbox\Intlab_V6。

第三步,利用 File-SetPath,添加 Intlab_V6 文件夹,单击 Save 退出,如图 2-2 所示。

第四步,单击 Browse for folder 按钮,添加文件夹\toolbox\Intlab_V6,如图 2-3 所示。

第五步,在 MATLAB 命令窗口输入命令:"startintlab",回车。此时,IN-TLAB 启动,如图 2-4 所示。

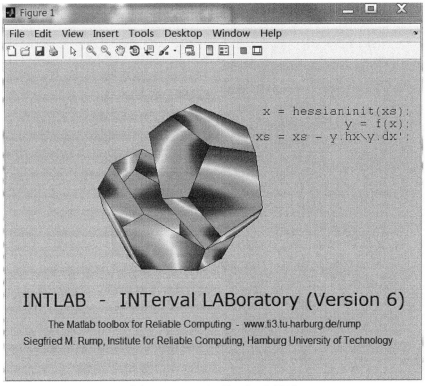

图 2-1　INTLAB 的 LOGO 界面

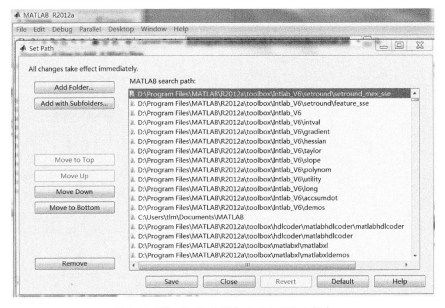

图 2-2　File_SetPath 添加 Intlab_V6 文件夹

图 2-3　添加文件夹\toolbox\Intlab_V6

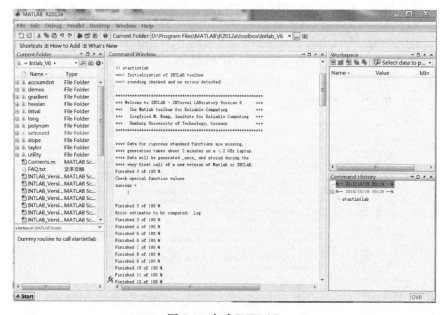

图 2-4　启动 INTLAB

以后每次运行 MATLAB,Intlab_V6 都会自动运行,如图 2-5 所示。

如果需要 V6 以上版本的 INTLAB,可登录 http://www.ti3.tu-harburg.de/

rump/intlab/，在线支付相应的费用后即可获得，目前较新的版本为 INTLAB Version 9，如图 2-6 所示。

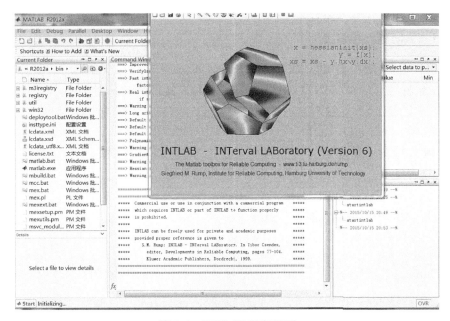

图 2-5　INTLAB 运行界面

图 2-6　最新版本 INTLAB

2.2　INTLAB应用

2.2.1　区间输入和输出

形式上，区间一般用[·]符号表示。如区间 $x=[-1,1]$。-1为 x 取值的下界，1为 x 取值的上界[3-6]。INTLAB中，可以用两种方式来输入 $x=[-1,1]$。

（1）区间上、下界输入。

>>x = infsup(- 1,1)

MATLAB 显示结果为

intval x =

[- 1. 0000,1. 0000]

（2）使用中点值和区间半径值输入。

>>x = midrad(0,1)

MATLAB 显示结果为

intval x =

[- 1. 0000,1. 0000]

设区间 $y=[3,6]$，两种输入方式的 MATLAB 显示结果：

>>y = infsup(3,6)

intval y =

[3. 0000,6. 0000]

>>y = midrad(4. 5,1. 5)

intval y =

[3. 0000,6. 0000]

设区间 $z=[-3,3]$，两种输入方式的 MATLAB 显示结果：

>>z = infsup(- 3,3)

intval z =

[- 3. 0000,3. 0000]

>>z = midrad(0,3)

intval z =

[- 3. 0000,3. 0000]

两种输入方式，MATLAB 显示结果的形式一致。

获取区间数值上界、下界、中点值及半径的命令形式为 sup(x)、inf(x)、mid(x)、rad(x)。设区间 $x=[5,7]$，获取其下界、上界、中点值、半径的命令为

>>x = infsup(5,7)

```
intval x =
[5.0000,7.0000]
>>inf(x)
ans =
    5
>>sup(x)
ans =
    7
>>mid(x)
ans =
    6
>>rad(x)
ans =
    1
```

使用 intvalinit('displaymidrad')、intvalinit('display_')、intvalinit ('displayinfsup')三个命令,可以更改结果显示形式。

```
>>intvalinit('displaymidrad')
>>x
intval x =
<6.0000,1.0000>
>>intvalinit('display_')
>>x
intval x =
[5.0000,7.0000]
>>intvalinit('displayinfsup')
>>x
intval x =
[5.0000,7.0000]
```

使用 format short,format long 命令,可显示不同精度的数值。

```
>>x = midrad(6.01,0.1);
format short,infsup(x),midrad(x),disp_(x)
format long,infsup(x),midrad(x),disp_(x)
format short
intval x =
[5.9099,6.1101]
```

```
intval x =
<6.0100,0.1001>
intval x =
    6.____
intval x =
[5.90999999999999,6.11000000000001]
intval x =
<6.01000000000000,0.10000000000001>
intval x =
    6.____
```

2.2.2 区间计算

1. 基本计算

设区间 $x=[5,7]$, $y=[3,6]$。计算 $x+y$, $x-y$, $x\times y$, $x\div y$。

区间加法：

```
>>x = infsup(5,7);y = infsup(3,6);x + y
intval ans =
[8.0000,13.0000]
```

区间减法：

```
>>x = infsup(5,7);y = infsup(3,6);x - y
intval ans =
[-1.0000,4.0000]
```

区间乘法：

```
>>x = infsup(5,7);y = infsup(3,6);x * y
intval ans =
[15.0000,42.0000]
```

区间除法：

```
>>x = infsup(5,7);y = infsup(3,6);x/y
intval ans =
[0.8333,2.3334]
```

2. 区间关系计算

两个区间的交集,用 intersect 命令求出。

```
>>x = infsup(5,7);y = infsup(3,6);intersect(x,y)
```

intval ans =

[5.0000,6.0000]

两个区间的并集,用 hull 命令求出。

>>x = infsup(5,7);y = infsup(3,6);hull(x,y)

intval ans =

[3.0000,7.0000]

判断一个区间是否在另外一个区间内,用 in 命令。

>>x = infsup(5,8);y = infsup(4,9);in(x,y)

ans =

　　1

>>x = infsup(5,8);y = infsup(4,9);in(y,x)

ans =

　　0

区间[5,8]在区间[4,9]内,逻辑判断结果为真,数值等于1;区间[4,9]不在区间[5,8]内,逻辑判断结果为假,数值等于0。

3. 区间矩阵计算

区间矩阵的输入与计算:

>>A = [infsup(1,2),infsup(2,3);infsup(3,4),infsup(4,5)]

intval A =

[1.0000,2.0000] [2.0000,3.0000]

[3.0000,4.0000] [4.0000,5.0000]

>>B = [infsup(3,4);infsup(1,2)]

intval B =

[3.0000,4.0000]

[1.0000,2.0000]

>>A * B

intval ans =

[4.0000,14.0000]

[12.0000,26.0000]

>>C = [infsup(3,4),infsup(4,5);infsup(5,6),infsup(6,7)]

intval C =

[3.0000,4.0000] [4.0000,5.0000]

[5.0000,6.0000] [6.0000,7.0000]

>>A + C

intval ans =

[4.0000, 6.0000] [6.0000, 8.0000]

[8.0000, 10.0000] [10.0000, 12.0000]

>>C − A

intval ans =

[1.0000, 3.0000] [1.0000, 3.0000]

[1.0000, 3.0000] [1.0000, 3.0000]

4. 区间矩阵求逆计算

(1) 当区间矩阵的病态性不是很严重（条件数较小）时,可获得其逆矩阵。例如:

>>d = [infsup(5, 5.1), infsup(8, 8.1); infsup(8, 8.1), infsup(23, 23.1)]

intval d =

    5. 0 ___   8. 1 ___

    8. 1 ___   23. 1 ___

>>inv(d)

intval ans =

[0.4276, 0.4658] [− 0.1641, − 0.1479]

[− 0.1641, − 0.1479] [0.0944, 0.1013]

>>d' * d

intval ans =

    9 _. ___   23 _. ___

    23 _. ___   60 _. ___

>>inv(d' * d)

intval ans =

[− 0.5498, 0.9975] [− 0.3843, 0.2144]

[− 0.3843, 0.2144] [− 0.0819, 0.1497]

取中点值时矩阵 d 的点矩阵 dmid 为

>>dmid = [5.05, 8.05; 8.05, 23.05]

dmid =

    5. 0500   8. 0500

    8. 0500   23. 0500

其行列式值与条件数为

>>det(dmid)

ans =

    51. 6000

>>cond(dmid)

ans =

　13.2269

考察 dmid' ∗ dmid 矩阵的条件数：

>>cond(dmid' ∗ dmid)

ans =

　174.9513

此例矩阵的条件数只有 13.2269 和 174.9513，为良态矩阵，较易获得其逆矩阵。

(2) 当区间矩阵的病态性很严重(条件数很大)时，其逆矩阵计算会失败。例如：

>>d = [infsup(5,5.1), infsup(8,8.1); infsup(8,8.1), infsup(23,23.1)]

>>d' ∗ d ∗ d' ∗ d

intval ans =

　1.0e + 005 ∗

0.6 ___　　1.6 ___

1.6 ___　　4.1 ___

>>inv(d' ∗ d ∗ d' ∗ d)

intval ans =

　　　NaN　　　NaN

　　　NaN　　　NaN

>>d' ∗ d ∗ d' ∗ d ∗ d' ∗ d

intval ans =

　1.0e + 008 ∗

[0.3936, 0.4160] [1.0355, 1.0840]

[1.0355, 1.0840] [2.7242, 2.8247]

>>inv(d' ∗ d ∗ d' ∗ d ∗ d' ∗ d)

intval ans =

　　　NaN　　　NaN

　　　NaN　　　NaN

取中点值矩阵 d 的点矩阵 dmid 为

>>dmid = [5.05,8.05;8.05,23.05]

dmid' ∗ dmid ∗ dmid' ∗ dmid 矩阵的条件数：

>>cond(dmid' ∗ dmid ∗ dmid' ∗ dmid)

ans =

　3.0608e + 04

dmid' ∗ dmid ∗ dmid' ∗ dmid ∗ dmid' ∗ dmid 矩阵的条件数：

```
>>cond(dmid'*dmid*dmid'*dmid*dmid'*dmid)
ans =
   5.3549e+06
```

由于 $inv(d'*d*d'*d)$ 与 $inv(d'*d*d'*d*d'*d)$ 均是 NaN 值,可以认为,当矩阵条件数比较大时,INTLAB 工具箱的矩阵求逆计算失败。点矩阵 dmid 矩阵组合相乘的逆矩阵为

```
>>inv(dmid'*dmid*dmid'*dmid)
ans =
   0.0573   -0.0219
  -0.0219    0.0084
>>inv(dmid'*dmid*dmid'*dmid*dmid'*dmid)
ans =
   0.0147   -0.0056
  -0.0056    0.0021
```

5. 区间迭代法计算

```
>>   format long
f = @(x)(3*x^2-9);                          % 函数 f(x)=3*x^2-9
X = infsup(1,3);                            % 开始迭代的区间
for i = 1:6
  xs = X.mid;                               % 当前区间中点值
  Y = f(gradientinit(X));                   % 迭代 f(X)
  X = intersect(X,xs-f(intval(xs))/Y.dx)    % 每次迭代区间值
end
intval X =
[1.50000000000000,1.83333333333334]
intval X =
[1.72727272727272,1.74074074074075]
intval X =
[1.73204428954916,1.73205947287186]
intval X =
[1.73205080756450,1.73205080757392]
intval X =
[1.73205080756887,1.73205080756888]
intval X =
```

$[1.73205080756887, 1.73205080756888]$

6. 区间梯度计算

$>>x = \text{gradientinit}(\text{infsup}(2.0, 2.1)); y = \exp(x^2 + 5 * \text{sqrt}(x))$

intval gradient value y. x =

    1. 0e + 005 *

$[0.64284113538276, 1.15345629412800]$

intval gradient derivative(s) y. dx =

    1. 0e + 005 *

$[3.68037086067153, 6.88355835378810]$

$>>x = \text{gradientinit}(\text{infsup}(0.888, 0.889)); y = \sin(x) * (2 * \cos(x) - 3)^2$

intval gradient value y. x =

$[2.3436, 2.3498]$

intval gradient derivative(s) y. dx =

$[6.0881, 6.1045]$

$>>y. x, y. dx$

intval ans =

$[2.3436, 2.3498]$

intval ans =

$[6.0881, 6.1045]$

此处,y. x 为函数 y 在 x 点上的值;y. dx 为函数 y 在 x 点上的梯度值。

7. 区间泰勒级数计算

$>>\text{format short};$

$x = \text{taylorinit}(\text{infsup}(2.00, 2.05));$

$y = \sin(5 * x - \text{sqrt}(x + 6))$

intval Taylor value y. t =

$[0.7704, 0.9080]$

$[2.0212, 3.0751]$

$[-10.5613, -8.9582]$

$[-11.9501, -7.8572]$

$[17.3338, 20.4583]$

或者

$>>\text{format short};$

$x = \text{taylorinit}(\text{midrad}(3.0, 0.05));$

$y = sin(5 * x\text{-}sqrt(x+6))$

intval Taylor value y. t =

$[-0.7344, -0.3031]$

$[3.2804, 4.6063]$

$[3.5437, 8.5836]$

$[-17.9317, -12.7537]$

$[-16.7576, -6.9281]$

结果为前 5 项泰勒级数值。

或者

```
>>f = inline('sin(3 * x-sqrt(x+5))')
x = taylorinit([-2 0.1 2]')
y = f(x)
f =
    Inline function:
    f(x) = sin(3 * x-sqrt(x+5))
```

Taylor value x. t =

-2.0000	1.0000	0	0	0
0.1000	1.0000	0	0	0
2.0000	1.0000	0	0	0

Taylor value y. t =

-0.9926	0.3298	3.6513	-0.3398	-2.2562
-0.9258	-1.0500	3.5700	1.3794	-2.2864
-0.2111	-2.7477	0.8273	3.6231	-0.5233

8. 非线性方程求根计算

```
>>verifynlss('6 * x * exp(-2) - 6 * exp(-x) + 1', 1)
intval ans =
[1.1375, 1.1376]
```

9. 最小二乘问题求解计算

[例题 2-1]

```
>>
x = [9.79, 11.44, 13.00, 14.68; 11.44, 13.00, 14.68, 16.29; 13.00, 14.68,
16.29, 17.90; 14.68, 16.29, 17.90, 19.56]
x =
```

```
    9.7900   11.4400   13.0000   14.6800
   11.4400   13.0000   14.6800   16.2900
   13.0000   14.6800   16.2900   17.9000
   14.6800   16.2900   17.9000   19.5600
>>y = [16.29;17.90;19.56;21.21]
y =
   16.2900
   17.9000
   19.5600
   21.2100
>>a = x' * x
a =
   1.0e + 03 *
    0.6112    0.6907    0.7698    0.8499
    0.6907    0.7807    0.8703    0.9611
    0.7698    0.8703    0.9703    1.0717
    0.8499    0.9611    1.0717    1.1839
>>s1 = inv(x' * x) * x' * y
s1 =
   - 0.4658
     0.1635
     0.1649
     1.1468
>>s2 = verifylss(a, x' * y)
intval s2 =
   - 0.4657
     0.1635
     0.1649
     1.1468
```

[例题 2-2]

```
>>a = [infsup(1.1,1.2), infsup(2.1,2.2); infsup(2.1,2.2), infsup(3.1,
3.3)]
intval a =
[1.1000, 1.2000] [2.1000, 2.2001]
[2.1000, 2.2001] [3.1000, 3.3000]
```

```
>>b = [infsup(6.6,6.7);infsup(9.8,9.9)]
intval b =
6.7___
9.9___
>>inv(a' * a)
intval ans =
    NaN        NaN
    NaN        NaN
>>s = inv(a' * a) * a' * b
intval s =
    NaN
    NaN
>>s = verifylss(a,b)
intval s =
[ -3.4284,3.2109]
[1.1518,5.1506]
```

[例题 2-3]

```
>>a = [infsup(4.9,5.1), infsup(5.9,6.1); infsup(8.9,9.1), infsup
(15.9,16.1)]
intval a =
5.0___      6.0___
9.0___      16.0___
>>b = [infsup(10.8,11.2);infsup(24.8,25.2)]
intval b =
    11.____
    25.____
>>x = a\b
intval x =
[0.6028,1.3972]
[0.7472,1.2528]
>>a1 = [5,6;9,16]
a1 =
5      6
9      16
>>b1 = [11;25]
```

```
b1 =
11
25
>>x1 = a1\b1
x1 =
1
1
>>x = verifylss(a,b)
intval x =
[0.6028,1.3972]
[0.7472,1.2528]
```

　　最小二乘问题的计算过程中,INTLAB 软件对矩阵的求逆运算功能不够强大,尤其是病态矩阵,会导致结果出错。其求最小二乘的命令为 verifylss(a,b)。

　　基于区间分析理论,国外开发了很多种软件和工具箱。除了 INTALB 工具箱,巴西圣保罗大学(USP) Tiago Montanher 开发了区间全局优化解算工具箱 INTSOLVER,读者可从网址:http://ch.mathworks.com/matlabcentral/fileexchange/25211-intsolver--an-interval-based-solver-for-global-optimization 下载学习并应用。

参 考 文 献

[1] Rump S M. INTLAB-INTerval LABoratory[M]//Tibor Csendes,Developments in Reliable Computing. Dordrecht:Kluwer Academic Publishers,1999:77—104.

[2] Siegfried M R. INILAB-INTerval LABoratory. http://www.ti3.tu-harburg.de/rump/intlab/[2016-06-01].

[3] Moore R E,Yang C T. Interval analysis I[J]. Lockheed Aircraft Corporation,Missiles and Space Division,1959,22(3):162—181.

[4] Moore R E. Interval Arithmetic and Automatic Error Analysis in Digital computing[D]. Palo Alto:Stanford University,1962.

[5] Moore R E. Interval Analysis[M]. Englewood Cliffs:Prentice-Hall,1966.

[6] Moore R E,Cloud M J,Kearfott R B. Introduction to Interval Analysis[M]. Siam:Society for Industrial and Applied Mathematics,2009.

第3章 岩土参数区间取值基本理论

3.1 参数区间取值的概率统计法

3.1.1 岩土参数的统计与分析

岩土体的非均匀性、各向异性以及参数的测定方法、条件和工程类别的不同等多种原因,造成岩土参数分散性和变异性较大。为保证岩土参数的可靠性和实用性,必须进行岩土参数的统计和分析。通常情况下,对勘察中获取的大量数据指标可按工程地质单元及层次分别进行统计整理,以求得具有代表性的指标。

所谓工程地质单元,是指在工程地质数据的统计工作中具有相似的地质条件或在某些方面有相似的地质特征,而将其作为一个可统计单位的单元体。在工程地质单元体中物理力学性质指标或其他地质数据大体上是相同的,但不完全一致。一般情况下,同一工程地质单元具有如下特征[1]:

(1) 具有同一地质年代、成因类型,并处于同一构造部位和同一地貌单元的岩土。

(2) 具有基本相同的岩土性质特征,包括矿物成分、结构构造、风化程度、物理力学性能和工程性能。

(3) 影响岩土体工程地质性质的因素是基本相似的。

(4) 对不均匀变形敏感的某些建(构)筑物的关键部位,视需要可划分更小的单元。

统计整理时,应在合理分层的基础上,根据测试次数、地层均匀性和建筑物等级,选择合理的数理统计方法对每层土物理力学指标进行统计分析和选取。

3.1.2 岩土参数的可靠性和适用性分析

岩土参数主要指岩土的物理力学性质指标。在工程上一般可分为两类:一类是评价指标,主要用于评价岩土的性状,作为划分地层和鉴定岩土类别的主要依据;另一类是计算指标,主要用于岩土工程设计,预测岩土体在荷载和自然因素及人为因素影响下的力学行为和变化趋势,并指导施工和监测。因此,岩土参数应根据其工程特点和地质条件选用,并分析评价所取岩土参数的可靠性和适用性。

岩土工程参数的可靠性是指参数能正确反映岩土体在规定条件下的性状,能

比较有把握地估计参数真值所在的区间;岩土参数的适用性是指参数能满足岩土
工程设计计算的假定条件和计算精度要求。岩土工程勘察报告应对主要参数的可
靠性和适应性进行分析,并在分析的基础上选定参数。

在勘察中,必须对所得的大量岩土物理力学性质指标数据加以整理,才能获得
有代表性的数值来用于岩土工程的设计计算。对岩土指标数据的基本要求是可靠
适用。在分析岩土指标数据的可靠性和适用性时,应着重考虑以下因素[1]:

(1) 取样方法和其他因素对试验结果的影响。

(2) 采用的试验方法和取值标准。

(3) 不同测试方法所得结果的分析比较。

(4) 测试结果的离散程度。

(5) 测试方法与计算模型的配套性。

3.1.3　岩土参数的统计方法

经过试验、测试获得的岩土工程参数,数量较多,必须经过整理、分析及数理统
计计算才能获得岩土参数的代表性数值。指标的代表性数值是在试验数据的可靠
性和适用性做出分析评价的基础上,参照相应的规范,用统计的方法来整理和选择
的[2]。

进行统计的指标一般包括黏性土的天然密度、天然含水率、塑限、液限、塑性指
数、液性指数,砂土的相对密实度,岩石的吸水率、各种力学特性指标,特殊性岩土
的各种特征指标以及各种原位测试指标。针对以上指标,在勘察报告中应提供各
个工程地质单元或各地层的最小值、最大值、平均值、标准差、变异系数和参加统计
数据的数量。通常统计样本的数量应大于六个。当统计样本的数量小于六个时,
统计标准差和变异系数意义不大,可不进行统计,只提供指标的范围值。

岩土参数统计应符合下列要求[1]:

(1) 岩土的物理力学指标,应按场地的工程地质单元和层位分别统计。

(2) 对工程地质单元体内所取得的试验数据应逐个进行检查,对某些有明显
错误或试验方法有问题的数据应抽出进行检查或将其舍弃。

(3) 每一单元体内,岩土的物理力学性质指标应基本接近。试验数据所表现
出来的离散性只能是土质不匀或试验误差等随机因素造成的。

(4) 应按下列公式计算平均值(ϕ_m)、标准差(σ_f)和变异系数(δ):

$$\phi_m = \frac{\sum_{i=1}^{n} \phi_i}{n} \tag{3-1}$$

$$\sigma_f = \sqrt{\frac{1}{n-1}\left[\sum_{i=1}^{n}\phi_i^2 - \frac{\left(\sum_{i=1}^{n}\phi_i\right)}{n}\right]} \tag{3-2}$$

$$\delta = \frac{\sigma_{\text{f}}}{\phi_{\text{m}}} \tag{3-3}$$

式中,ϕ_{m} 为岩土参数的平均值;σ_{f} 为岩土参数的标准差;δ 为岩土参数的变异系数;n 为统计样本数。

　　(5) 岩土参数统计出来后,应对统计结果进行分析判别,如果某一组数据比较分散、相互差异较大,应分析产生误差的原因,并剔除异常的粗差数据。剔除粗差数据有不同的标准,常用的方法是 3 倍的标准差法。

　　当离差 d 满足式(3-4)时,该数据应舍弃:

$$|d| > g\sigma_{\text{f}} \tag{3-4}$$

式中,d 为离差,$d = \phi_i - \phi_{\text{m}}$;$g$ 为不同标准给出的系数,当采用 3 倍标准差方法时,g 取 3。

3.1.4　岩土参数的标准值与设计值

　　在岩土工程勘察报告中,所有岩土参数必须是由基本值经过数理统计给出标准值,再由建筑设计部门给出设计值。

　　岩土参数的基本值 f_0 是指单个岩土参数的测试值或平均值,由岩土原位测试或室内试验提供的岩土参数的基本数值。

　　岩土参数的标准值 f_k 是在岩土工程设计时所采用的基本代表值,是岩土参数的可靠性估值,由岩土参数基本值经过数理统计后得到。

　　岩土参数的设计值 f 是由建筑设计部门在建筑设计中考虑建筑设计条件所采用的岩土参数的代表数值。

　　一般情况下,岩土参数的标准值按下式计算[2]:

$$f_k = \gamma_s \times \phi_{\text{m}} \tag{3-5}$$

$$\gamma_s = 1 \pm \left(\frac{1.704}{\sqrt{n}} + \frac{4.678}{n^2} \right) \tag{3-6}$$

式中,γ_s 为统计修正系数;正负号的取用按不利组合考虑;其他符号意义同上。

　　《岩土工程勘察规范》(GB 50021—2001)[2]规定:在岩土工程勘察报告中,应按下列不同情况提供岩土参数值。

　　(1) 一般情况下,应提供岩土参数的平均值、标准差、变异系数、数据分布范围和数据的数量。

　　(2) 承载能力极限状态计算所需要的岩土参数标准值应按式(3-5)计算;当设计规范另有专门规定的标准值取值方法时,可按有关规范执行。

　　(3) 岩土工程勘察报告一般只提供岩土参数的标准值,不提供设计值,需要时可用分项系数计算岩土参数的设计值:

$$f = \frac{f_\mathrm{k}}{\gamma} \tag{3-7}$$

式中, γ 为岩土参数的分项系数, 按有关设计规范的规定取值。

3.1.5　岩土参数的统计优化

岩土参数具有显著的不确定性, 在概率分析中常作为随机变量来对待。在评价岩土工程的可靠性、估计失效概率时, 需要了解岩土参数的概率分布特征。

岩土参数的概率分布由试验数据进行估计和分析, 其中的参数也由测试值来估计。岩土参数概率模型和分布参数对岩土工程可靠性分析的结果和精度产生直接影响, 因此, 岩土参数概率分布的统计分析必须反映土性的实际情况, 实现优化。

在岩土工程可靠性设计过程中, 常会遇到由于土性参数测试数据少而无法用传统的统计学理论确定其概率分布的问题, 因此, 研究小子样概率分布分析方法, 确定其最优概型具有重要的现实意义[1]。

利用试验数据的可靠性检验方法进行试验数据的优化整理, 利用拟合优度检验的有限比较法进行概率模型的优化拟合, 并利用推广 Bayes 法进行分布参数的优化估计, 最终实现岩土参数概率分布在统计意义上的优化分析。

1. 岩土试验数据的优化整理

在采用以概率理论为基础的极限状态设计法进行分析时, 其中土性参数概率特征值要遵循统一标准中关于确定材料性能指标的方法进行统计推断。为保证统计结果的正确性, 在进行统计推断之前必须对土工测试数据进行可靠性检验。

利用可靠性检验方法可以达到试验数据优化整理的目的。土工试验数据的变异性较大, 其变异性包括土性固有的变异性和试验误差。试验误差按其性质分为三类: 随机误差、系统误差和过失误差。随着试验次数的增加, 随机误差的算术平均值将越来越小, 并逐渐趋近于零。系统误差可以通过一定的方法识别和消除, 但不能通过增加试验次数来消除。过失误差一般是由试验观测系统测错、传错或记错等不正常的原因造成的, 必须消除[1]。

根据抽样理论, 要使一组样本中得到的试验结果有意义, 必须满足两个主要条件:

(1) 从母体中取出的样本必须具有代表性。

(2) 样本的数量必须充分。

随机变量的概率模型应以有效数据的统计分析为依据, 在可能条件下, 应对所有数据进行校核, 以消除量测误差。因此, 试验数据的可靠性检验内容应包括: 异常试验数据的舍弃、试验数据的自相关性检验、试验数据中最小样本数检验和量测误差的消除。

2. 异常试验数据的舍弃

岩土工程上一般不可能做到占有大量的测试数据,如果在有限的岩土测试数据中存在未消除的异常值,会严重影响统计结果的准确性,使概率特征值失去代表性和真实性,数据使用不当可能导致工程技术上的重大失误,因此必须排除测试数据中的异常值。试验数据中异常值的舍弃有多种途径[1]:

(1) 从岩土参数的物理概念和岩土工程实际出发,根据专业人员的经验,舍弃明显不合理点。

(2) 从极小概率不可能原理出发,凭借观察法,舍弃明显偏离数据正常波动范围的异常点。

(3) 从数学方法出发,根据某一置信水平舍弃有效范围以外的异常点。国内外学者对测试数据可靠性检验的数学方法进行了大量研究,提出了多种方法。

目前常用的异常数据的取舍原则如下[1]:

(1) 当试验数据样本较多($n>30$)时,用 3σ 法则进行取舍,即在 99.73% 的置信水平下,数据的有效范围为 $[\mu-3\sigma,\mu+3\sigma]$,舍弃有效范围以外的点。

根据中心极限定理,当样本数较多时,其均值近似为正态分布,而正态分布在区间 $[\mu-3\sigma,\mu+3\sigma]$ 以外的概率为 0.0027,如此小的概率可认为是不可能事件,因此,当试验数据较多时,用 3σ 法则进行取舍是可行的。

(2) 当试验数据样本较小($n<30$)时,应该用 t 分布来代替正态分布,舍弃有效范围以外的点,有效范围为

$$[\mu-t_{0.9973}(\sigma/\sqrt{n}),\mu+t_{0.9973}(\sigma/\sqrt{n})] \tag{3-8}$$

式中,$t_{0.9973}$ 为 t 分布在置信水平为 0.9973、自由度为 $n-1$ 的分位数。

应当注意的是,在异常数据舍弃后,应对剩余的数据重新进行检验,直至无异常数据。

3. 量测误差的消除

Krige 提出一种地质统计分析理论,用变异函数研究区域化变量的空间分布结构,即克立格法[3]。

Matheron 进一步完善了克立格法,提出了区域化变量的概念,发展了地质统计学[3]。

岩土参数最重要的性质是具有复杂的空间变异性和明显的不确定性,因此可将岩土参数视为区域化变量,运用地质统计学的理论和方法,评价其空间变异性。

3.1.6 岩土参数区间取值的概率统计法

分析各种岩土试验的过程及数据统计分析方法,可以得出如下结论:在岩土参

数的测试及结果统计分析中,每个岩土参数的取值是在一定范围内的。

按照概率统计理论,可取岩土参数的试验平均值与其 $n(n=1,2,3\cdots)$ 倍标准差的组合确定其取值区间。

设某岩土参数 x 的试验平均值为 μ,标准差为 θ,则此岩土参数的区间取值为

$$\begin{cases} x=[\mu-\theta,\mu+\theta] \\ x=[\mu-2\theta,\mu+2\theta] \\ x=[\mu-3\theta,\mu+3\theta] \end{cases} \tag{3-9}$$

例如,设某地黏土的黏聚力 c 的六组实测数值分别为 32kPa、33kPa、28kPa、29kPa、30kPa、31kPa。c 的试验平均值为 30.5kPa,标准差为 1.8708,其区间取值为

$$\begin{cases} x=[30.5-1.8708,30.5+1.8708]=[28.6,32.4] \\ x=[30.5-2\times1.8708,30.5+2\times1.8708]=[26.8,34.2] \\ x=[30.5-3\times1.8708,30.5+3\times1.8708]=[24.9,36.1] \end{cases}$$

若岩土参数 x 满足正态分布,当取三倍标准差,即 $x=[\mu-3\theta,\mu+3\theta]$ 时,可以认为此区间取值以 0.9973 的概率出现在整个岩土参数试验过程中,即 x 取值在此区间之外的概率为 0.0027,根据小概率事件的含义,是不可能发生的。

公路工程中,路基回弹模量的测定一般采用承载板法,直接在路槽顶面检测。试验时采用直径 30.4cm 的刚性承载板,50kN 的千斤顶、30kN 测力环和小球支座组成加载测力系统,用两台弯沉仪和千分表测变形,用做反力的是黄河 JN-150 汽车(后轴重 100kN,轮胎内压 0.7MPa),用逐级加、卸载的方法进行试验,每次试验加载级数都不小于 6 级,当回弹变形值超过 1mm 时,即可停止加载。排除异常点后,绘制压力-变形曲线,如曲线起始部分出现反弯,则应进行修正。《高等沥青路面设计理论与方法》[4] 一书在讨论沥青路面结构的可靠性分析时,作者以宁连(南京—连云港)高速公路连云港南城至马圩段 17km 为主要依托工程,结合监理工作详细收集了土基及基层回弹模量、弯沉、压实度、厚度等方面的资料及南京机场高速公路压实度、厚度、土基弯沉等方面的资料。其收集的宁连高速公路路基回弹模量的变异性分析及概率分布结果见表 3-1。

表 3-1　宁连高速公路路基回弹模量的变异性分析及概率分布[4]

项目	编号 1	编号 2	编号 3	编号 4	编号 5
容量/个	57	63	41	47	31
样本均值	92.466	106.24	110.51	95.442	89.90
标准差	15.471	30.108	34.700	24.032	17.719
变异系数	0.1673	0.2834	0.3140	0.2518	0.1971
正态检验值	0.0799	0.728	0.2014	0.3028	0.1550

续表

项目	编号1	编号2	编号3	编号4	编号5
对正检验值	0.1260	0.1030	0.1501	0.1301	0.1495
检验临界值	0.1608	0.1524	0.2378	0.1884	0.2182
正态分布	符	符	不符	符	符
对数正态分布	不符	符	符	符	符

根据表 3-1,利用公式进行分布检验,在被检验的五组数据中,分别有一组不服从正态分布和对数正态分布。从整体上讲,路基回弹模量同时服从正态分布和对数正态正分。从服从的程度来看,更偏向于服从对数正态分布。由式(3-9)可知,当路基回弹模量满足正态分布并取三倍标准差时,路基回弹模量的区间取值为

编号 1:$[92.466-3\times15.471,92.466+3\times15.471]=[46.053,138.879]$

编号 2:$[106.24-3\times30.108,106.24+3\times30.108]=[15.916,196.564]$

编号 3:$[110.51-3\times34.700,110.51+3\times34.700]=[6.410,214.610]$

编号 4:$[95.442-3\times24.032,95.442+3\times24.032]=[23.346,167.538]$

编号 5:$[89.90-3\times17.719,89.90+3\times17.719]=[36.743,143.057]$

宁连高速公路路基含水率的变异性分析及概率分布结果见表 3-2。

表 3-2　宁连高速公路路基含水率的变异性分析及概率分布[3]

项目	编号1	编号2	编号3	编号4
容量	37	47	50	31
样本均值	11.407	13.429	11.985	14.210
标准差	1.2575	1.1159	1.1289	1.9837
变异系数	0.1102	0.0831	0.0942	0.1396
正态检验值	0.1272	0.1481	0.0944	0.1627
对正检验值	0.2685	0.1557	0.0981	0.1448
检验临界值	0.2182	0.1941	0.2108	0.2378
正态分布	符	符	符	符
对数正态分布	不符	符	符	符

路基含水率的概率分布除一组数据不符合对数正态分布外,其余各组均服从正态分布和对数正态分布。从概率分布总的情况分析,路基含水率同时服从正态和对数正态两种分布,更偏向于服从正态分布。由式(3-9)可知,当路基含水率满足正态分布并取三倍标准差时,路基含水率的区间取值为

编号 1:$[11.407-3\times1.2575,11.407+3\times1.2575]=[7.6345,15.1795]$

编号 2:$[13.429-3\times1.1159,13.429+3\times1.1159]=[10.0813,16.7767]$

编号 3:$[11.985-3\times1.1289,11.985+3\times1.1289]=[8.5983,15.3717]$

编号 4:$[14.210-3\times1.9837,14.210+3\times1.9837]=[8.2589,20.1611]$

　　宁连高速公路及南京机场高速公路路基压实度的变异性分析及概率分布结果见表 3-3。

表 3-3　路基压实度的变异性分析及概率分布[4]

项目	编号 1	编号 2	编号 3	编号 4	编号 5	编号 6	编号 7
容量	119	60	87	184	25	54	66
样本均值	97.06	97.50	96.57	97.32	9.62	96.60	96.75
标准差	1.834	1.285	2.031	2.783	0.993	1.582	1.0634
变异系数	0.0189	0.0131	0.021	0.0286	0.0102	0.0163	0.0109
正态检验值	0.945	0.063	0.219	0.064	0.1297	0.1081	0.1551
对正检验值	0.1093	0.062	0.179	0.052	0.1433	0.0820	0.1873
检验临界值	0.1244	0.1723	0.1435	0.1001	0.2640	0.1814	0.1644
正态分布	符	符	不符	符	符	符	符
对数正态分布	符	符	不符	符	符	符	不符

　　在七组样本中,有一组数据既不符合正态分布,又不符合对数正态分布,另有一组不符合对数正态分布,其余各组均服从这两种分布。从整体上讲,路基压实度同时服从正态和对数正态两种分布。由式(3-9)可知,当路基压实度满足正态分布并取三倍标准差时,路基压实度的区间取值为

编号 1:$[97.06-3\times1.834,97.06+3\times1.834]=[91.558,102.562]$

编号 2:$[97.50-3\times1.285,97.50+3\times1.285]=[93.645,101.355]$

编号 3:$[96.57-3\times2.031,96.57+3\times2.031]=[90.477,102.663]$

编号 4:$[97.32-3\times2.783,97.32+3\times2.783]=[88.971,105.669]$

　　采用"前进卸荷法"量测土基表面在标准轴重双后轮垂直荷载作用下轮隙处的回弹弯沉值。宁连高速公路路基弯沉值的变异性分析及概率分布结果见表 3-4。

表 3-4　宁连高速公路路基弯沉值的变异性分析及概率分布[4]

项目	编号 1		编号 2	
路幅	右	左	右	左
容量	100	97	281	281
样本均值/($\times10^{-2}$mm)	102.6	99.43	111.34	119.60
标准差	25.99	29.98	37.243	33.978
变异系数	0.254	0.301	0.3345	0.2841
正态检验值	0.0919	0.1154	0.0950	0.087
对正检验值	0.0531	0.9762	0.0426	0.0491
检验临界值	0.1340	0.1360	0.0810	0.0810
正态分布	符	符	不符	不符
对数正态分布	符	符	符	符

在概率分布形式上,宁连高速公路和南京机场高速公路路基弯沉值中的八组数据,有两组数据不符合正态分布,但其正态检验值接近临界检验值,另有一组不符合对数正态分布,其余均服从正态分布和对数正态分布(表 3-4 和表 3-5)。从整体上讲,路基弯沉值服从正态分布和对数正态分布,且更偏向于对数正态分布。由式(3-9),当路基弯沉值满足正态分布规律时,可取三倍标准差作为其区间取值。

表 3-5　南京机场高速公路路基弯沉值的变异性分析及概率分布[3]

项目	编号 1	编号 2	编号 3	编号 4
容量	78	118	154	96
样本均值/($\times 10^{-2}$mm)	58.21	65.07	29.55	41.15
标准差	8.692	10.18	7.09	16.04
变异系数	0.1493	0.1564	0.2400	0.3897
正态检验值	0.1024	0.0668	0.092	0.1222
对正检验值	0.1159	0.0537	0.1864	0.1149
检验临界值	0.1514	0.1250	0.1094	0.1367
正态分布	符	符	符	符
对数正态分布	符	符	不符	符

文献[3]还对二灰土层石灰剂量、面层沥青混合料马歇尔稳定度、面层沥青混合料抽提油石比、面层沥青混合料抽提后筛孔通过量、面层厚度等指标进行了统计分析,提出路面各层结构参数基本上都服从正态分布和对数正态分布。据此可以认为,路面各层结构参数的区间取值均可参照式(3-9)获取。

另外,某些岩土参数的统计和分析结果可能符合 t 分布或其他概率统计分布规律,此时可按其符合的分布规律取合适的概率确定其区间变量。

3.2　区间变量的仪器精度取值法

一般岩土试验的设备有其自身的仪器精度范围。不同测量元素的精度对土工试验的结果有非常大的影响。例如,影响三轴试验精度的主要因素有孔隙压力测量误差、轴向应变测量误差、体积变化测量误差、量力环测量误差、传感器的精度等。当用百分表时,土工试验的精度一般规定为 $\pm 1\%$,周围压力(σ_3)的精度也要求达到最大压力的 $\pm 1\%$。现假设 $\sigma_3 = 100$kPa,最大压力的 $\pm 1\%$ 为 ± 5kPa,则 σ_3 区间变量的值为

$$\sigma_3 = [100-5, 100+5] = [95, 105]\text{kPa} \tag{3-10}$$

某些土工试验,若存在参数统计和仪器精度两种情形,此时可以采用以下两种方法共同决定岩土参数区间变量的取值。

第一种:对比参数统计取值区间和仪器精度取值区间,若其中一个是另一个的子区间,则取后者为区间变量取值区间;第二种:直接在参数统计取值区间"叠加"

仪器精度。举例如下：

第一种：设某岩土参数 x 按参数统计取值区间为 $[\underline{x_1}, \overline{x_1}](\underline{x_1} < \overline{x_1})$，$x$ 按仪器精度取值区间为 $[\underline{x_2}, \overline{x_2}](\underline{x_2} < \overline{x_2})$，如果满足：

$$\underline{x_1} < \underline{x_2} \text{ 且 } \overline{x_1} > \overline{x_2} \tag{3-11}$$

则区间变量 x 可取为 $[\underline{x_1}, \overline{x_1}]$。

第二种：设某岩土参数 x 按参数统计取值区间为 $x = [\mu - 3\theta, \mu + 3\theta]$，仪器精度为 $\pm\beta$，则"叠加"仪器精度取值区间后为

$$x = [\mu - 3\theta - \beta, \mu + 3\theta + \beta] \tag{3-12}$$

3.3 区间变量的最大最小取值法

区间作为一个常用的描述物理特征的名词，已经广泛应用于科学研究和工程实践的各个领域。例如，若只知道参数 x 分布在区间 $[x - \Delta x, x + \Delta x]$ 内，但其具体分布函数和规律未知，则该参数可以用区间数表示为 $x = [x - \Delta x, x + \Delta x]$。由此可知，在区间分析理论中，区间参数表示为未知变量，该变量的取值范围为一个给定上、下界的区间，不用给出具体的参数分布。换句话说，在科学研究和工程实践中，若需要用区间分析处理不确定信息时，则只需得到不确定信息可能存在的上限和下限即可，除此之外无需提供其他信息，故用区间数描述不确定参数的方法，要求低、适用范围更广。

在岩土参数的诸多土工试验规程和方法中，一般均需做两组甚至多组平行试验。具备两个以上平行试验的岩土参数，在其多组试验结果中，总可以找到最大值 $x_{\max}$ 和最小值 $x_{\min}$，则此岩土参数的区间变量为

$$x = [x_{\min}, x_{\max}] \tag{3-13}$$

例如，设某黏土黏聚力 c 的六组实测数值分别为 31kPa、33kPa、28kPa、29kPa、30kPa、31kPa。不考虑黏聚力 c 的具体分布函数及规律，则 c 的区间取值可以为 $[28, 33]$kPa。

膨胀土问题是"工程中的癌症"，分析其物理化学性质，有助于理解膨胀土的工程特性。中国工程院院士郑健龙教授在其著作《公路膨胀土工程理论与技术》[5] 一书中，对广西百色残积型膨胀土的物理化学性质进行了测试，其结果见表 3-6。

表 3-6 广西百色残积型膨胀土物理化学性质测试结果[5]

土样编号	游离氧化物/%		无定形游离氧化物/%			阴离子交换量/(mmol/kg)	比表面积/(m²/g)	有机质/%	pH
	Fe₂O₃	Al₂O₃	Fe₂O₃	Al₂O₃	SiO₂				
1	2.362	0.916	0.049	0.375	0.859	137.59	141.84	0.243	6.75
2	2.794	1.017	0.014	0.546	0.868	125.47	107.16	0.099	6.85

土样编号	游离氧化物/%		无定形游离氧化物/%			阴离子交换量/(mmol/kg)	比表面积/(m²/g)	有机质/%	pH
	Fe_2O_3	Al_2O_3	Fe_2O_3	Al_2O_3	SiO_2				
3	2.889	1.201	0.081	0.964	1.806	152.98	181.19	0.557	5.41
4	1.909	3.548	0.013	0.289	0.839	126.81	114.33	0.040	5.56
5	2.751	4.389	0.169	0.745	1.539	259.03	264.64	0.271	4.91
6	3.703	1.722	0.046	1.092	1.759	227.49	226.57	0.715	5.19
7	1.573	0.688	0.003	0.201	1.255	221.16	188.45	0.051	7.53

　　共做 7 个土样试验,在 7 组试验结果中找出最大值和最小值,可按式(3-13)确定反映膨胀土物理化学性质参数的区间值。从表 3-6 可以看出,7 个土样的游离 Fe_2O_3 含量区间为[1.909,3.703]%,游离 Al_2O_3 含量区间为[0.688,4.389]%,游离 Fe_2O_3 与游离 Al_2O_3 含量之和的区间为[2.261,7.140]%,无定形游离 Fe_2O_3 含量区间为[0.003,0.169]%,无定形游离 Al_2O_3 含量区间为[0.201,1.092]%,无定形 SiO_2 含量区间为[0.839,1.806]%,以上三种无定形游离氧化物含量之和的区间为[1.141,2.897]%,有机质含量区间为[0.040,0.715]%,pH 区间为[4.91,7.53]。

　　《公路土工试验规程》(JTG E40—2007)[6]提供了标准吸湿含水率试验规程。郑健龙院士所带领的团队对广西宁明 11 个代表性土样进行了相关指标测试,结果见表 3-7。

表 3-7　标准吸湿含水率测试结果[5]

测试样名称	矿物成分/%				物化性质		
	蒙脱石	伊利石	高岭石	其他	比表面积/(m²/g)	阳离子交换量/(mmol/kg)	标准吸湿含水率/%
K12+350	17	18	17	48	181.2	172.5	5.1
K12+900	9	10	13	68	107.2	125.5	2.8
K56+480	12	29	12	47	141.8	137.6	3.4
K56+700	13	27	15	45	157.7	158.1	3.9
K57+180	16	15	14	55	173.9	178.5	4.8
K58+100	11	21	16	52	126.1	126.8	3.2
K114+300	17	16	24	43	188.5	203.1	5.2
K131+580	23	22	26	29	233.6	227.5	6.8
K138+610	20	20	29	31	208.2	210.8	5.9
K139+297	22	19	27	32	221.6	226.1	6.6
AK1+440	25	25	17	33	253.4	259.0	7.2

　　由表中数值可知,广西宁明 11 个代表性土样的蒙脱石含量区间为[9,25]%,伊利石含量区间为[10,29]%,高岭石含量区间为[12,29]%,其他矿物成分含量区间为[29,68]%,比表面积区间为[107.2,253.4]m²/g,阳离子交换量区间为

[125.5,259.0]mmol/kg,标准吸湿含水率区间为[2.8,7.2]%。

参 考 文 献

[1]　李小勇.土工参数空间概率特征[M].北京:原子能出版社,2006.
[2]　中华人民共和国建设部.岩土工程勘察规范　GB 50021—2001(2009 年版)[S].北京:中国
　　建筑工业出版社,2009.
[3]　马瑟荣.地质统计学原理[J].经济地质学,1963,58:1246—1266.
[4]　黄卫,钱振东.高等沥青路面设计理论与方法[M].北京:科学出版社,2001.
[5]　郑健龙.公路膨胀土工程理论与技术[M].北京:人民交通出版社,2013.
[6]　中华人民共和国交通部.公路土工试验规程　JTG E40—2007[S].北京:人民交通出版社,
　　2010.

第 4 章　区间超宽度处理理论与方法

4.1　区间超宽度的基本理论

区间扩展函数的概念在区间分析理论中非常重要,几乎所有区间算法都基于扩展函数的包含特性。

设 f 是从 R^n 到 R^m 的函数,且 f 在某一区间向量 $X \in IR^n$ 上的值域表示为 $f(X)$,即 $f(X) = \{f(x) \mid x \in X\}$,若存在从 IR^n 到 IR^m 的区间函数 F 满足 $\forall X \in IR^n, f(X) \subseteq F(X)$,则称 F 为函数 f 的区间扩展函数[1]。

区间扩展函数包括基本函数、自然扩展函数、中值区间扩展函数、Taylor 区间扩展函数等。

点函数是大家熟悉的,但以区间为变量的函数,到 20 世纪 60 年代初期才由 Moore 首先提出来讨论。在岩土工程区间计算领域,一种重要的扩展形式为自然扩展函数。

设 $f: R^m \to R$,若存在区间值映射 $F: I(R^n) \to I(R)$,它对任意 $x_i \in X_i (i = 1, 2, \cdots, n)$ 有

$$F([x_1, x_2], \cdots, [x_n, x_n]) = f(x_1, \cdots, x_n) \qquad (4\text{-}1)$$

则称 F 为函数 f 的区间扩展。显然 $F(X)[X \in I(R^n)]$ 是一个以区间向量 X 为变量而取值是区间的函数。

由区间运算的性质容易看出,实函数 $f(x_1, x_2, \cdots, x_n)$ 的区间扩展 $F(X_1, X_2, \cdots, X_n)$ 不是唯一的。例如,F 是 f 的某一区间扩展,则 $F_1(X) = F(X) + X - X$ 是 f 另一不同的区间扩展。

现在需要进一步考察 f 与其区间扩展 F 之间的关系,特别是 f 的值域与其区间扩展 F 之间的关系。这是一个很重要的问题,因为它可以导出确定函数值域的计算方法,是有实用价值的。

为此,先引进下面的重要概念:设 $F: I(R^n) \to I(R)$,而 X、$Y \in I(R^n)$ 且满足 $X \subseteq Y$,如果 $F(X) \subseteq F(Y)$ 成立,则称区间值映射 F 具包含单调性。由此可以证明:若 $X^{(i)}$、$Y^{(i)} \in I(R^n)(i = 1, 2)$ 且满足 $X^{(i)} \subseteq Y^{(i)}(i = 1, 2)$,则 $X^{(1)} * X^{(2)} \subseteq Y^{(1)} * Y^{(2)}$ 必成立,其中,$* \in \{+, -, \times, \div\}$,当 $* = \div$ 时,要求 $0 \overline{\in} X^{(2)}, 0 \overline{\in} Y^{(2)}$。

这一事实表明,区间的四则运算具有包含单调性。由此即可推出,若 F 为有理区间函数,那么 F 的这种包含单调性同样成立。原因是任何一个有理区间函数,总

是由有限个区间的四则运算组合而成。

现在,关于 f 的值域与其区间扩展 F 之间的关系就可以回答了。如果区间值函数 F 是点函数 f 的具包含单调性的区间扩展,则必有包含关系:

$$\{f(x_1,\cdots,x_n) \mid \forall\, x_i \in X_i, i=1,2,\cdots,n\} \subseteq F(X_1,\cdots,X_n) \tag{4-2}$$

事实上,由于 F 为 f 的区间扩展,故对任意 $x_i \in X_i (i=1,2,\cdots,n)$, $f(x_1,\cdots,x_n)=F(x_1,\cdots,x_n)$ 成立,又由于包含单调性,则对任意 $x_i \in X_i (i=1,2,\cdots,n)$,有

$$F(x_1,\cdots,x_n) \subseteq F(X_1,\cdots,X_n) \tag{4-3}$$

所以包含关系式(4-3)成立。若 f 为有理函数,则这种值域的包含关系自然成立。

以上结论表明,只要 f 的区间扩展 F 具有包含单调性,则 f 值域的上、下界就可通过计算 $F(X)$ 近似求得。当然,这里存在一个误差问题,就是区间 $F(X)$ 与定义在 X 上的 f 的值域差别有多大。这个问题是十分重要的,自 20 世纪 60 年代以来,该问题一直是区间分析的一个重要研究方向。

由于包含关系式(4-3)成立,因此,一般说来区间 $F(X)$ 的宽度会大于或等于 f 的值域的宽度,有时甚至会大大超过。为说明这一点,考察下述例子:

$$p(x)=1-5x+\frac{1}{3}x^3 \tag{4-4}$$

此多项式在区间 $[2,3]$ 上的值域为 $\left[-\frac{10}{3}\sqrt{5}+1,-5\right]$,即 $[-6.4536,-5]$,如图 4-1 所示。

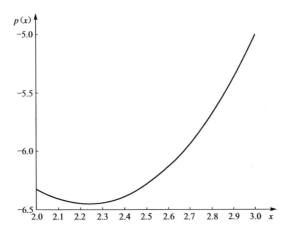

图 4-1　函数 $p(x)=1-5x+\frac{1}{3}x^3$ 在区间 $[2,3]$ 上的图形

显然,这个值域是不可能通过有限次四则运算得到的。但可以利用关系式(4-3)很方便地得到它的上、下界,为此,作 p 关于 $X=[2,3]$ 的区间扩展,有

$$P(X)=1-5X+\frac{1}{3}X \cdot X \cdot X \tag{4-5}$$

则 $P([2,3])=\left[-\dfrac{34}{3},0\right]$，显然 $\left[-\dfrac{10}{3}\sqrt{5}+1,-5\right]\subset\left[-\dfrac{34}{3},0\right]$，且宽度大大超过。

这表明，虽然包含关系成立，但很不精确，这就需要去估计超过部分的宽度。

若区间（或区间向量）X、Y 满足 $X\subseteq Y$，则必存在区间 $E=[\underline{E},\overline{E}]$，$0\in E$，使

$$\begin{cases}Y=X+E\\W(Y)=W(X)+W(E)\end{cases}\tag{4-6}$$

式中，$W(E)$ 表示宽度 $W(Y)$ 和 $W(X)$ 之间的误差。

如果记 $\overline{f}(X)\{f(x_1,\cdots,x_n)\mid\forall x_i\in\overline{X}_i,i=1,2,\cdots,n\}$，则对于包含关系式（4-3）而言，由上面的事实可以得到

$$W(F(X))=W(\overline{f}(X))+W(E(X))\tag{4-7}$$

式中，$E(X)$ 为区间值函数；$\overline{f}$ 为连续函数，$0\in E(X)$。

把 $W(E(X))$ 称为超宽度[2]。如何估计超宽度，是值得深入研究的重要问题。在此，先引进 Lipschitz 区间函数概念：

设 $F(X)$，$X\in I(A)$ 为一区间值函数，若存在常数 $L>0$，使对任意 $X\in I(A)$，有

$$W(F(X))\leqslant LW(X)\tag{4-8}$$

则称 $F(X)$ 为 Lipschitz 区间函数。

利用这一概念，容易证明一个简单的估计式。若 f 的具有包含单调性的区间扩展 F 是 Lipschitz 区间函数，则必有区间值函数 $E(X)$ 及常数 $L_1>0$ 存在，使

$$F(X)=\overline{f}(X)+E(X),\quad 0\in E(X)\tag{4-9}$$

且

$$W(E(X))\leqslant L_1W(X)\tag{4-10}$$

这个结论，对于实有理函数总是成立的，因为可以证明实有理区间扩展都是 Lipschitz 区间函数。

此处介绍几个特殊情形，可以很方便地改善超宽度。仍以多项式 $p(x)=1-5x+\dfrac{1}{3}x^3$ 为例，如果将 $p(x)$ 改写成

$$p(x)=1-x\left(5-\dfrac{1}{3}x^2\right)\tag{4-11}$$

其区间扩展为

$$Q(X)=1-X\left(5-\dfrac{1}{3}X\cdot X\right)\tag{4-12}$$

此时，可得 $Q([2,3])=[-10,-3]$，显然有 $\left[-\dfrac{10}{3}\sqrt{5}+1,-5\right]\subset[-10,-3]$。但 $Q(X)$ 比 $P(X)$ 更狭小些，因此得到了更小的超宽度。对比这两种表示式，可以看出次分配律的作用；同时，可以看到区间扩展形式的选择也是十分重要的。

还有超宽度恒等于 0 的例子。若 f 为给定在区间 X 上的线性函数，则总有

$$\bar{f}(X)=F(X) \tag{4-13}$$

成立。例如,给定在 $[0,1]$ 上的函数 $f(x)=\dfrac{1}{2}x+1$,其值域为 $\left[1,\dfrac{3}{2}\right]$,而其区间扩

展 $F([0,1])=\left[1,\dfrac{3}{2}\right]$,两者重合。由此,可以证明下面的一般结论:

　　如果在函数 $f(x_1,x_2,\cdots,x_n)$ 的表达式中,每个自变量只出现一次,则有

$$\bar{f}(X)=F(X) \tag{4-14}$$

成立,此结论非常重要。在区间分析土力学或区间分析岩土工程中,相关公式若满足每个自变量只出现一次的情况,则其超宽度恒等于 0。

　　考虑一个说明式(4-14)所述结论更为一般的例子:

$$f(x_1,x_2,x_3)=\frac{x_1+x_2}{x_1-x_2}x_3 \tag{4-15}$$

式中, $x_1\in X_1=[1,2]$; $x_2\in X_2=[5,10]$; $x_3\in X_3=[2,3]$。式(4-15)在 $X=([1,2],[5,10],[2,3])^{\mathrm{T}}$ 上的精确值域为 $\left[-12,-\dfrac{22}{9}\right]$,而式(4-15)的区间扩展为

$$F(X_1,X_2,X_3)=\frac{X_1+X_2}{X_1-X_2}X_3 \tag{4-16}$$

因此

$$F([1,2],[5,10],[2,3])=\frac{[1,2]+[5,10]}{[1,2]-[5,10]}[2,3]=\left[-12,-\frac{12}{9}\right] \tag{4-17}$$

此时,其超宽度为 $\dfrac{55}{9}$,若把式(4-15)改写成

$$f(x_1,x_2,x_3)=x_3\left(1+\frac{2}{x_1/x_2-1}\right) \tag{4-18}$$

则它的区间扩展为

$$F([1,2],[5,10],[2,3])=[2,3]\left(1+\frac{2}{[1,2]/[5,10]-1}\right)=\left[-12,-\frac{22}{9}\right] \tag{4-19}$$

就是式(4-15)的精确值域。这个结论很重要,Hansen 就是利用这种思想,对一些算法进行了重要改进[2-6]。

　　针对区间扩展问题的分析研究,可以发现[7]:

　　(1) 区间扩展程度与函数表达式的形式有关。区间包含特性和区间运算的分配律使得同一函数具有不同的函数表达式,进而得到不同的扩张区间。

　　(2) 区间扩展程度与区间运算的复杂程度有关。在区间运算过程中,参与运算的区间数量和次数越多,函数区间扩展现象就越严重。

　　(3) 区间扩展程度与区间运算的前提假设有关。在区间运算中,一般假设参与运算的变量是相互独立的,其变化范围也是独立无相互影响的。因此,在发生区

间扩展的区间运算中区间变量之间的相关性或一致性被完全忽略,同一变量的多次出现也被看成完全独立的,从而引发了区间扩展现象。

针对函数区间扩展问题,学者做了大量的研究工作。现有的可以消除或者缩小区间扩展的方法如下:

(1) 端点组合法。所谓端点组合法就是指目标函数的解区间可以由每个区间变量的区间端点的组合计算得到[8]。端点组合法具有一定的特殊性,它只适用于区间函数为单调或者分段单调的情况,可以给出精确的解区间,但是随着区间量的增加,其计算量也明显增大。

(2) 优化法。当目标函数 $f(x_1, x_2, \cdots, x_n)$ 较为复杂,变量数目较多,或目标函数关于基本变量 x_i 的增减特性不明确时,可以根据区间优化法确定目标函数的解区间[9]。但优化法只有在函数各变量完全独立不相关的情况下,才可以得到较为精确的函数值域。

(3) 区间截断法。Rao 等[10]首先提出了区间截断的方法。郭书祥等[11]又提出了一种改进的区间截断法,其计算结果更接近精确解。但无论区间截断法,还是改进的区间截断法,其影响计算结果的截断准则参数不容易确定,给实际工程应用带来了一定的困难。

除了上述三种方法外,Comba 等[12]还提出了用于缩小区间扩展问题的仿射算法。

上述这些方法本身都或多或少存在某种缺陷,只能尽量缩小区间运算带来的扩张误差,却无法消除,因此对于区间扩展问题,还需要进一步研究。

4.2　缩小岩土参数的区间宽度

根据区间四则运算法则可以知道,缩小岩土参数本身的区间取值,可以有效减小超宽度。这个结论的成立,再次突出了岩土工程试验质量和精度的重要性。

邓肯-张本构模型切线变形模量表达式为[13]

$$E_t = K p_a \left(\frac{\sigma_3}{p_a} \right)^n \left[1 - R_f \frac{(1-\sin\varphi)(\sigma_1-\sigma_3)}{2c\cos\varphi + 2\sigma_3\sin\varphi} \right]^2 \tag{4-20}$$

式中,E_t 为土体切线弹性模量,N/m^2;c 为土体黏聚力;φ 为土体内摩擦角,($°$);R_f 为破坏比。当 σ_3 和 φ 为区间变量时,采用区间四则运算法则计算 E_t。σ_3 取值区间变为 $[99, 101]$kPa,$\varphi = [23.5°, 24.5°]$ 时,$E_t = [1645.0, 2247.1]$N/m^2;$\sigma_3 = [99, 101]$kPa,$\varphi = [23.8°, 24.2°]$ 时,$E_t = [1762.4, 2121.3]$N/m^2。与 σ_3 为点变量 100kPa、φ 也为点变量 24° 时的 $E_t = 1938.9$N/m^2 相比较,区间变量的区间宽度越大,E_t 取值范围也越大。

随着岩土本构模型的发展,弹塑性模型、增量弹塑性模型在现代岩土力学中得到广泛应用。如剑桥模型、莱特-邓肯模型、清华模型、沈珠江结构性黏土的弹塑性损伤模型等。清华模型的硬化参数表达式为[13]

$$h = \frac{p_a}{1+km_4} \frac{1}{\left[m_6 + \varepsilon_v^p + m_3 \bar{\varepsilon}^p\right] m_5}$$ 　　　　(4-21)

式中，ε_v^p、$\bar{\varepsilon}^p$ 为三轴试验各应力状态下的塑性应变，$\varepsilon_v^p = \varepsilon_v - \varepsilon_v^e$，$\bar{\varepsilon}^p = \bar{\varepsilon} - \bar{\varepsilon}^e$；$m_3$、$m_4$、$m_5$、$m_6$、$p_a$ 为常数；k 为屈服常数（点常数也可根据各自计算数据来源取为区间常数）。ε_v^p、$\bar{\varepsilon}^p$ 计算式中的 ε_v^e、$\bar{\varepsilon}^e$ 用常规三轴试验弹性应变形式 $K = K_0 P$，$G = G_0 p_a \left(\frac{\sigma_3}{p_a}\right)^n$ 确定的参数计算。

三轴试验中，围压 σ_3 不仅影响土的峰值强度，对土的应力-应变关系及体变关系也有较大的影响。当 σ_3 为区间变量且值为 $[99,101]$kPa 时，硬化参数 h 也为区间变量，在其他参数不变的情况下，σ_3 区间变量的区间宽度越小，h 的区间宽度也越小。

姚海林等[14]，从理论上提出了计算标准吸湿率的公式：

$$w_a = dAC\rho_a\beta$$ 　　　　(4-22)

式中，w_a 为标准吸湿含水率，%；d 为吸附单分子水层厚度，0.1nm；A 为具有晶层结构的矿物蒙脱石的理论比表面积，m^2/g；C 为具有晶层结构的黏土矿物的含量，%；ρ_a 为吸附水的密度，g/cm^3；β 为修正系数，取 0.70~0.98。

设某蒙脱石试样 $d = 2.8 \times 10^{-10}$m，蒙脱石的实测比表面积 $A = (800 \pm 10) m^2/g$，$C = 100\%$，$\rho_a = 1.4 g/cm^3$，$\beta = 0.98$，则

$$w_a = 2.8 \times 10^{-2} \times [790,810] \times 100\% \times 1.4 \times 0.98 = [30.3486, 31.1170]\%$$

若蒙脱石的实测比表面积 $A = 800 \pm 5 m^2/g$，则

$$w_a = 2.8 \times 10^{-2} \times [795,805] \times 100\% \times 1.4 \times 0.98 = [30.5407, 30.9249]\%$$

4.3　改写计算式

相关文献证明，如果在函数 $f(x_1, x_2, \cdots, x_n)$ 的表达式中，每个自变量只出现一次，则其超宽度恒等于 0。此结论意味着，在岩土本构模型的区间分析中，本构模型计算公式若满足每个自变量只出现一次的情况，则其超宽度恒等于 0。例如，康纳根据大量土的三轴试验应力-应变关系，提出用双曲线拟合出一般土的三轴试验 $(\sigma_1 - \sigma_3)$-ε_a 曲线[13]，即

$$\sigma_1 - \sigma_3 \approx \frac{\varepsilon_a}{a + b\varepsilon_a}$$ 　　　　(4-23)

对于常规三轴试验，$\varepsilon_a = \varepsilon_1$。而

$$\varepsilon_a = \varepsilon_1 = \frac{\Delta h}{h_0} \times 100\%$$ 　　　　(4-24)

式中,ε_1 为轴向应变,%;Δh 为剪切过程中的轴向变形,mm;h_0 为试验总高度,mm。

现假设 Δh 的区间取值为 $[8-0.001,8+0.001]$,h_0 的区间取值为 $[202-0.01,202+0.01]$,则按区间变量四则计算法则得 $\Delta h/h_0=[0.0395,0.0397]$;再令 $a=13$、$b=5$,则式(4-23)的右边项按区间变量四则运算法则结果为

$$\frac{\varepsilon_a}{a+b\varepsilon_a}=\frac{[3.95,3.97]}{13+5[3.95,3.97]}=[0.1202,0.1213] \tag{4-25}$$

若把式(4-23)的右边项变为

$$\frac{1}{a/\varepsilon_a+b}=\frac{1}{13/[3.95,3.97]+5}=[0.1206,0.1209] \tag{4-26}$$

则式(4-23)右边项实际值域为 $[3.95/(13+5\times3.95),3.97/(13+5\times3.97)]=[0.1206,0.1209]$。

对比式(4-25)和式(4-26)可知,式(4-25)的区间宽度较式(4-26)大。而式(4-26)计算的区间宽度等于其值域。

但是,不恰当的改写将会扩大原有表达式的区间取值范围,即区间超宽度增大。例如,将式(4-20)改写为

$$E_t=Kp_a\left(\frac{\sigma_3}{p_a}\right)^n\left[1-R_f\frac{(1/\sin\varphi-1)(\sigma_1/\sigma_3-1)}{2c\cot\varphi/\sigma_3+2}\right]^2 \tag{4-27}$$

设 K、n、c、R_f 分别为 170、0.76、30、0.76,$\sigma_1=300$kPa,$\sigma_3=[95,105]$kPa,$p_a=100$kPa,$\varphi=[23.5°,24.5°]$。式(4-20)计算得 $E_t=[1294.8,2678.0]$N/m²,而式(4-27)计算得 $E_t=[941.9,3156.7]$N/m²,可知式(4-27)的改写扩大了 E_t 的区间取值范围。

4.4　区间变量分解方法

区间变量分解定理[1]:

设 $X=[\underline{X},\overline{X}]$ 为任意一个区间数,则 X 总可以分解为一个实数 $m(X)=\text{mid}(X)=\frac{(X+\overline{X})}{2}$ 和一个对称区间数 $w=\frac{w(X)}{2}[-1,1]=\frac{\overline{X}-\underline{X}}{2}[-1,1]$ 之和。即

$$X=[\underline{X},\overline{X}]=m+w=\frac{\overline{X}+\underline{X}}{2}+\frac{\overline{X}-\underline{X}}{2}[-1,1] \tag{4-28}$$

且这种分解形式是唯一的。

由式(4-28)可以得到启发,先计算实数 m 所得值,再计算对称区间 w 所得值,结果为两者之和。由于实数 m 不会引起结果的区间超宽度,减少了区间宽度的对

称区间 w,引起的区间超宽度远比任意区间数 X 引起的超宽度要小。

设

$$f(x)=x^2 \tag{4-29}$$

$x\in X=[2,6]$。此时,$F([2,6])=[2,6][2,6]=[4,36]$,其区间宽度为 32。

若把 $x\in X=[2,6]$ 改写成 $x\in X=4+[-2,2]$,即 $F([4])=[4][4]=[16]$,$F([-2,2])=[-2,2][-2,2]=[-4,4]$,$F(4+[-2,2])=F([2,6])=[12,20]$,其区间宽度变为 8。

4.5 区间拆分法

区间拆分法就是把某个区间宽度比较大的区间,拆分成几个小的区间,分别计算其结果后,在所有小区间计算结果中,取其最大、最小值作为较大区间的计算结果。很显然,用小区间计算,其区间宽度会相应缩小[1]。这种方法也称为子区间方法。

设 $X=[\underline{X}+\overline{X}]$ 为任意一个区间数,把 $X=[\underline{X}+\overline{X}]$ 分解为 n 个小区间的表达式,可以写为

$$\begin{cases} X_1=\left[\underline{X},1\times\dfrac{\overline{X}-\underline{X}}{n}+\underline{X}\right] \\[2mm] X_2=\left[1\times\dfrac{\overline{X}-\underline{X}}{n}+\underline{X},2\times\dfrac{\overline{X}-\underline{X}}{n}+\underline{X}\right] \\[2mm] X_3=\left[2\times\dfrac{\overline{X}-\underline{X}}{n}+\underline{X},3\times\dfrac{\overline{X}-\underline{X}}{n}+\underline{X}\right] \\[2mm] X_4=\left[3\times\dfrac{\overline{X}-\underline{X}}{n}+\underline{X},4\times\dfrac{\overline{X}-\underline{X}}{n}+\underline{X}\right] \\[2mm] \vdots \\[1mm] X_{n-1}=\left[(n-2)\times\dfrac{\overline{X}-\underline{X}}{n}+\underline{X},(n-1)\times\dfrac{\overline{X}-\underline{X}}{n}+\underline{X}\right] \\[2mm] X_n=\left[(n-1)\times\dfrac{\overline{X}-\underline{X}}{n}+\underline{X},n\times\dfrac{\overline{X}-\underline{X}}{n}+\underline{X}\right]=\left[(n-1)\times\dfrac{\overline{X}-\underline{X}}{n}+\underline{X},\overline{X}\right] \end{cases} \tag{4-30}$$

假设函数

$$f(x)=\frac{x^3}{1+x} \tag{4-31}$$

$x=[3,6]$,试采用区间拆分方法计算 $f([3,6])$。

用区间 $x=[3,6]$ 计算时，$f([3,6])=[3.8571,54]$。

MATLAB 代码为

```
>>x = infsup(3,6)
intval x =
[3.0000,6.0000]
>>y = x^3/(1 + x)
intval y =
[3.8571,54.0000]
```

现把 $x \in X=[3,6]$ 分成三个子区间：$x_1=[3,4]$，$x_2=[4,5]$，$x_3=[5,6]$，由式 (1-23)可知，$x \in X=[3,6]=x_1 \bigcup x_2 \bigcup x_3$。

计算得 $f([3,4])=[5.3999,16]$，$f([4,5])=[10.6666,25]$，$f([5,6])=[17.8571,36]$。取三个子区间的并集，得 $f([3,4]) \bigcup f([4,5]) \bigcup f([5,6])=[5.3999,36]$。

MATLAB 代码为

```
>>x1 = infsup(3,4)
intval x1 =
[3.0000,4.0000]
>>y1 = x1^3/(1 + x1)
intval y1 =
[5.3999,16.0000]
>>x2 = infsup(4,5)
intval x2 =
[4.0000,5.0000]
>>y2 = x2^3/(1 + x2)
intval y2 =
[10.6666,25.0000]
>>x3 = infsup(5,6)
intval x3 =
[5.0000,6.0000]
>>y3 = x3^3/(1 + x3)
intval y3 =
[17.8571,36.0000]
```

按点形式计算时(端点组合法)，$f(3)=6.75$，$f(6)=30.8571$，无超宽度区间为 $[6.75,30.8571]$。

MATLAB 代码为

```
>>y = 3^3/(1 + 3)
y =
    6. 7500
>>y = 6^3/(1 + 6)
y =
    30. 8571
```

$f([3,6])=[3.8571,54]$ 的超宽度大于 $f([3,4])\bigcup f([4,5])\bigcup f([5,6])=$ $[5.3999,36]$，$f([3,4])\bigcup f([4,5])\bigcup f([5,6])$ 的区间更接近于点形式计算的区间结果 $[6.75,30.8571]$。

区间拆分法解的精确区间跟子区间划分的大小有密切关系。一般来说，子区间划分越多，其子区间计算结果的并集更接近于点形式计算的无超宽度精确区间。

若将 $x\in X=[3,6]$ 分成六个子区间 $x_1=[3,3.5]$，$x_2=[3.5,4]$，$x_3=[4,4.5]$，$x_4=[4.5,5]$，$x_5=[5,5.5]$，$x_6=[5.5,6]$，最后得到的区间为 $[6,33.2308]$，更进一步接近无超宽度精确区间 $[6.75,30.8571]$。

参 考 文 献

[1]　Moore R E. Interval Analysis[M]. Upper Saddle River：Prentice-Hall，1966.

[2]　Hansen E R，Greenberg R I. An interval Newton method[J]. Applied Mathematics and Computation，1983，12(2)：89—98.

[3]　Hansen E R. A Generalized Interval Arithmetic[M]. Berlin：Springer Berlin Heidelberg，1975：7—18.

[4]　Hansen E R. Global optimization using interval analysis：The one-dimensional case[J]. Journal of Optimization Theory and Applications，1979，29(3)：331—344.

[5]　Hansen E R. Global optimization using interval analysis—The multi-dimensional case[J]. Numerische Mathematik，1980，34(3)：247—270.

[6]　Hansen E R，Sengupta S. Bounding solutions of systems of equations using interval analysis[J]. BIT Numerical Mathematics，1981，21(2)：203—211.

[7]　于生飞. 基于区间不确定方法的边坡稳定性分析及非概率可靠度评价研究[D]. 南京：南京大学，2012.

[8]　赵明华，蒋冲，曹文贵. 基于区间理论的挡土墙稳定性非概率可靠性分析[J]. 岩土工程学报，2008，30(4)：467—472.

[9]　郭书祥，张陵，李颖. 结构非概率可靠性指标的求解方法[J]. 计算力学学报，2005，22(2)：227—231.

[10]　Rao S S，Berke L. Analysis of uncertain structural systems using interval analysis[J]. Journal of the American Institute of Aeronautics and Astronautics，1997，35(4)：727—735.

[11]　郭书祥，吕震宙. 结构体系的非概率可靠性分析方法[J]. 计算力学学报，2002，19(3)：

332—335.

[12]　Comba J L D, Stolfi J. Affine arithmetic and its applications to computer graphics[C]∥ Proceedings of Proceedings of Anais Do Ⅶ SIB GRAPI, Recife Brazil, 1993:9—18.

[13]　李广信. 高等土力学[M]. 北京:清华大学出版社,2004.

[14]　姚海林,程平,杨洋,等. 标准吸湿含水率对膨胀土进行分类的理论与实践[J]. 中国科学 (E辑),2005,35(1):43—52.

第 5 章　区间分析土力学

5.1　绪　　论

5.1.1　土力学的概念

土力学主要研究土体的应力、变形、强度、渗流及长期稳定性。广义的土力学又包括土的生成、组成、物理化学性质及分类在内的土质学。土力学也是土木工程的一个分支,主要研究土的工程性质,解决工程问题[1,2]。

土中固体颗粒是岩石风化后的碎屑物质,简称土粒。土粒集合体构成土的骨架,土骨架的孔隙中存在液态水和气体。因此,土是由土粒(固相)、土中水(液相)和土中气(气相)组成的三相物质,当土中孔隙被水充满时,则是由土粒和土中水组成的二相体。土体具有与一般连续固体材料(如钢、木、混凝土及砌体等建筑材料)不同的孔隙特性。它不是刚性的多孔介质,而是大变形的孔隙性物质。在孔隙中,水的流动显示土的渗透性(透水性);土孔隙体积的变化显示土的压缩性、胀缩性;在孔隙中,土粒的错位显示土内摩擦和黏聚的抗剪强度特性。土的密度、孔隙率、含水率是影响土力学性质的重要因素。土粒大小悬殊甚大。有粒径大于 60mm([60,+∞])的巨粒粒组,有小于 0.075mm([0,0.075])的细粒粒组,有介于 0.075～60mm([0.075,60])的粗粒粒组。

工程用土可分为一般土和特殊土。广泛分布的一般土又可以分为无机土和有机土。原始沉积的无机土大致可分为碎石类土、砂类土、粉性土和黏性土四大类。当土中巨粒、粗粒粒组的含量超过全重的 50%([50,100])时,属于碎石类土或砂类土;反之,属于粉性土或黏性土。碎石类土和砂类土总称为无黏性土,一般特征是透水性大、无黏性,其中砂类土具有可液化性;黏性土的透水性小,具有可塑性、湿陷性、胀缩性和冻胀性等;而粉性土兼有砂类土的可液化性和黏性土的可塑性等。特殊土有遇水沉陷的湿陷性土(如常见的湿陷性黄土)、湿胀干缩的胀缩性土(也称膨胀土)、冻胀性土(也称冻土)、红黏土、软土、填土、混合土、盐渍土、污染土、风化岩与残积土等。

综上所述,土的种类繁多,工程性质十分复杂。试验表明,土的应力-应变关系呈非线弹性,因此,在没有深入了解土的力学性质变化规律、没有条件进行繁复计算之前,不得不将土工问题计算进行必要的简化。例如,采用弹性理论求解土的应力分布,而用塑性理论求解地基承载力,将土体的变形和强度分别作为独立的求解单元。20世纪60年代以来,随着电子计算机的问世,可对接近于土本质的力学模型进行复杂的快速计算,现代科学技术的发展也提高了土工试验的测试精度,进而发现了许多过去观察不到的现象,为建立更接近实际的数学模型和测定正确的计算参数提供了可靠的依据。但由于土的力学性质十分复杂,对土本构模型(土的应力变形-强度-时间模型)的研究以及计算参数的测定,均远落后于计算机技术的发展;而且计算参数选择不当所引起的误差,远大于计算方法本身的精度范围。因此,对土的基本力学性质和土工问题计算方法的研究与验证,是土力学的两大重要研究方向。

5.1.2　土力学发展简介

古代许多宏伟的土木工程,例如,我国的万里长城、大型宫殿、大庙宇、大运河、开封塔、赵州桥等,国外的大皇宫、大教堂、古埃及金字塔、古罗马桥梁工程等屹立至今,体现了古代劳动人民丰富的土木工程经验。

18世纪,在产业革命推动下,欧美国家的社会生产力有了快速发展,大型建筑、桥梁、铁路、公路的兴建,促使人们开始对地基土和路基土的一系列技术问题进行研究。1773年,法国科学家库仑(Coulomb)发表了《极大极小准则在若干静力学问题中的应用》,介绍了刚滑楔理论计算挡土墙墙背粒料侧压力的计算方法。1855年,法国学者达西(Darcy)创立了土的层流渗透定律;1857年,英国学者朗肯(Rankine)发表了土压力塑性平衡理论;1885年,法国学者布西内斯克(Boussinesq)求导了弹性半空间(半无限体)表面竖向集中力作用时土中应力、变形的理论解。这些古典理论极大地推动了土力学的发展且一直沿用至今。

从20世纪20年代开始,对土力学的研究有了迅速发展。1915年,Petterson首先提出土坡稳定分析的整体圆弧滑动面法,随后Fellenius及Taylor进一步发展了该方法;1920年,Prandtl发表了地基剪切破坏时的滑动面形状和极限承载力公式;1925年,太沙基写出了第一本《土力学》专著。他是第一个重视土的工程性质和土工试验的人,他所建立的饱和土的有效应力原理,将土的主要力学性质,如应力-变形-强度-时间各因素相互联系起来,并有效地用于解决一系列的土工问题。从此土力学成为一门独立的学科;1936年,Rendulic发现土的剪胀性、应力-应变非线性关系、具有加工硬化与软化的性质。

在我国,陈宗基对土的流变学和黏土结构进行了研究;黄文熙探讨土的液化并提出了考虑土侧向变形的基础沉降计算方法,他在1983年出版的《土的工程性质》一书中系统地介绍国内外有关的各种土的应力-应变本构模型的理论和研究成果。钱家欢等较全面地总结土力学的新发展,在国内有较大的影响。沈珠江在土体本构模型、土体静动力数值分析、非饱和土理论等方面取得了突出的成就。

　　对于由计算参数选择不当所引起的误差,远大于计算方法本身的精度范围这个问题,许多学者进行了研究分析,以土工参数的概率统计分析为代表。截至目前,在土力学范畴,仍然采用的是用点数据表示某个土工参数的取值。由于土的性质复杂性及土工试验精度等影响,土工参数用点数据来表示,不能完全表达土工参数本身是某一数值区间的特性。所以,借用数学上的区间数值概念,用区间取值即线或面数据代替点数据来表达土工参数的取值方法,并在此基础上讨论基于区间取值的土的强度、变形、本构模型等问题,为土力学理论和分析提供一条新的思路,既符合土的复杂性特性,又符合土工试验的基本原理。

5.2　土 的 组 成

5.2.1　概述

　　在自然界,存在于地壳表层的岩石圈是由基岩及其覆盖土组成的。基岩是指在水平和竖直两个方向延伸很广的各类原位岩石;覆盖土是指覆盖于基岩之上的各类土的总称。基岩岩石按成因可分为岩浆岩、变质岩和沉积岩三大类。土广泛分布在地壳表层,是还没有固结成沉积岩的松散沉积物,也是人类工程活动的主要对象。自然界土的工程性质很不一致,作为工程建筑材料,有的可以作为混凝土的骨料,有的可以用来烧制砖瓦或作为路基填料,有的则没有大的工程应用价值。作为建筑地基,一些土层上面可以建造高楼,有的土层上可以建造平房,而有的土层上不经处理则不能建造任何建筑。土的性质有这样大的差别,主要是由其成分和结构不同所致的,而土的成分与结构则取决于其成因特点。

　　在自然界中,土的形成过程是十分复杂的,地壳表层的岩石在阳光、大气、水和生物等因素影响下,发生风化作用,使岩石崩解、破碎,经流水、风、冰川等动力搬运作用,在各种自然环境下沉积,形成土体。因此,通常说土是岩石风化的产物。

　　风化作用主要包括物理风化和化学风化,它们经常是同时进行,而且是互相加剧发展的。物理风化是指由温度变化、水的冻胀、波浪冲击、地震等引起的物理力使岩体崩解、碎裂,这种作用使岩体逐渐变成细小的颗粒。化学风化是指岩体(或岩块、岩屑)与空气、水和各种水溶液相互作用,这种作用不仅使岩石颗粒变细,更重要的是使岩石成分发生变化,形成大量细微颗粒(黏粒)和可溶盐类。化学风化常见的作用有水解作用、水化作用、氧化作用、溶解作用和碳酸化作用等。

　　在自然界中,岩石和土在其存在、搬运和沉积的各个过程中都在不断进行风化,由于形成条件、搬运方式和沉积环境的不同,自然界的土也就有着不同的成因类型。

　　土的形成过程决定了它具有特殊的物理力学性质。与一般建筑材料相比,土具有三个重要特点:①散体性,颗粒之间无黏结或有一定的黏结,存在大量孔隙,可以透水、透气;②多相性,土是由固体颗粒、水和气体组成的三相体系,相系之间质和量的变化直接影响它的工程性质;③自然变异性,土是在自然界漫长的地质历史时期演化形成的多矿物组合体,是性质复杂、不均匀且随时间不断变化的材料。深刻理解这些特点,有利于掌握土力学性质的本质。

　　土是由固体颗粒、水和气体组成的三相体系。土中固体颗粒(简称土粒)的大小和形状、矿物成分及其组成是决定土的物理力学性质的重要因素。

5.2.2　土中固体颗粒

1. 土粒粒度与粒组

　　组成土各个土粒的特征,即土粒的个体特征,主要包括土粒的大小和形状。粗大土粒呈块状或粒状,随着搬运或风化程度不同而呈现不同的形状;细小土粒主要呈片状。但实际上土是由土粒的集合体组成的。

　　自然界中存在的土都是由大小不同的土粒组成的。土粒的粒径由粗到细逐渐变化时,土的性质相应地发生变化。土粒的大小称为粒度,通常以粒径表示。介于一定粒度范围内的土粒称为粒组,各个粒组随着分界尺寸的不同而呈现出一定质的变化。划分粒组的分界尺寸称为界限粒径。目前,土的粒组划分方法并不完全一致,表 5-1 是一种常用土粒粒组的划分方法,是根据界限粒径 200mm、60mm、2mm、0.075mm 和 0.005mm 把土粒分为六大粒组:漂石或块石颗粒、卵石或碎石颗粒、圆砾或角砾颗粒、砂粒、粉粒及黏粒。

表 5-1　土粒粒组的划分[3]

粒组统称	粒组名称		粒径范围/mm	一般特征
巨粒	漂石或块石颗粒		＞200	透水性很大,无黏性,无毛细水
	卵石或碎石颗粒		60～200	
粗粒	圆砾或角砾颗粒	粗	20～60	透水性大,无黏性。毛细水上升高度不超过粒径大小
		中	5～20	
		细	2～5	
	砂粒	粗	0.5～2	易透水,当混入云母等杂质时透水性减小,而压缩性增加;无黏性,遇水不膨胀,干燥时松散;毛细水上升高度不大,随粒径变小而增大
		中	0.25～0.5	
		细	0.075～0.25	

粒组统称	粒组名称	粒径范围/mm	一般特征
细粒	粉粒	0.005～0.075	透水性小,湿时稍有黏性,遇水膨胀小;干时稍有收缩;毛细水上升高度较大较快。极易出现冻胀现象
	黏粒	≤0.005	透水性很小,湿时有黏性、可塑性,遇水膨胀大,干时收缩显著;毛细水上升高度大,但速度较慢

注:(1) 漂石、卵石和圆砾颗粒均呈一定的磨圆形状(圆形或亚圆形);块石、碎石和角砾颗粒都带有棱角。

(2) 粉粒或称粉土粒,粉粒的粒径上限 0.075mm 相当于 200 号标准筛的孔径。

(3) 黏粒或称黏土粒。黏粒的粒径上限也有采用 0.002mm 为准,如《公路土工试验规程》(JTG E40—2007)。

对于粒径范围这一项指标,可以采用区间数值的方式对表 5-1 所示的土粒粒组进行划分,见表 5-2。

表 5-2　土粒粒组的区间数值划分

粒组统称	粒组名称		粒径范围/mm	粒径区间数值划分范围/mm
巨粒	漂石或块石颗粒		＞200	$[200,+\infty]$
	卵石或碎石颗粒		60～200	$[60,200]$
粗粒	圆砾或角砾颗粒	粗	20～60	$[20,60]$
		中	5～20	$[5,20]$
		细	2～5	$[2,5]$
	砂粒	粗	0.5～2	$[0.5,2]$
		中	0.25～0.5	$[0.25,0.5]$
		细	0.075～0.25	$[0.075,0.25]$
细粒	粉粒		0.005～0.075	$[0.005,0.075]$
	黏粒		≤0.005	$[0,0.005]$

注:(1) 为与区间数值表示方法一致,土粒粒径的区间数值划分,区间数值中,左边的数值一般小于或等于右边的数值。

(2) 漂石或块石颗粒,其区间数值表示为$[200,+\infty]$。自然界中存在无穷大的土颗粒粒径的概率较小,实际计算中,可把$+\infty$改写成具体工程中最大土颗粒的粒径数值。

(3) 细粒中的黏粒,其区间数值表示为$[0,0.005]$。考虑到数值计算中的除法运算,实际计算中,可把 0 赋予一个较小的数值,如 0.0001、0.000001(胶粒粒径)或更小值等。

土粒的大小及其组成情况通常以土中各个粒组的相对含量(是指土样各粒组的质量占土粒总质量的百分数)来表示。称为土的粒度成分或颗粒级配。

2. 粒度成分分析试验

土的粒度成分或颗粒级配是通过土的颗粒分析试验测定的,常用的测定方法有筛分法和沉降分析法。前者是用于粒径大于 0.075mm($[0.075,+\infty]$)的巨粒组和粗粒组。后者用于粒径小于 0.075mm([0,0.075])的细粒组。当土内同时含有大于 0.075mm 和小于 0.075mm 的土粒时,两类分析方法可联合使用。具体试验原理和方法见相关规程。

3. 粒径累计曲线

针对粒度成分分析试验结果,常采用粒径累计曲线表示土的颗粒级配,这是一种比较全面和通用的图解法,其特点是可简单获得定量指标,特别适用于几种土级配好与差的比较。粒径累计曲线法的横坐标为粒径,由于土粒粒径的值域很宽,因此采用对数坐标表示;纵坐标为小于(或大于)某粒径的土重(累计百分)含量。由粒径累计曲线的坡度可以大致判断土粒均匀程度或级配是否良好。如曲线较陡,表示粒径大小相差不多,土粒较均匀,级配不良;反之,曲线平缓,则表示粒径大小相差悬殊,土粒不均匀,级配良好。

根据描述级配的粒径累计曲线可以简单地确定颗粒级配的两个定量指标,即不均匀系数 C_u 及曲率系数 C_c:

$$C_u = \frac{d_{60}}{d_{10}} \tag{5-1}$$

$$C_c = \frac{d_{30}^2}{d_{10}d_{60}} \tag{5-2}$$

式中,d_{60}、d_{30} 和 d_{10} 分别表示小于某粒径土重累计百分含量为 60%、30% 和 10% 对应的粒径,分别称为限制粒径、中值粒径和有效粒径,对一种土有 $d_{60}>d_{30}>d_{10}$。不均匀系数 C_u 反映大小不同粒组的分布情况,即土粒大小或粒度的均匀程度。C_u 越大,表示粒度的分布范围越大,土粒越不均匀,级配越良好。曲率系数 C_c 反映的是累计曲线分布的整体形态,即限制粒径 d_{60} 与有效粒径 d_{10} 之间各粒组含量的分布情况。

在一般情况下,工程上把 $C_u<5$([0,5])的土看成均粒土,属级配不良;$C_u>10$([10,$+\infty$])的土,属级配良好。对于级配连续的土,采用单一指标 C_u 即可达到比较满意的判别结果。但缺乏中间粒径(d_{60} 与 d_{10} 之间的某粒组)的土,即级配不连续,在累计曲线上呈现台阶状,此时,仅采用单一指标 C_u 难以有效判定土的级配好与差。

将曲率系数 C_c 作为第二指标与 C_u 共同判定土的级配,更加合理。一般认为,砾类土或砂类土同时满足 $C_u \geqslant 5$ 和 $C_c=1\sim3$([1,3])两个条件时,则为良好级配砾或良好级配砂;如不能同时满足,则可判定为级配不良。很显然,在 C_u 相同的条件下,C_c 过大或过小均表明土中缺少中间粒组,各粒组间孔隙的连锁充填效应降低,级配变差。

考虑到土工试验和数据统计等各方面带来的误差,d_{60}、d_{30} 和 d_{10} 的取值可用区间数值表示。例如,设 $d_{60}=[0.14-0.001,0.14+0.001]$,$d_{30}=[0.39-0.001,0.39+0.001]$,$d_{10}=[0.84-0.001,0.84-0.001]$,则

$$C_{u}=\frac{d_{60}}{d_{10}}=\frac{[0.14-0.001,0.14+0.001]}{[0.84-0.001,0.84-0.001]}=[0.1652,0.1681] \quad (5-3)$$

$$C_{c}=\frac{d_{30}^2}{d_{10}d_{60}}=\frac{[0.39-0.001,0.39+0.001]^2}{[0.84-0.001,0.84-0.001][0.14-0.001,0.14+0.001]}$$
$$=[1.2760,1.3110] \quad (5-4)$$

为了对比,下面给出按区间最小、最大值计算的结果:

$$C_{u\text{小}}=\frac{0.14-0.001}{0.84-0.001}=0.1657, \quad C_{u\text{大}}=\frac{0.14+0.001}{0.84+0.001}=0.1677 \quad (5-5)$$

所得区间 $[0.1657,0.1677]$ 与式(5-3)的区间 $[0.1652,0.1681]$ 相比,区间宽度变小。即式(5-3)存在区间分析中的自然扩展现象。再考虑曲率系数 C_{c}:

$$C_{c\text{小}}=\frac{(0.39-0.001)^2}{(0.84-0.001)\times(0.14-0.001)}=1.2975 \quad (5-6)$$

$$C_{c\text{大}}=\frac{(0.39+0.001)^2}{(0.84+0.001)\times(0.14+0.001)}=1.2893 \quad (5-7)$$

所得区间 $[1.2975,1.2893]$ 与式(5-4)的区间 $[1.2760,1.3110]$ 相比,也存在区间自然扩展现象,这跟区间四则运算法则的定义有关,第 4 章已经讨论过。

5.2.3　土中水和土中气

1. 土中水

土中水可以处于液态、固态或气态。土中细粒越多,即土的分散度越大,土中水对土性影响也越大。一般液态土中水可视为中性、无色、无味、无臭的液体。其质量密度在 4℃时为 $1\mathrm{g/cm^3}$,重力密度为 $9.81\mathrm{kN/m^3}$。存在于土粒矿物的晶体格架内部或参与矿物构造中的水称为矿物内部结合水,它只有在比较高的温度(80～680℃,随土粒的矿物成分不同而异)下才能化为气态水而与土粒分离,从土的工程性质来分析,可以把矿物内部结合水当做矿物颗粒的一部分。存在于土中的液态水可分为结合水和自由水两大类。实际上,土中水是成分复杂的电解质水溶液。它与土粒有着复杂的相互作用,土中水在不同作用力下处于不同的状态。

2. 土中气

土中的气体存在于土孔隙中未被水所占据的部位,也有些气体溶解于孔隙水中。在粗颗粒沉积物中,常见到与大气相连通的气体。在外力作用下,连通气体极易排出,它对土的性质影响不大。在细粒土中,则常存在与大气隔绝的封闭气泡。

在外力作用下,土中封闭气体易溶解于水,外力卸除后,溶解的气体又重新释放出来,使得土的弹性增加,透水性减小。

与大气成分相比,土中气含有更多的 CO_2、较少的 O_2 和较多的 N_2。土中气与大气的交换越困难,两者的差别越大。与大气连通不畅的地下工程施工中,尤其应注意氧气的补给,以保证施工人员的安全。

对于淤泥和泥炭等有机质土,由于微生物(嫌气细菌)的分解作用,在土中蓄积了某种可燃气体(如硫化氢、甲烷等),土层在自重作用下长期得不到压密而形成高压缩性土层。

5.2.4　土的结构和构造

很多试验资料表明,对于同一种土,原状土样和重塑土样的力学性质有很大差别。也就是说,土的组成成分不是决定土性质的全部因素,土的结构和构造对土的性质也有很大影响。

土的结构包含微观结构和宏观结构两层概念。土的微观结构,常简称为土的结构,或称为土的组构,是指土粒的原位集合体特征,是由土粒单元的大小、矿物成分、形状、相互排列及其联结关系、土中水性质及孔隙特征等因素形成的综合特征。土的宏观结构,常称为土的构造,是同一土层中的物质成分和颗粒大小等都相近的各部分之间的相互关系特征,表征了土层的层理、裂隙及大孔隙等宏观特征。

1. 土的结构

1) 单粒结构

单粒结构是由粗大土粒在水或空气中下沉而形成的,土颗粒相互间有稳定的空间位置,为碎石土和砂土的结构特征。在单粒结构中,土粒的粒度和形状、土粒在空间的相对位置决定其密实度。因此,这类土的孔隙比的值域变化较宽(区间宽度较大)。同时,因颗粒较大,土粒间的分子吸引力相对很小,颗粒间几乎没有联结。只是在浸润条件下(潮湿而不饱和),粒间会有微弱的毛细压力联结。

2) 蜂窝结构

蜂窝结构主要是由粉粒或细砂组成的土的结构形式。据研究,粒径为 $0.005\sim0.075\text{mm}$(粉粒粒组,[0.005,0.075])的土粒在水中沉积时,基本上是以单个土粒下沉,当碰上已沉积的土粒时,由于它们之间的相互引力大于其重力,因此,土粒就停留在最初的接触点上不再下沉,逐渐形成土粒链。土粒链组成弓架结构,形成具有很大孔隙的蜂窝状结构。

3) 絮状结构

对细小的黏粒(粒径为 $0.0001\sim0.005\text{mm}$,[0.0001,0.005]mm)或胶粒(粒径

为 0.000001～0.0001mm,[0.000001,0.0001]mm),重力作用很小,能够在水中长期悬浮,不因自重而下沉。这时,黏土矿物颗粒与水的作用产生的粒间作用力就凸显出来。粒间作用力有粒间斥力和粒间吸力,且均随粒间距离减小而增加,但增长的速率不尽相同。粒间斥力主要是两土粒靠近时,土粒反离子层间孔隙水的渗透压力产生的渗透斥力,该斥力的大小与双电层的厚度有关,随着水溶液性质改变而发生明显的变化。相距一定距离的两土粒,粒间斥力随着离子浓度、离子价数及温度的增大而减小。粒间吸力主要是指范德华力,随着粒间距离增加很快衰减,这种变化取决于土粒的大小、形状、矿物成分、表面电荷等,与土中水溶液的性质几乎无关。粒间作用力的作用范围从几埃到几百埃,它们中间既有吸力又有斥力,当总的吸力大于斥力时表现为净吸力,反之为净斥力。

2. 土的构造

土的构造实际上是土层在空间的赋存状态,表征土层的层理、裂隙及大孔隙等宏观特征。土的构造最主要的特征就是成层性,即层理构造。它是在土的形成过程中,由于不同阶段沉积的物质成分、颗粒大小或颜色不同,而沿竖向呈现的成层特征,常见的有水平层理构造和交错层理构造。土的构造的另一特征是土的裂隙性,它是土在自然演化过程中,受到地质构造作用或自然淋滤、蒸发作用而形成的,如黄土的柱状裂隙、膨胀土的收缩裂隙等。裂隙的存在大大降低了土体的强度和稳定性,增大了透水性,对工程极为不利,往往是工程结构或土体边坡失稳的原因。此外,还应注意土中有无包裹物(如腐殖物、贝壳、结核体等)以及天然或人为的孔洞存在。

5.3　土的物理性质及分类

5.3.1　概述

土是岩石风化的产物,与一般建筑材料相比,具有散体性、多样性和自然变异性。土的物质成分包括作为土骨架的固态矿物颗粒、土骨架孔隙中的液态水及其溶解物质以及土孔隙中的气体。因此,土是由颗粒(固相)、水(液相)和气体(气相)所组成的三相体系。不同土的土粒大小(粒度)和矿物成分都有很大差别,土的粒度成分或颗粒级配(土中各个粒组的相对含量)反映土粒均匀程度对土的物理力学性质的影响,土中各个粒组的相对含量是粗粒土的分类依据;土粒与其周围的土中水又发生了复杂的物理化学作用,对土的性质影响很大;土中封闭气体对土的性质也有较大影响。所以,要研究土的物理性质就必须先认识土的三相组成物质、相互作用及其在天然状态下的结构等特性。

　　从地质学观点来看,土是没有胶结或弱胶结的松散沉积物,或是三相组成的分散体;而从土质学观点来看,土是无黏性或有黏性的具有土骨架孔隙特性的三相体。土粒形成土体的骨架,土粒大小和形状、矿物成分及其组成状况是决定土物理力学性质的重要因素。通常土粒的矿物成分与土粒大小有密切关系,粗大土粒的矿物成分往往是保持母岩的原生矿物,而细小土粒主要是被化学风化的次生矿物以及土生成过程中混入的有机物质;土粒的形状与土粒大小有直接关系,粗大土粒都是块状或柱状,而细小土粒主要呈片状;土的物理状态与土粒大小有很大关系,粗大土粒具有松密的状态特征,细小土粒则与土中水相互作用呈现软硬的状态特征。

　　因此,土粒大小是影响土性质最主要的因素,天然无机土就是大小土粒的混合体。土粒大小含量的相对数量关系是土的分类依据,当土中巨粒(土粒粒径＞60mm,$[60,+\infty]$mm,)和粗粒($0.075\sim60$mm,$[0.075,60]$mm)的含量超过全重50%时,属无黏性土,包括碎石类土和砂类土;反之,不超过 50%时,属粉性土和黏性土。粉性土兼有砂类土和黏性土的性状。土中水与黏粒(土粒粒径＜0.005mm,$[0,0.005]$mm)有着复杂的相互作用,形成细粒土的可塑性、结构性、触变性、胀缩性、湿陷性、冻胀性等物理特性。

　　土的三相组成物质的性质和三相比例指标的大小,必然在土的轻重、松密、湿干、软硬等一系列物理性质上有不同的反映。土的物理性质又在一定程度上决定了它的力学性质。所以物理性质是土最基本的工程特性。

　　在处理与土相关的工程问题和进行土力学计算时,不但要知道土的物理性质指标及其变化规律,从而认识各类土的特性,而且必须掌握各指标的测定方法以及三相比例指标间的相互换算关系,并熟悉土的分类方法。

5.3.2　土的三相比例指标

1. 土的三相比例关系图

　　土的三相组成中,各部分的质量和体积之间的比例关系随着各种条件的变化而改变。例如,在建筑物或土工建筑物的荷载作用下,地基土中的孔隙体积将缩小;地下水位的升高或降低,都将改变土中水的含量。经过压实的土,其孔隙体积将减小。这些变化都可以通过三相比例指标的大小反映出来。

　　表示土的三相比例关系的指标称为土的三相比例指标,包括土粒相对密度、土的含水率、密度、孔隙比、孔隙率和饱和度等。

　　为了便于说明和计算,用图 5-1 所示的土的三相比例关系图来表示各部分之间的数量关系。

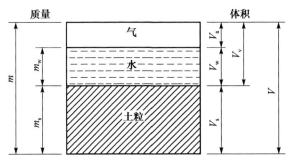

图 5-1　土的三相比例关系图

m_s. 土粒质量;m_w. 土中水质量;m. 土的总质量,$m=m_s+m_w$;V_s. 土粒体积;V_w. 土中
水的体积;V_a. 土中气体的体积;V_v. 土中孔隙体的体积,$V_v=V_w+V_a$;
V. 土的总体积,$V=V_s+V_w+V_a$

2. 指标的定义

1) 三个基本的三相比例指标

三个基本的三相比例指标是指土粒相对密度 d_s、土的含水率 w 和密度 ρ,一般由实验室直接测定得到。

(1) 土粒相对密度。土粒质量与同体积的 4℃ 纯水的质量之比,称为土粒相对密度 d_s(无量纲),即

$$d_s = \frac{m_s}{V_s \rho_{w1}} = \frac{\rho_s}{\rho_{w1}} \tag{5-8}$$

式中,m_s 为土粒质量,g;V_s 为土粒体积,cm^3;ρ_s 为土粒密度,即土粒单位体积的质量,g/cm^3;ρ_{w1} 为纯水在 4℃ 时的密度,取 $1g/cm^3$ 或 $1t/m^3$。

一般情况下,土粒相对密度在数值上就等于土粒密度,但两者的含义不同。前者是两种物质的质量密度之比,无量纲;而后者是一种物质(土粒)的质量密度,有单位。土粒相对密度取决于土的矿物成分,一般无机矿物颗粒的相对密度为 2.6~2.8([2.6,2.8]);有机质为 2.4~2.5([2.4,2.5]);泥炭为 1.5~1.8([1.5,1.8]);土粒(一般无机矿物颗粒)的相对密度变化幅度很小。土粒相对密度可在实验室内用比重瓶法测定,也可按经验数值选用,土粒相对密度参考值见表 5-3。

表 5-3　土粒相对密度参考值

砂类土	粉性土	黏性土	
		粉质黏土	黏土
2.65~2.69	2.70~2.71	2.72~2.73	2.74~2.76

用区间表示见表 5-4。

表 5-4　土粒相对密度参考值区间

砂类土	粉性土	黏性土	
		粉质黏土	黏土
[2.65,2.69]	[2.70,2.71]	[2.72,2.73]	[2.74,2.76]

当考虑比重瓶法测定的标准差时,土粒相对密度的区间表示还需添加三倍标准差,设三倍标准差为 3σ,则土的土粒相对密度参考值区间为 $[d_s - 3\sigma, d_s + 3\sigma]$。若取 $d_s = 2.75$,假定 $\sigma = 0.001$,则黏土的 d_s 区间为 $[2.7470, 2.7530]$。

(2) 土的含水率。土中水的质量与土粒质量之比,称为土的含水率 w,以百分数计,即

$$w = \frac{m_w}{m_s} \times 100\% \tag{5-9}$$

含水率 w 是标志土含水程度(或湿度)的一个重要物理指标。天然土层的含水率变化范围很大,它与土的种类、埋藏条件及其所处的自然地理环境等有关。一般干的粗砂,其值接近零;饱和砂土可达 40%;坚硬黏性土的含水率可小于 30%,而饱和软黏土(如淤泥)可达 60% 或更大。一般来说,同一类土(尤其是细粒土),当其含水率增大时,其强度就降低。土的含水率一般用"烘干法"测定。先称小块原状土样的湿土质量,然后置于烘箱内维持 105℃ 烘至恒重,再称干土质量,湿、干土质量之差与干土质量的比值就是土的含水率。根据具体土类和试验过程的控制质量,含水率测定的三倍标准差可取 1%~3%。

(3) 土的密度。土单位体积的质量称为土的(湿)密度 $\rho(\text{g/cm}^3)$,即

$$\rho = \frac{m}{V} \tag{5-10}$$

天然状态下土的密度变化范围较大,一般黏性土 $\rho = 1.8 \sim 2.0 \text{g/cm}^3$,用区间表示为 $[1.8, 2.0] \text{g/cm}^3$;砂土 $\rho = 1.6 \sim 2.0 \text{g/cm}^3$,用区间表示为 $[1.6, 2.0] \text{g/cm}^3$;腐殖土 $\rho = 1.5 \sim 1.7 \text{g/cm}^3$,用区间表示为 $[1.5, 1.7] \text{g/cm}^3$。土的密度一般用"环刀法"测定,用一个圆环刀(刀刃向下)放在削平的原状土样面上,徐徐削去环刀外围的土,边削边压,使保持天然状态的土样压满环刀内,环刀内土样质量与环刀容积之比即为密度值。根据具体的土类和试验过程的控制质量,土的密度测定的三倍标准差可取 $0.003 \sim 0.01([0.003, 0.01] \text{g/cm}^3)$。

2) 特殊条件下土的密度

(1) 土的干密度。土单位体积中固体颗粒部分的质量,称为土的干密度 $\rho_d(\text{g/cm}^3)$,即

$$\rho_d = \frac{m_s}{V} \tag{5-11}$$

在工程上常把干密度作为评定土体紧密程度的标准,尤以控制填土工程的施工质量最为常见,如路基工程中的压实度等。

(2) 饱和密度。土孔隙中充满水时的单位体积质量,称为土的饱和密度 $\rho_{sat}(g/cm^3)$,即

$$\rho_{sat} = \frac{m_s + V_v \rho_w}{V} \qquad (5\text{-}12)$$

式中,ρ_w 为水的密度,近似取 $1g/cm^3$。

(3) 土的浮密度。在地下水位以下,土单位体积中土粒的质量与同体积水的质量之差称为土的浮密度 $\rho'(g/cm^3)$,即

$$\rho' = \frac{m_s - V_s \rho_w}{V} \qquad (5\text{-}13)$$

土的三相比例指标中的质量密度指标共有四个,即土的(湿)密度 ρ、干密度 ρ_d、饱和密度 ρ_{sat} 和浮密度 ρ'。与之对应,土单位体积的重力(土的密度与重力加速度的乘积)称为土的重力密度,简称重度 γ,单位为 kN/m^3。有关重度的指标也有四个,即土的(湿)重度 γ、干重度 γ_d、饱和重度 γ_{sat} 和浮重度 γ'。可分别按下列对应公式计算:$\gamma = \rho g$、$\gamma_d = \rho_d g$、$\gamma_{sat} = \rho_{sat} g$、$\gamma' = \rho' g$。式中,$g$ 为重力加速度,$g = 9.80665m/s^2 \approx 9.81m/s^2$。实用时可近似取 $10.0m/s^2$。

在国际单位体系中,质量密度的单位是 kg/m^3;重力密度的单位是 N/m^3。但在国内的工程实践中,两者分别取 g/m^3 和 kN/m^3。必须指出,我国已废止的非法定计量单位的千克力(kgf)计算土重时,曾采用土的容重,是指土单位体积的重量,其单位是 kg/m^3,与土的密度的单位相同,易于混淆。另外,在外文文献中,容重已被套用为重度,其单位是 kN/m^3,也易混淆。

各密度或重度指标,在数值上有如下关系:$\rho_{sat} \geqslant \rho \geqslant \rho_d > \rho'$ 或 $\gamma_{sat} \geqslant \gamma \geqslant \gamma_d > \gamma'$。

3) 描述土的孔隙体积相对含量的指标

(1) 土的孔隙比。土的孔隙比是土中孔隙体积与土粒体积之比,即

$$e = \frac{V_v}{V_s} \qquad (5\text{-}14)$$

孔隙比用小数表示。它是一个重要的物理性指标,可以用来评价天然土层的密实程度。一般 $e < 0.6([0, 0.6])$ 的土是密实的低压缩性土,$e > 1.0$ 的土是疏松的高压缩性土。

(2) 土的孔隙率。土的孔隙率是土中孔隙所占体积与土总体积之比,以百分数计,即

$$n = \frac{V_v}{V} \times 100\% \qquad (5\text{-}15)$$

（3）土的饱和度。土中水体积与土中孔隙体积之比，称为土的饱和度，以百分数计，即

$$S_r = \frac{V_w}{V_v} \times 100\%$$ (5-16)

土的饱和度与含水率均为描述土中含水程度的三相比例指标。根据饱和度，砂土的湿度通常可分为三种状态：稍湿 $S_r \leqslant 50\%([0,50]\%)$；很湿 $50\% < S_r \leqslant 80\%([50,80]\%)$；饱和 $S_r > 80\%([80,100]\%)$。

3. 指标的换算

通过土工试验直接测定土粒相对密度、土的含水率和密度这三个基本指标后，可计算出其余三相比例指标。

采用三相比例指标换算图（图 5-2）进行各指标间相互关系的推导。设 $\rho_{w1} = \rho_w$，并令 $V_s = 1$，则 $V_v = e$，$V = 1 + e$，$m_s = V_s d_s \rho_w = d_s \rho_w$，$m_w = w m_s = w d_s \rho_w$，$m = d_s(1+w)\rho_w$。

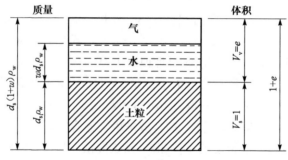

图 5-2　土的三相比例指标换算图

推导如下：

$$\rho = \frac{m}{V} = \frac{d_s(1+w)\rho_w}{1+e}$$ (5-17)

$$\rho_d = \frac{m_s}{V} = \frac{d_s \rho_w}{1+e} = \frac{\rho}{1+w}$$ (5-18)

由式（5-17）和式（5-18）得

$$e = \frac{d_s \rho_w}{\rho_d} - 1 = \frac{d_s(1+w)\rho_w}{\rho} - 1$$ (5-19)

$$\rho_{sat} = \frac{m_s + V_v \rho_w}{V} = \frac{(d_s + e)\rho_w}{1+e}$$ (5-20)

$$\rho' = \frac{m_s - V_s \rho_w}{V} = \frac{m_s + V_v \rho_w - V \rho_w}{V} = \rho_{sat} - \rho_w = \frac{(d_s - 1)\rho_w}{1+e}$$ (5-21)

$$n = \frac{V_v}{V} = \frac{e}{1+e} \qquad (5\text{-}22)$$

$$S_r = \frac{V_w}{V_v} = \frac{m_w}{V_v \rho_w} = \frac{w d_s}{e} \qquad (5\text{-}23)$$

常见土的三相比例指标换算公式列于表 5-5。

表 5-5　土的三相比例指标换算公式

名称	符号	三相比例表达式	常用换算公式	常见的数值范围(区间)
土粒相对密度	d_s	$d_s = \dfrac{m_s}{V_s \rho_{wl}}$	$d_s = \dfrac{S_r e}{w}$	黏性土[2.72,2.75] 粉土[2.70,2.71] 砂土[2.65,2.69]
含水率	w	$w = \dfrac{m_w}{m_s} \times 100\%$	$w = \dfrac{S_r e}{d_s}, w = \dfrac{\rho}{\rho_d} - 1$	[20,60]%
密度 $\rho/(g/cm^3)$		$\rho = \dfrac{m}{V}$	$\rho = \rho_d (1+w)$ $\rho = \dfrac{d_s(1+w)}{1+e} \rho_w$	[1.6,2.0]
干密度 $\rho_d/(g/cm^3)$		$\rho_d = \dfrac{m_s}{V}$	$\rho_d = \dfrac{\rho}{1+w}, \rho_d = \dfrac{d_s}{1+e} \rho_w$	[1.3,1.8]
饱和密度 $\rho_{sat}/(g/cm^3)$		$\rho_{sat} = \dfrac{m_s + V_v \rho_w}{V}$	$\rho_{sat} = \dfrac{d_s + e}{1+e} \rho_w$	[1.8,2.3]
浮密度 $\rho'/(g/cm^3)$		$\rho' = \dfrac{m_s - V_s \rho_w}{V}$	$\rho' = \rho_{sat} - \rho_w$ $\rho' = \dfrac{d_s - 1}{1+e} \rho_w$	[0.8,1.3]
重度 $\gamma/(kN/m^3)$		$\gamma = \rho \cdot g$	$\gamma = \gamma_d (1+w)$ $\gamma = \dfrac{d_s(1+w)}{1+e} \gamma_w$	[16,20]
干重度 $\rho_d/(kN/m^3)$		$\gamma_d = \rho_d \cdot g$	$\gamma_d = \dfrac{\gamma}{1+w}, \gamma_d = \dfrac{d_s}{1+e} \gamma_w$	[13,18]
饱和重度 $\gamma_{sat}/(kN/m^3)$		$\gamma_{sat} = \dfrac{m_s + V_v \rho_w}{V} g$	$\gamma_{sat} = \dfrac{d_s + e}{1+e} \gamma_w$	[18,23]
浮重度 $\gamma'/(kN/m^3)$		$\gamma' = \rho' \cdot g$	$\gamma' = \gamma_{sat} - \gamma_w$ $\gamma' = \dfrac{d_s - 1}{1+e} \gamma_w$	[8,13]
孔隙比	e	$e = \dfrac{V_v}{V_s}$	$e = \dfrac{w d_s}{S_r}$ $e = \dfrac{d_s(1+w)\rho_w}{\rho} - 1$	黏性土和粉土[0.40,1.20] 砂土[0.30,0.90]
孔隙率	n	$n = \dfrac{V_v}{V} \times 100\%$	$n = \dfrac{e}{1+e}, n = 1 - \dfrac{\rho_d}{d_s \rho_w}$	黏性土和粉土[30,60]% 砂土[25,45]%
饱和度	S_r	$S_r = \dfrac{V_w}{V_v} \times 100\%$	$S_r = \dfrac{w d_s}{e}, S_r = \dfrac{w \rho_d}{n \rho_w}$	稍湿[0,50]% 很湿[50,80]% 饱和[80,100]%

[**例题 5-1**]　某饱和土体,土粒相对密度 $d_s = 2.70$,重度 $\gamma = 19.5\text{kN/m}^3$。试求:

(1)根据题中已知条件,推导干重度 γ_d 的表达式。

(2)根据所得表达式来计算该土的干重度。设土粒相对密度 d_s 的三倍标准差为 0.001,重度 γ 的三倍标准差为 0.01。

[**解**]:(1)水的重度近似取 $\gamma_w = 10.0\text{kN/m}^3$,饱和土中,$\gamma = \gamma_{sat} = 19.5\text{kN/m}^3$。干重度 γ_d 的表达式为

$$\gamma_d = \frac{\gamma_{sat} - \gamma_w}{d_s - 1} d_s \tag{5-24}$$

(2)将土粒相对密度 d_s 的区间取值 $[2.70 - 0.001, 2.70 + 0.001]$,重度 $\gamma = \gamma_{sat}$ 的区间取值 $[19.5 - 0.01, 19.5 + 0.01]$,代入式(5-24),得

$$\gamma_d = \frac{[19.5 - 0.01, 19.5 + 0.01] - 10}{[2.70 - 0.001, 2.70 + 0.001] - 1} \times [2.70 - 0.001, 2.70 + 0.001]$$
$$= [15.0579, 15.1187](\text{kN/m}^3)$$

再来考察标准差大小对结果的影响。设土粒相对密度 d_s 的三倍标准差为 0.01,重度 γ 的三倍标准差为 0.1。

$$\gamma_d = \frac{[19.5 - 0.1, 19.5 + 0.1] - 10}{[2.70 - 0.01, 2.70 + 0.01] - 1} \times [2.70 - 0.01, 2.70 + 0.01]$$
$$= [14.7871, 15.3941](\text{kN/m}^3)$$

对比不同标准差的计算结果可以发现,标准差越小,所求区间宽度越小;标准差越大,所求区间宽度越大。

5.3.3　黏性土的物理特征

1. 黏性土的可塑性及界限含水率

同一种黏性土随着含水率的不同,分别处于固态、半固态、可塑状态及流动状态,其界限含水率分别为缩限、塑限和液限。所谓可塑状态,就是当黏性土在某含水率范围内时,可用外力塑成任何形状而不发生裂纹,当外力移去后仍能保持既有形状,土的这种性能称为可塑性。黏性土由一种状态转到另一种状态的界限含水率,总称为阿特贝限度(Atterberg limits)。它对黏性土的分类及工程性质的评价有重要意义。

土由可塑状态转到流动状态的界限含水率称为液限(liquid limit,LL),或称塑性上限或流限。用符号 w_L 表示;相反,土由可塑状态转为半固态的界限含水率称为塑限(plastic limit,PL),用符号 w_P 表示;土由半固态不断蒸发水分,体积逐渐缩小,直到不再收缩时,对应土的界限含水率称为缩限(shrinkage limit,SL),用符号 w_S 表示。界限含水率都以百分数表示(省去%符号)。

2. 黏性土的物理状态指标

黏性土的可塑性指标除了塑限、液限和缩限外,还有塑性指数、液性指数等状态指标。

1) 塑性指数

土的塑性指数(plasticity index,PI)是指液限和塑限的差值(省去%符号),即土处在可塑状态含水率的变化范围,用符号 I_P 表示,即

$$I_P = w_L - w_P \tag{5-25}$$

显然,塑性指数越大,土处于可塑状态的含水率范围也越大。换句话说,塑性指数的大小与土中结合水的可能含量有关。在一定程度上,塑性指数综合反映了黏性土及其三相组成的基本特性。因此,在工程上常按塑性指数对黏性土进行分类。

2) 液性指数

土的液性指数(liquidity index,LI)是指黏性土的天然含水率和塑限的差值与塑性指数之比。用符号 I_L 表示,即

$$I_L = \frac{w - w_P}{w_L - w_P} = \frac{w - w_P}{I_P} \tag{5-26}$$

可以看出,当土的天然含水率 w 小于 w_P 时,I_L 小于 0,天然土处于坚硬状态;当 w 大于 w_L 时,I_L 大于 1,天然土处于流动状态;当 w 在 w_P 与 w_L 之间时,即 I_L 为 0~1,则天然土处于可塑状态。因此,可以利用液性指数 I_L 作为黏性土状态的划分指标。I_L 越大,土质越软,反之,土质越硬。黏性土根据液性指数划分软硬状态,如表 5-6 所示,具体参见《岩土工程勘察规范》(GB 50021—2001)。

表 5-6　黏性土的状态按液性指数的划分[4]

坚硬	硬塑	可塑	软塑	流塑
$I_L \leqslant 0$	$0 < I_L \leqslant 0.25$	$0.25 < I_L \leqslant 0.75$	$075 < I_L \leqslant 1.0$	$I_L > 1.0$

用区间数值表达为:坚硬$[-\infty, 0]$;硬塑$[0, 0.25]$;可塑$[0.25, 0.75]$;软塑$[0.75, 1.0]$;流塑$[1.0, +\infty]$。一般地,对于坚硬和流塑状态的黏性土,在计算过程中,I_L 不可能趋于无穷小或无穷大,可以根据试验结果设定一最大概率值。

3) 稠度

土的天然稠度(natural consistency)是指原状土样测定的液限和天然含水率的差值与塑性指数之比。用符号 w_c 表示,即

$$w_c = \frac{w_L - w}{w_L - w_P} \tag{5-27}$$

土的天然稠度可用于划分路基的干湿状态。天然稠度的建议值,以实测路床表面

以下 80cm 深度内的平均稠度 w_c 测定,再按表 5-7 确定,具体参见《公路沥青路面设计规范》(JTG D50—2006)。

表 5-7　路基干湿状态的稠度建议值[5]

土类	干燥状态 $w_c \geqslant w_{c1}$	中湿状态 $w_{c1} > w_c \geqslant w_{c2}$	潮湿状态 $w_{c2} > w_c \geqslant w_{c3}$	过湿状态 $w_c < w_{c3}$
砂土	$w_c \geqslant 1.20$	$1.20 > w_c \geqslant 1.00$	$1.00 > w_c \geqslant 0.85$	$w_c < 0.85$
黏质土	$w_c \geqslant 1.10$	$1.10 > w_c \geqslant 0.95$	$0.95 > w_c \geqslant 0.80$	$w_c < 0.80$
粉质土	$w_c \geqslant 1.05$	$1.05 > w_c \geqslant 0.90$	$0.90 > w_c \geqslant 0.75$	$w_c < 0.75$

注:w_{c1}、w_{c2}、w_{c3}分别为干燥和中湿、中湿和潮湿、潮湿和过湿状态路基的分界稠度,w_c 为路床表面以下 80cm 深度内的平均稠度。

3. 黏性土的活动度、灵敏度和触变性

1) 黏性土的活动度

黏性土的活动度反映了黏性土中所含矿物的活动性。在实验室里,两种土样的塑性指数可能很接近,但性质却有很大差异。为了把黏性土中所含矿物的活动性显示出来,可用塑性指数与黏粒(粒径<0.002mm 的颗粒)含量百分数之比,即活动度,来衡量所含矿物的活动性。其计算式如下:

$$A = \frac{I_P}{m} \tag{5-28}$$

式中,A 为黏性土的活动度;I_P 为黏性土的塑性指数;m 为粒径<0.002mm 的颗粒含量百分数。

根据式(5-28)即可计算出皂土的活动度为 1.11,而高岭土的活动度为 0.29,用活动度 A 这个指标就可以把两者区别开来。黏性土按活动度的大小可分为三类:不活动黏性土,$A<0.75$([0,0.75]);正常黏性土,$0.75<A<1.25$([0.75,1.25]);活动黏性土,$A>1.25$([1.25,$+\infty$])。

2) 黏性土的灵敏度

天然状态下的黏性土通常都具有一定的结构性,它是天然土的结构受到扰动影响而改变的特性。当受到外来因素扰动时,土粒间的胶结物质以及土粒、离子、水分子所组成的平衡体系受到破坏,土的强度降低和压缩性增大。土的结构性对强度的这种影响,一般用灵敏度来衡量。土的灵敏度是以原状土的强度与该土经过重塑(土的结构性彻底破坏)后的强度之比来表示,重塑试样具有与原状试样相同的尺寸、密度和含水率。土的强度测定通常采用无侧限抗压强度试验。对于饱和黏性土的灵敏度,可按式(5-29)计算:

$$s_t = \frac{q_u}{q'_u} \tag{5-29}$$

式中,q_u 为原状试样的无侧限抗压强度,kPa;q'_u 为重塑试样的无侧限抗压强度,kPa。

根据灵敏度可将饱和黏性土进行如下分类:低灵敏($1 < s_t \leq 2$,[1,2])、中灵敏($2 < s_t \leq 4$,[2,4])和高灵敏($s_t > 4$,[4,+∞])三类。土的灵敏度越高,其结构性越强,受扰动后土的强度降低就越多。所以,在基础施工中应注意保护基坑或基槽,尽量减少对坑底土的结构扰动。

3) 黏性土的触变性

饱和黏性土的结构受到扰动,导致强度降低,但当扰动停止后,土的强度又随时间而逐渐部分恢复。黏性土的这种抗剪强度随时间恢复的胶体化学性质称为土的触变性。

5.3.4 无黏性土的密实度

无黏性土一般是指碎石(类)土和砂(类)土。这两大类土中一般黏粒含量甚少,呈单粒结构,不具有可塑性。无黏性土的物理性质主要取决于土的密实度状态,土的湿度状态仅对细砂、粉砂有影响。无黏性土呈密实状态时强度较大,是良好的天然地基;呈稍密、松散状态时则是一种软弱地基,尤其是饱和的粉、细砂,稳定性很差,在振动荷载作用下将发生液化现象。

1. 砂土的相对密实度

砂土的密实度在一定程度上可根据天然孔隙比 e 的大小来评定。但对于级配相差较大的不同类土,天然孔隙比 e 难以有效判定密实度的相对高低。为了合理判定砂土的密实度状态,在工程上提出了相对密实度的概念,它的表达式如下:

$$D_r = \frac{e_{\max} - e}{e_{\max} - e_{\min}} \tag{5-30}$$

式中,$e_{\max}$ 为砂土在最松散状态时的孔隙比,即最大孔隙比;$e_{\min}$ 为砂土在最密实状态时的孔隙比,即最小孔隙比;e 为砂土在天然状态时的孔隙比。

当 $D_r = 0$ 时,表示砂土处于最松散状态,当 $D_r = 1$ 时,表示砂土处于最密实状态。砂类土密实度按相对密度 D_r 的划分标准,参见表 5-8。

表 5-8 按相对密实度 D_r 划分砂土密实度

密实	中密	松散
$D_r > 2/3$	$2/3 \geq D_r > 1/3$	$D_r \leq 1/3$

对于表 5-8 的划分标准,用区间表示为:密实[2/3,1];中密[1/3,2/3];松散[0,1/3]。

根据三相比例指标间的换算,e、$e_{\max}$ 和 $e_{\min}$ 分别对应有 ρ_d、$\rho_{d\min}$ 和 $\rho_{d\max}$,由此得

$$D_r = \frac{\rho_{\mathrm{dmax}}(\rho_\mathrm{d} - \rho_{\mathrm{dmin}})}{\rho_\mathrm{d}(\rho_{\mathrm{dmax}} - \rho_{\mathrm{dmin}})} \tag{5-31}$$

从理论上讲,相对密实度的理论比较完整,这也是国际上通用的划分砂类土密实度的方法。但测定 $e_{\max}$(或 ρ_{dmin})和 $e_{\min}$(或 ρ_{dmax})的试验方法存在原状砂土试样的采取问题,最大和最小孔隙比测定的人为因素很大,同一种砂土的试验结果往往离散性很大,标准差也变得很大,这就使得用区间数值来划分砂土密实度时,区间的宽度会较大,从而在后续计算过程中,区间的自然扩展程度偏大。

2. 无黏性土密实度划分的其他方法

1) 砂土密实度按标准贯入击数 N 划分

为了避免采取原状砂样的困难,在现行国家标准《建筑地基基础设计规范》(GB 50007—2011)和《公路桥涵地基与基础设计规范》(JTG D63—2007)中,均采用按原位标准贯入试验锤击数 N 来划分砂土密实度,见表 5-9。

表 5-9　按标准贯入击数 N 划分砂土密实度表

密实度	密实	中密	稍密	松散
N	$N>30$	$30\geqslant N>15$	$15\geqslant N>10$	$N\leqslant 10$

由于 $0\leqslant N$,用区间表示为:密实$[30,+\infty]$;中密$[15,30]$;稍密$[10,15]$;松散$[0,10]$。

2) 碎石土密实度按重型动力触探击数划分

《建筑地基基础设计规范》(GB 50007—2011)和《公路桥涵地基与基础设计规范》(JTG D63—2007)中,碎石土的密实度可按重型(圆锥)动力触探试验锤击数 $N_{63.5}$ 划分,见表 5-10。

表 5-10　按重型动力触探试验锤击数 $N_{63.5}$ 划分碎石土密实度

密实度	密实	中密	稍密	松散
$N_{63.5}$	$N_{63.5}>20$	$20\geqslant N_{63.5}>10$	$10\geqslant N_{63.5}>5$	$N_{63.5}\leqslant 5$

表 5-10 适用于平均粒径小于等于 50mm 且最大粒径不超过 100mm 的卵石、碎石、圆砾、角砾,对于漂石、块石以及粒径大于 200mm 的颗粒含量较多的碎石土,可按碎石土密实度的野外鉴别方法来确定。

由于 $0\leqslant N_{63.5}$,用区间表示为:密实$[20,+\infty]$;中密$[10,20]$;稍密$[5,10]$;松散$[0,5]$。

3) 碎石土密实度的野外鉴别

对于大颗粒含量较多的碎石土,其密实度很难做室内试验或原位触探试验,可按《建筑地基基础设计规范》(GB 50007—2011)的野外鉴别方法来划分。

5.3.5　粉土的密实度和湿度

1. 粉土的概念

粉(性)土为介于砂(类)土和黏性土之间的土类。国内外将砾石颗粒以下的土粒分为砂粒(粒径 0.075～2mm)、粉粒(0.005～0.075mm)和黏粒(<0.005mm)三种,土体组成大都是这三种土粒的混合物。以往对土的分类中,将粉(性)土归入黏性土大类,导致在工程上难以解释黏性土大类出现砂土特性的矛盾。黏性土大类一般细分为黏土、亚黏土和轻亚黏土(或亚砂土)三种,也有细分为黏土、亚黏土、轻亚黏土和亚砂土四种。经验指出,还存在一类土,其颗粒级配中的极细砂粒(0.075～0.1mm)和粉粒(0.005～0.075)两粒组含量占绝大多数,土粒与土中水相互作用,易于液化,又易于湿陷、冻胀,接近黏土的性质,这类土应定名为粉性土,简称粉土。现行国家标准《建筑地基基础设计规范》(GB 50007—2011)和《岩土工程勘察规范》(GB 50021—2001)规定的黏性土只包括黏土和粉质黏土(原亚黏土),新划分出一类粉土(原黏性土大类中的轻亚黏土或亚砂土)。

2. 粉土的密实度和湿度

《岩土工程勘察规范》(GB 50021—2001)和《公路桥涵地基与基础设计规范》(JTG D63—2007)中规定,粉土密实度和湿度分别根据孔隙比 e 和含水率 w 划分。密实度根据孔隙比划分为密实、中密、稍密三档;湿度根据含水率划分为稍湿、湿、很湿三档。密实度和湿度的划分分别列于表 5-11 和表 5-12。

表 5-11　粉土密实度的划分

密实度	密实	中密	稍密
e	$e<0.75$	$0.75\leqslant e\leqslant 0.90$	$e>0.90$

表 5-12　粉土湿度的划分

湿度	稍湿	湿	很湿
$w/\%$	$w<20$	$20\leqslant w\leqslant 30$	$w>30$

5.3.6　土的胀缩性、湿陷性和冻胀性

1. 土的胀缩性

土的胀缩性是指黏性土具有吸水膨胀和失水收缩的两种变形特性。黏粒成分主要由亲水性矿物组成,具有显著胀缩性的黏性土,习惯称为膨胀土。膨胀土一般强度较高,压缩性低,易被误认为是建筑性能较好的地基土。当膨胀土成为建筑物

地基时,如果对它的胀缩性缺乏认识,或在设计和施工中没有采取必要的措施,会给建筑物造成危害,尤其是对低层轻型的房屋或构筑物以及土工建筑物,危害更大。

研究表明,自由膨胀率(δ_{ef})能较好地反映土中的黏土矿物成分、颗粒组成、化学成分和交换阳离子性质的基本特征。土中的蒙脱石矿物越多,小于 0.002mm 的黏粒在土中占较大分量,且吸附着较活泼的钠离子和钾离子时,自由膨胀率就越大,土体内部积储的膨胀潜势越强,显示出强烈的胀缩性。调查表明,自由膨胀率较小的膨胀土,膨胀潜势较弱,建筑物损坏轻微;自由膨胀率高的土,具有强的膨胀潜势,较多建筑物将遭到严重破坏。

自由膨胀率按式(5-32)计算:

$$\delta_{ef} = \frac{V_w - V_0}{V_0} \times 100\% \tag{5-32}$$

式中,V_0 为土样原有体积,mL;V_w 为土样在水中膨胀稳定后的体积,mL。

《膨胀土地区建筑技术规范》(GB 50112—2013)规定,具有下列工程地质特征的场地,且自由膨胀率大于或等于 40% 的土,应判定为膨胀土:①裂隙发育,常有光滑面和擦痕,有的裂隙中充填着灰白、灰绿色黏土,在自然条件下呈坚硬或硬塑状态;②多出露于二级或二级以上阶地、山前和盆地边缘丘陵地带,地形平缓,无明显自然陡坎;③常见浅层塑性滑坡、地裂,新开挖坑(槽)壁易发生坍塌等;④建筑物裂隙随气候变化而张开和闭合。

2. 土的湿陷性

土的湿陷性是指土在自重压力作用下或自重压力和附加压力综合作用下,受水浸湿后土的结构迅速破坏而发生显著附加下陷的特征。湿陷性黄土在我国广泛分布;此外,在干旱或半干旱地区,特别是在山前洪、坡积扇中常遇到湿陷性的碎石类土和砂类土,在一定压力作用下浸水后也常具有强烈的湿陷性。

判断黄土是否具有湿陷性,湿陷性的强弱程度如何?可按某一给定的压力作用下土体浸水后的湿陷系数值来衡量。湿陷系数由室内固结试验测定。在固结仪中将原状试样逐级加压到实际受到的压力 p,待压缩稳定后测得试样高度 h_p,然后加水浸湿,测得下沉稳定后的高度 h'_p。设土样的原始高度为 h_0,则按式(5-33)计算黄土的湿陷系数:

$$\delta_s = \frac{h_p - h'_p}{h_0} \tag{5-33}$$

《湿陷性黄土地区建筑规范》(GB 50025—2004)规定:当 $\delta_s < 0.015$ 时,应定为非湿陷性黄土;$\delta_s \geq 0.015$ 时,应定为湿陷性黄土。即当 δ_s 在区间[0,0.015]时为非湿陷性黄土;δ_s 在区间[0.015,1]时为湿陷性黄土。

3. 土的冻胀性

土的冻胀性是指土的冻胀和冻融给建筑物或土上建筑物带来危害的变形特性。土的冻胀会导致路基隆起,使柔性路面鼓包、开裂,使刚性路面错缝或折断;冻胀还使修建在其上的建筑物抬起,引起建筑物开裂、倾斜,甚至倒塌。对工程危害更大的是土层解冻融化后,由于土层上部积聚的冰晶体融化,土中含水率大大增加,加之细粒土排水能力差,土层软化,强度大大降低。路基土冻融后,在车辆反复碾压下,易产生路面开裂、冒泥,即翻浆现象。冻融也会使房屋、桥梁、涵管发生大量不均匀下沉,引起建筑物开裂破坏。

《冻土地区建筑地基基础设计规范》(JGJ 118—2011)和《建筑地基基础设计规范》(GB 50007—2011)中规定,确定基础埋深时,必须考虑地基土的冻胀性。根据土名、冻前天然含水率、地下水位以及土的平均冻胀率,可将季节性冻土与多年冻土季节融化层土分为Ⅰ级不冻胀、Ⅱ级弱冻胀、Ⅲ级冻胀、Ⅳ级强冻胀、Ⅴ级特强冻胀五类。冻土层的平均冻胀率应按式(5-34)计算:

$$\eta = \frac{\Delta z}{z_{\mathrm{d}}} \times 100\%, \quad z_{\mathrm{d}} = h' - \Delta z \tag{5-34}$$

式中,Δz 为地表冻胀量,mm;z_{d} 设计冻深,mm;h' 为冻层厚度,mm。

5.4 土的渗透性及渗流

5.4.1 土的渗透性

1. 渗流基本概念

土是一种三相组成的多孔介质,其孔隙在空间上互相连通。在饱和土中,水充满整个孔隙,当土中不同位置存在水位差时,土中水就会在水位能量作用下,从水位高(能量高)的位置向水位低(能量低)的位置流动。液体(如土中水)从物质微孔(如土体孔隙)中透过的现象称为渗透。土体具有被液体(如土中水)透过的性质称为土的渗透性,或称透水性。液体(如地下水、地下石油)在土孔隙或其他透水性介质(如水工建筑物)中的流动问题称为渗流。

土的渗透性和土的强度、变形特性是土力学研究中的几个重要课题。强度、变形、渗流是相互关联、相互影响的,土木工程领域内的许多工程实践都与土的渗透性密切相关。

水在土中的渗流是由水头差或水力梯度引起的,根据伯努利定理,水头定义为

$$h = \frac{v^2}{2g} + \frac{p}{\gamma_{\mathrm{w}}} + z \tag{5-35}$$

式中,h 为总水头,m;v 为流速,m/s;g 为重力加速度,m/s^2;p 为水压,kPa;γ_w 为水的重度,kN/m^3;z 为基准面高程,m。

当水在土中渗流时,其速度很慢,因此,由速度引起的水头项可以忽略,得出

$$h = \frac{p}{\gamma_w} + z \qquad (5-36)$$

A、B 两点的水头差为

$$\Delta h = h_A - h_B = \left(\frac{p_A}{\gamma_w} + z_A \right) - \left(\frac{p_B}{\gamma_w} + z_B \right) \qquad (5-37)$$

则水力梯度为

$$i = \frac{\Delta h}{L} \qquad (5-38)$$

式中,L 为 A、B 两点平行于渗流方向的距离。

2. 土的层流渗透定律

由于土体中孔隙一般非常微小且很曲折,水在土体流动过程中黏滞阻力很大,流速十分缓慢。因此,多数情况下其流动状态属于层流,即相邻两个水分子运动的轨迹相互平行而不混流。

1855 年,达西利用土的渗透试验装置对均匀砂进行了大量渗透试验,得出层流条件下,土中水渗流速度与能量(水头)损失之间关系的渗流规律,即达西定律[1]。

达西通过对不同尺寸的圆筒和不同类型及长度的土样进行的试验发现,单位时间内的渗出水量 q 与圆筒断面积 A 和水力梯度 i 成正比,且与土的透水性质有关,即

$$q \propto A \times \frac{\Delta h}{L} \qquad (5-39)$$

写成等式则为

$$q = kAi \qquad (5-40)$$

或

$$v = \frac{q}{A} = ki \qquad (5-41)$$

式中,q 为单位渗水量,cm^3/s;v 为断面平均渗流速度,cm/s;i 为水力梯度,表示单位渗流长度上的水头损失($\Delta h/L$)或称水力坡降;k 为反映土的透水性的比例系数,称为土的渗透系数。它相当于水力梯度 $i=1$ 时的渗流速度,故其量纲与渗流速度相同,为 cm/s。

式(5-39)或式(5-40)即为达西定律表达式。达西定律表明,在层流状态的渗流中,渗流速度与水力梯度的一次方成正比。对于密实的黏土,由于吸着水具有较大的黏滞阻力,因此只有当水力梯度达到某一数值,克服了吸着水的黏滞阻力以后,

才能发生渗透。将这一开始发生渗透时的水力梯度称为黏性土的起始水力梯度。

3. 渗透试验及渗透系数

渗透系数 k 既是反映土渗透能力的定量指标,也是渗流计算时必须用到的一个基本参数,它可以通过试验直接测定。天然沉积土往往由渗透性不同的土层组成,宏观上具有非均质性。对于平面问题,如土层层面平行和垂直的简单渗流情况,当各土层的渗透系数和厚度为已知时,即可求出整个土层与层面平行和垂直的平均渗透系数,作为进行渗流计算的依据。

整个土层与层面平行的平均渗透系数为

$$k_x = \frac{1}{H} \sum_{i=1}^{n} k_{ix} H_i \tag{5-42}$$

式中,H_i 为各层厚度;k_{ix} 为各土层的水平向渗透系数;H 为土层总厚度。

整个土层与层面垂直的平均渗透系数为

$$k_y = \frac{H}{\dfrac{H_1}{k_{1y}} + \dfrac{H_2}{k_{2y}} + \cdots + \dfrac{H_n}{k_{ny}}} = \frac{H}{\displaystyle\sum_{i=1}^{n} \dfrac{H_i}{k_{iy}}} \tag{5-43}$$

式中,k_{iy} 为各土层的垂直向渗透系数。

5.4.2　渗透破坏与控制

渗流引起的渗透破坏问题主要有两大类:一是渗流力的作用使土体颗粒流失或局部土体产生移动,导致土体变形甚至失稳;二是渗流作用使水压力或浮力发生变化,导致土体或结构物失稳。前者主要表现为流砂和管涌,后者则表现为岸坡滑动或挡土墙等构造物整体失稳。

1. 渗流力

水在土体中流动时,受到土粒的阻力,引起水头损失,从作用力与反作用力的原理可知,水流经过时必定对土颗粒施加一定的渗流作用力。为方便研究,称单位体积土颗粒所受到的渗流作用力为渗流力或动水力。由

$$T = \frac{\gamma_w (h_1 - h_w - L)}{L} = \frac{\gamma_w \Delta h}{L} = \gamma_w i \tag{5-44}$$

得到

$$J = T = \gamma_w i \tag{5-45}$$

从式(5-45)可知,渗流力是一种体积力,量纲与 γ_w 相同。渗流力的大小和水力梯度成正比,其方向与渗透方向一致。

2. 流砂或流土现象

土体中的渗流力逐渐增大到某一数值时,向上的渗流力克服了向下的重力,土体就会发生浮起或受到破坏。将这种在向上的渗流力作用下,粒间有效应力为零时,颗粒群发生悬浮、移动的现象称为流砂现象或流土现象。这种现象多发生在颗粒级配均匀的饱和细、粉砂和粉土层中。它的发生一般是突发性的,对工程危害极大。

流砂现象的产生不仅取决于渗流力的大小,同时与土的颗粒级配、密度及透水性等条件相关。使土开始发生流砂现象时的水力梯度称为临界水力梯度,显然,渗流力等于土的浮重度时,土处于产生流砂的临界状态,因此临界水力梯度为

$$i_{cr} = \frac{\gamma'}{\gamma_w} = (d_s - 1)(1 - n) \tag{5-46}$$

3. 管涌和潜蚀现象

在水流渗透作用下,土中的细颗粒在粗颗粒形成的孔隙中移动,以致流失;随着土的孔隙不断扩大,渗流速度不断增加,较粗的颗粒也相继被水流逐渐带走,最终导致土体内形成贯通的渗流管道,造成土体塌陷,这种现象称为管涌。可见,管涌破坏一般有个时间发展过程,是一种渐进性质的破坏。

[**例题 5-2**]　某渗透试验装置如图 5-3 所示。砂 I 的渗透系数 $k_1 = 2 \times 10^{-1}$ cm/s;砂 II 的渗透系数 $k_2 = 1 \times 10^{-1}$ cm/s,砂样断面积 $A = 200 \text{cm}^2$,试问:

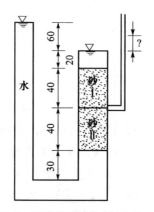

图 5-3　某渗透试验装置(单位:cm)

(1) 若在砂 I 与砂 II 分界面处安装一测压管,则测压管中水面将升至右端水面以上多高?

(2) 砂 I 与砂 II 界面处的单位渗水量 q 多大?

假设砂 I 与砂 II 渗透系数的 3 倍标准差为 0.1×10^{-1},高度测量的 3 倍标准差为 0.01,砂样断面积的 3 倍标准差为 0.03。

[解]1:$k_1 \dfrac{60-h_2}{L_1} A = k_2 \dfrac{h_2}{L_2} A$,整理得 $k_1(60-h_2)=k_2 h_2$

$$h_2 = \frac{60k_1}{k_1+k_2}$$

$$= \frac{[60-0.01,60+0.01]\times[2\times10^{-1}-0.1\times10^{-1},2\times10^{-1}+0.1\times10^{-1}]}{[2\times10^{-1}-0.1\times10^{-1},2\times10^{-1}+0.1\times10^{-1}]+[1\times10^{-1}-0.1\times10^{-1},1\times10^{-1}+0.1\times10^{-1}]}$$

$$=[35.6190,45.0076](\text{cm})$$

所以,测压管中水面将升至右端水面以上。

$$[60-0.01,60+0.01]-[35.6190,45.0076]=[14.9824,24.3910](\text{cm})$$

$$q_2 = k_2 i_2 A = k_2 \times \frac{\Delta h_2}{L_2} \times A$$

$$= [1\times10^{-1}-0.1\times10^{-1},1\times10^{-1}+0.1\times10^{-1}]$$

$$\times \frac{[40-0.01,40+0.01]}{[40-0.01,40+0.01]} \times [200-0.03,200+0.03]$$

$$= [17.9883,22.0144](\text{cm}^3/\text{s})$$

[解]2:设砂 I 与砂 II 渗透系数的 3 倍标准差为 0.01×10^{-1},高度测量的 3 倍标准差为 0.01,砂样断面积的 3 倍标准差为 0.03。

$$h_2 = \frac{[60-0.01,60+0.01]\times[2\times10^{-1}-0.01\times10^{-1},2\times10^{-1}+0.01\times10^{-1}]}{[2\times10^{-1}-0.01\times10^{-1},2\times10^{-1}+0.01\times10^{-1}]+[1\times10^{-1}-0.01\times10^{-1},1\times10^{-1}+0.01\times10^{-1}]}$$

$$=[39.5298,40.4766](\text{cm})$$

测压管中水面将升至右端水面以上。

$$[60-0.01,60+0.01]-[39.5298,40.4766]=[19.5134,20.4802](\text{cm})$$

$$q_2 = [1\times10^{-1}-0.01\times10^{-1},1\times10^{-1}+0.01\times10^{-1}]\times\frac{[40-0.01,40+0.01]}{[40-0.01,40+0.01]}$$

$$\times [200-0.03,200+0.03]$$

$$=[19.7871,20.2132](\text{cm}^3/\text{s})$$

在调整了渗透系数的 3 倍标准差后,解 1 和解 2 的区间计算结果差别较大。

[例题 5-3]　定水头渗透试验中,已知渗透仪直径 $D=75\text{mm}$,在 $L=200\text{mm}$ 渗流途径上的水头损失 $h=83\text{mm}$,在 60s 时间内的渗水量 $Q=71.6\text{cm}^3$,求土的渗透系数。设水头损失的 3 倍标准差为 0.1,渗水量的 3 倍标准差为 0.3,时间的 3 倍标准差为 0.5。

[解]:

$$k = \frac{QL}{A\Delta ht} = \frac{[71.6-0.3,71.6+0.3]\times20}{\dfrac{\pi}{4}\times7.5^2\times[8.3-0.01,8.3+0.01]\times[60-0.5,60+0.5]}$$

$$=[6.42,6.60]\times10^{-2}(\text{cm/s})$$

[**例题 5-4**]　设某变水头渗透试验的黏土试样的截面积为 30cm²,厚度为 4cm,渗透仪细玻璃管的内径为 0.4cm,试验开始时的水位差 145cm,经时段 7 分 25 秒观察水位差为 100cm,试验时的水温为 20℃,试求试样的渗透系数。设水位差的 3 倍标准差为 0.1,时间的 3 倍标准差为 0.5。

[**解**]:

$$k=\frac{aL}{A(t_2-t_1)}\ln\frac{h_1}{h_2}=\frac{\frac{\pi}{4}\times0.4^2\times4}{30\times[445-0.5,445+0.5]}\ln\frac{[145-0.1,145+0.1]}{[100-0.1,100+0.1]}$$
$$=[1.391,1.407]\times10^{-5}(\text{cm/s})$$

[**例题 5-5**]　图 5-4 为一板桩打入透水土层后形成的流网。已知透水土层深 18.0m,渗透系数 $k=3\times10^{-4}$mm/s,板桩打入土层表面以下 9.0m,板桩前后水深 如图 5-4 所示。试求:

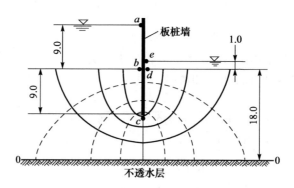

图 5-4　某板桩墙流网示意(单位:m)

(1) 图中所示 a、b、c、d、e 各点的孔隙水压力。

(2) 地基的单位渗水量。

设渗透系数的 3 倍标准差为 0.01×10^{-4},深度测量的 3 倍标准差为 0.01, $\gamma_w=9.8$。

[**解**]: (1) $U_a=0\times\gamma_w=0$

$U_b=[9.0-0.01,9.0+0.01]\times\gamma_w=[88.1020,88.2981]$(kPa)

$U_c=\left([18-0.01,18+0.01]-4\times\frac{[9-0.01,9+0.01]-1}{[8-0.01,8+0.01]}\right)\times\gamma_w$

$\qquad=[137.0038,137.3959]$(kPa)

$U_d=1.0\times\gamma_w=9.8$(kPa)

$U_e=0\times\gamma_w=0$

(2) $q=kiA=[3-0.01,3+0.01]\times10^{-7}\times\frac{[8-0.01,8+0.01]}{[9-0.01,9+0.01]\times2}$

$$\times([18-0.01,18+0.01]-[9-0.01,9+0.01])$$
$$=[11.90,12.10]\times 10^{-7}(\mathrm{m}^3/\mathrm{s})$$

若取 $U_c=\left(18-4\times\dfrac{9-1}{8}\right)\times\gamma_\mathrm{w}=(18-4)\times\gamma_\mathrm{w}$，则

$$U_c=([18-0.01,18+0.01]-4)\times\gamma_\mathrm{w}=[137.1019,137.2981](\mathrm{kPa})$$

5.5　土　中　应　力

5.5.1　概述

土体在自身重力、建筑物荷载、交通荷载或其他因素(如地下水渗流、地震等)的作用下,均可产生土中应力。土中应力将引起土体或地基的变形,使土工建筑物(如路堤、土坝等)或建筑物(如房屋、桥梁、涵洞等)发生沉降、倾斜及水平位移。当土体或地基变形过大时,会影响土工建筑物或建筑物的正常使用。土中应力过大会导致土体的强度破坏,使土工建筑物发生土坡失稳或使建筑物地基的承载力不足而发生失稳。因此,在研究土的变形、强度及稳定性问题时,都必须掌握土中原有的应力状态及其变化。土中应力的分布规律和计算方法是土力学的基本内容之一。

土中应力按其起因可分为自重应力和附加应力两种。土中某点的自重应力与附加应力之和为土体受外荷载作用后的总和应力。土中自重应力是指土体受到自身重力作用而存在的应力,又可分为两种情况:一种是成土年代长久,土体在自重作用下已经完成压缩变形,这种自重应力不再产生土体或地基的变形;另一种是成土年代不久,如新近沉积土(第四纪全新世沉积的土)、近期人工填土(包括路堤、土坝、人工地基换土垫层等),土体在自身重力作用下尚未完成压缩变形,因而仍将产生土体或地基的变形。此外,地下水的升降会引起土中自重应力大小的变化,从而产生土体压缩、膨胀或湿陷等变形。土中附加应力是指土体在外荷载(包括建筑物荷载、交通荷载、堤坝荷载等)以及地下水渗流、地震等作用下附加产生的应力增量,它是产生地基变形的主要原因,也是地基土发生强度破坏和失稳的重要原因。土中自重应力和附加应力的产生原因不同,因而两者的计算方法不同,分布规律及对工程的影响也不同,土中竖向自重应力和竖向附加应力也可称为土中自重压力和附加压力。在计算由建筑物产生的地基土中附加应力时,基底压力的大小与分布是不可缺少的条件。

土中应力按土骨架和土中孔隙的分担作用可分为有效应力和孔隙应力(习惯称孔隙压力)两种。土中某点的有效应力与孔隙应力之和,称为总应力。土中有效应力是指土粒所传递的粒间应力,它是控制土的体积(变形)和强度变化的土中应力。土中孔隙应力是指土中水和土中气所传递的应力。土中水传递的孔隙水应

力,即孔隙水压力;土中气传递的孔隙气应力,即孔隙气压力。在计算土体或地基的变形以及土的抗剪强度时,都必须应用土中某点的有效应力原理。

土是由三相所组成的非连续介质,受力后土粒在其接触点处出现应力集中现象,因此,在研究土体内部微观受力时,必须了解土粒之间的接触应力和土粒的相对位移;但在研究宏观的土体受力时(如地基变形和承载力问题),土体的尺寸远大于土粒的尺寸,就可以把土粒和土中孔隙合在一起考虑两者的平均支承应力。现将土体简化为连续体,在应用连续体力学(如弹性力学)来研究土中应力分布时,都只考虑土中某点单位面积上的平均支承应力。

研究土体或地基的应力和变形,必须从土的应力与应变的基本关系出发。根据土样的单轴压缩试验资料,当应力很小时,土的应力-应变关系就不是线性变化,即土的变形具有明显的非线性特征。然而,考虑到一般建筑物荷载作用下地基土中某点的应力变化范围(应力增量 $\Delta\sigma$)不大,可以用一条割线来近似地替代相应的曲线段,这样就可以把土体看成一个线性变形体,从而简化计算。

天然土层往往是由成层土组成的非均质土或各向异性土,但当土层性质变化不大时,可假设土体为均质各向同性体,此假设引起的土中竖向应力分布误差,通常在允许范围之内。

土体的变形和强度不仅与受力大小有关,还与土的应力历史和应力路径有关。应力路径是指土中某点的应力变化过程在应力坐标图上的轨迹。此外,土中渗流力(动水力)可引起土中应力的变化,即可引起土中有效自重应力的增大或减小。

5.5.2　土中自重应力

1. 均质土中自重应力

如图 5-5 所示,在计算土中自重应力时,假设天然地面是半空间(半无限体)表面一个无限大的水平面,则在任意竖直面和水平面上均无剪应力存在,如果天然地面下土质均匀,土的天然重度为 γ,则在天然地面下任意深度 z 处 $a—a$ 水平面上任意点的竖向自重应力 σ_{cz},可取为作用于该水平面任一单位面积上的土柱体自重 $\gamma z \times 1$,计算如下:

$$\sigma_{cz} = \gamma z \tag{5-47}$$

地基土中除有作用于水平面的竖向自重应力 σ_{cz} 外,还有作用于竖直面的侧向(水平向)自重应力 σ_{cx} 和 σ_{cy}。土中任意点的侧向自重应力与竖向自重应力呈正比关系,而剪应力均为零,即

$$\sigma_{cx} = \sigma_{cy} = K_0 \sigma_{cz} \tag{5-48}$$

$$\tau_{xy} = \tau_{yx} = \tau_{yz} = \tau_{zy} = \tau_{zx} = \tau_{xz} = 0 \tag{5-49}$$

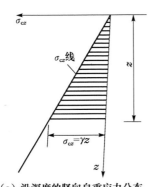 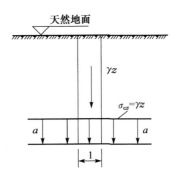

（a）沿深度的竖向自重应力分布　　　　　（b）任意水平面上的竖向分布

图 5-5　均质土中的竖向自重应力分布

式中,比例系数 K_0 称为土的侧压力系数,可由试验测定。

若计算点在地下水位以下,由于水对土体有浮力作用,水下部分土柱体自重必须扣去浮力,因此采用土的浮重度 γ' 替代(湿)重度 γ 计算。

必须指出,只有通过土粒接触点传递的粒间应力才能使土粒彼此挤紧,产生土体的体积变形,而且粒间应力又是影响土体强度的一个重要因素,所以粒间应力又称为有效应力。对于成土年代长久,土体在自重应力作用下已经完成压缩变形,此时,土中竖向和侧向的自重应力一般均指有效应力。为了简化方便,将常用的竖向有效自重应力 σ_{cz} 简称为自重应力或自重压力,并改用符号 σ_c 表示。

2. 成层土中自重应力

地基土往往是成层的,因而各层土具有不同的重度。如地下水位位于同一土层中,计算自重应力时,地下水位面也应作为分层的界面。天然地面下任意深度 z 范围内各层土的厚度自上而下分别为 $h_1, h_2, \cdots, h_i, \cdots, h_n$,计算出高度为 z 的土柱体中各层土重的总和后,可得到成层土自重应力的计算公式:

$$\sigma_c = \sum_{i=1}^{n} \gamma_i h_i \tag{5-50}$$

式中,σ_c 为天然地面下任意深度 z 处的竖向有效自重应力,kPa;n 为深度 z 范围内的土层总数;γ_i 为第 i 层土的天然重度,对地下水位以下的土层取浮重度 γ'_i,kN/m³;h_i 为第 i 层土的厚度,m。

在地下水位以下,如埋藏有不透水层(如岩层或只含结合水的坚硬土层),由于不透水层中不存在水的浮力,因此不透水层顶面的自重应力及层面以下的自重应力应按上覆土层的水土总重计算。

3. 地下水升降时的土中自重应力

地下水位升降使地基土中自重应力也发生相应变化。图 5-6(a)为地下水位下降的情况,例如,在软土地区,大量抽取地下水使得地下水位长期大幅度下降,地基中有效自重应力增加,从而引起地面大面积沉降。图 5-6(b)为地下水位长期上升的情况,如在人工抬高蓄水水位地区(如筑坝蓄水)或工业废水大量渗入地下的地区。水位上升引起地基承载力减少和湿陷性土的塌陷现象,必须引起注意。

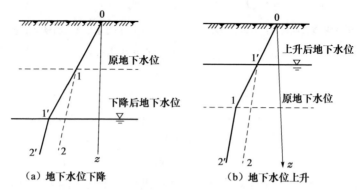

(a) 地下水位下降　　　　　(b) 地下水位上升

图 5-6　地下水位升降对土中自重应力的影响

0—1—2线为原来自重应力的分布;0—1'—2'线为地下水位变动后自重应力的分布

5.5.3　有效应力原理

在土中某点任取一截面,截面体为 A,截面上作用的法向应力称为总应力 σ,总应力由土的重力、外荷载 p 所产生的压力和静水压力组成,是土体单位面积上的平均应力。

截面总应力的一部分由土颗粒间的接触面承担和传递,称为有效应力;另一部分由孔隙中的水和气体承担,称为孔隙压力 μ(包括孔隙水压力 μ_w 与孔隙气压力 μ_a)。

(1) 对于非饱和土,有效应力原理表达式为

$$\sigma = \sigma' + \mu_a - x(\mu_a - \mu_w) \tag{5-51}$$

(2) 对于饱和土,有效应力原理表达式为

$$\sigma = \sigma' + \mu \tag{5-52}$$

[例题 5-6]　某建筑场地的地层分布均匀,第一层杂填土厚 1.5m,$\gamma = 17kN/m^3$;第二层粉质黏土厚 4m,$\gamma = 19kN/m^3$,$G_s = 2.73$,$w = 31\%$,地下水位在地面下 2m 深处;第三层淤泥质黏土厚 8m,$\gamma = 18.2kN/m^3$,$G_s = 2.74$,$w = 41\%$;第四层粉土

厚 3m，$\gamma=19.5\text{kN/m}^3$，$G_s=2.72$，$w=27\%$；第五层砂岩未钻穿。试计算各层交界处的竖向自重应力 σ_c。

设土样重度的 3 倍标准差为 0.01kN/m^3，土粒相对密度的 3 倍标准差为 0.003，含水率的 3 倍标准差为 0.1%，厚度测量的 3 倍标准差为 0.01m，$\gamma_w=10\text{kN/m}^3$。

[解]：(1) 求 γ'。

$$\gamma'=\frac{W_s-V_s\gamma_w}{V}=\frac{\gamma(W_s-V_s\gamma_w)}{W}=\frac{\gamma(G_s\gamma_w-\gamma_w)}{W_s+W_w}$$

$$=\frac{\gamma\gamma_w(G_s-1)}{G_s\gamma_w+wG_s\gamma_w}=\frac{\gamma(G_s-1)}{G_s(1+w)}$$

由该式得

$$\gamma_2'=\frac{\gamma(G_s-1)}{G_s(1+w)}$$

$$=\frac{[19-0.01,19+0.01]\times([2.73-0.003,2.73+0.003]-1)}{[2.73-0.003,2.73+0.003]\times(1+[0.31-0.001,0.31+0.001])}$$

$$=[9.1532,9.2291](\text{kN/m}^3)$$

$$\gamma_3'=\frac{[18.2-0.01,18.2+0.01]\times([2.74-0.003,2.74+0.003]-1)}{[2.74-0.003,2.74+0.003]\times(1+[0.41-0.001,0.41+0.001])}$$

$$=[8.1635,8.2305](\text{kN/m}^3)$$

$$\gamma_4'=\frac{[19.5-0.01,19.5+0.01]\times([2.72-0.003,2.72+0.003]-1)}{[2.72-0.003,2.72+0.003]\times(1+[0.27-0.001,0.27+0.001])}$$

$$=[9.6691,9.7498](\text{kN/m}^3)$$

(2) 求自重应力分布。

$$\sigma_{c1}=\gamma_1h_1=[1.5-0.01,1.5+0.01]\times[17-0.01,17+0.01]$$

$$=[25.3150,25.6852](\text{kPa})$$

$$\sigma_{c\text{水}}=\gamma_1h_1+\gamma_2h'=[25.3150,25.6852]+[19-0.01,19+0.01]$$

$$\times[0.5-0.01,0.5+0.01]=[34.6200,35.3804](\text{kPa})$$

$$\sigma_{c2}=\sigma_{c\text{水}}+\gamma_2'(4-h')=[34.6200,35.3804]+[9.19-0.01,9.19+0.01]$$

$$\times[3.5-0.01,3.5+0.01]=[66.6581,67.6725](\text{kPa})$$

$$\sigma_{c3}=\sigma_{c2}+\gamma_3'h_3=[66.6581,67.6725]+[8.20-0.01,8.20+0.01]$$

$$\times[8-0.01,8+0.01]=[132.0961,133.4347](\text{kPa})$$

$$\sigma_{c4}=\sigma_{c3}+\gamma_4'h_4=[132.0961,133.4347]+[9.71-0.01,9.71+0.01]$$

$$\times[3-0.01,3+0.01]=[161.0990,162.6920](\text{kPa})$$

$$\sigma_{4\text{不透水层}}=[161.0990,162.6920]+10$$

$$\times([3.5+8.0+3.0-3\times0.01,3.5+8.0+3.0+3\times0.01])$$

$$=[305.7989,307.9921](\text{kPa})$$

　　[例题 5-7]　某构筑物基础如图 5-7 所示,在设计地面标高处作用有偏心荷载 680kN,偏心距 1.31m,基础埋深为 2m,底面尺寸为 4m×2m。试求基底平均压力 p 和边缘最大压力 p_{max}。设偏心距的 3 倍标准差假定为 0.01m,偏心荷载的 3 倍标准差假定为 5kN。

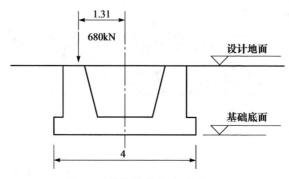

图 5-7　某构筑物基础(单位:m)

　　[解]:(1) 全部力的偏心距 e 为

$$(F+G)e = F \times 1.31$$

$$e = \frac{[1.31-0.01, 1.31+0.01] \times [680-5, 680+5]}{[680-5, 680+5] + (4 \times 2 \times 2 \times 20)} = [0.8731, 0.9088](\text{m})$$

　　(2) $p_{\substack{max \\ min}} = \frac{F+G}{A}\left(1 \pm \frac{6e}{l}\right)$

　　因为 $\left(1 \pm \frac{6e}{l}\right) = \left(1 \pm \frac{6 \times [0.8731, 0.9088]}{4}\right) = (1 \pm [1.3096, 1.3633])$ 出现拉应力,故需改用公式

$$p_{max} = \frac{2(F+G)}{3b\left(\frac{l}{2}-e\right)} = \frac{2([680-5, 680+5] + 4 \times 2 \times 2 \times 20)}{3 \times 2 \times \left(\frac{4}{2} - [0.8731, 0.9088]\right)}$$

$$= [294.3177, 307.0015](\text{kPa})$$

　　(3) 平均基底压力为

$$\frac{F+G}{A} = \frac{[680-5, 680+5] + (4 \times 2 \times 2 \times 20)}{8}$$

$$= [124.3749, 125.6251](\text{kPa})(\text{理论上})$$

$$\frac{F+G}{A'} = \frac{1000}{3\left(\frac{l}{2}-e\right)b} = \frac{[680-5, 680+5] + (4 \times 2 \times 2 \times 20)}{3 \times \left(\frac{4}{2} - [0.8731, 0.9088]\right) \times 2}$$

$$= [147.1588, 153.5008](\text{kPa})$$

或

$$\frac{p_{max}}{2} = \frac{[294.3177, 307.0015]}{2} = [147.1588, 153.5008](\text{kPa})(\text{实际上})$$

[**例题 5-8**]　如图 5-8 所示,某矩形基础的底面尺寸为 4m×2.4m,设计地面下埋深为 1.2m(高于天然地面 0.2m),设计地面以上的荷载为 1200kN,基底标高处原有土的加权平均重度为 18kN/m³。试求基底水平面 1 点及 2 点下各 3.6m 深度 M_1 点和 M_2 点处的地基附加应力 σ_z 值。

设荷载的 3 倍标准差为 5kN,土样重度的 3 倍标准差为 0.01kN/m³。

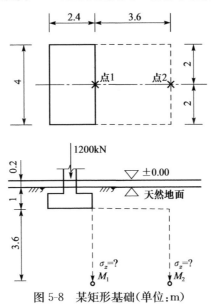

图 5-8　某矩形基础(单位:m)

[**解**]:本题参考用表为《建筑地基基础设计规范》(GB 50007—2002)中附录 K 的表 K.0.1-1。

(1) 基底压力:

$$p = \frac{F+G}{A} = \frac{[1200-5,1200+5]+4 \times 2.4 \times 1.2 \times 20}{4 \times 2.4}$$

$$= [148.4791, 149.5209](\text{kPa})$$

(2) 基底附加压力:

$$p_0 = p - \gamma_m d = [148.4791, 149.5209] - [18-0.01, 18+0.01] \times 1$$

$$= [130.4690, 131.5310](\text{kPa})$$

(3) 附加应力:

在 M_1 点分成大小相等的两块,$l=2.4\text{m}$,$b=2\text{m}$,$\frac{l}{b}=1.2$,$\frac{z}{b}=\frac{3.6}{2}=1.8$,查表得 $\alpha_c=0.108$,则

$$\sigma_{z \cdot M1} = 2 \times 0.108 \times [130.4690, 131.5310] = [28.1813, 28.4107](\text{kPa})$$

在 M_2 点处作延长线后分成两大块和两小块:

大块,$l=6\mathrm{m}$,$b=2\mathrm{m}$,$\dfrac{l}{b}=3$,$\dfrac{z}{b}=\dfrac{3.6}{2}=1.8$,查表得 $\alpha_c=0.143$。

小块,$l=3.6\mathrm{m}$,$b=2\mathrm{m}$,$\dfrac{l}{b}=1.8$,$\dfrac{z}{b}=\dfrac{3.6}{2}=1.8$,查表得

$$\sigma_{z\cdot M_2}=2\alpha_{cM_2}p_0=2(\alpha_{c大}-\alpha_{c小})p_0=2(0.143-0.129)\times131=3.7(\mathrm{kPa})$$

则

$$\sigma_{z\cdot M_2}=2\alpha_{cM_2}p_0=2(\alpha_{c大}-\alpha_{c小})p_0=2(0.143-0.129)\times[130.4690,131.5310]$$
$$=[3.6531,3.6829](\mathrm{kPa})$$

[**例题 5-9**]　某条形基础的宽度为 $2\mathrm{m}$,在梯形分布的条形荷载(基底附加压力)下,边缘 $p_{0\max}=200\mathrm{kPa}$,$p_{0\min}=100\mathrm{kPa}$,试求基底宽度中点下和边缘两点下各 $3\mathrm{m}$ 及 $6\mathrm{m}$ 深度处的 σ_z 值。设基底附加压力的 3 倍标准差为 $5\mathrm{kN}$。

[**解**]:本题参考用表为《建筑地基基础设计规范》(GB 50007—2002)中附录 K 的表 K.0.1-1 和表 K.0.1-2。

$$p_{0均}=\frac{[200-5,200+5]+[100-5,100+5]}{2}=[145,155](\mathrm{kPa})$$

中点下 $3\mathrm{m}$ 处,$x=0$,$z=3\mathrm{m}$,$\dfrac{x}{b}=0$,$\dfrac{z}{b}=1.5$,查表得 $\alpha_c=0.396$,则

$$\sigma_z=0.396\times[145,155]=[57.4200,61.3801](\mathrm{kPa})$$

中点下 $6\mathrm{m}$ 处,$x=0$,$z=6\mathrm{m}$,$\dfrac{x}{b}=0$,$\dfrac{z}{b}=3$,查表得 $\alpha_c=0.208$,则

$$\sigma_z=0.208\times[145,155]=[30.1599,32.2401](\mathrm{kPa})$$

梯形分布的条形荷载看成矩形和三角形的叠加荷载。

(1) $3\mathrm{m}$ 处:

矩形分布的条形荷载 $\dfrac{x}{b}=0.5$,$\dfrac{z}{b}=\dfrac{3}{2}=1.5$,查表得 $\alpha_{c\cdot矩形}=0.334$。

$$\sigma_{z\cdot矩形}=0.334\times[100-5,100+5]=[31.7300,35.0701](\mathrm{kPa})$$

三角形分布的条形荷载 $\dfrac{1}{b}=10$,$\dfrac{z}{b}=\dfrac{3}{2}=1.5$,查表得 $\alpha_{t1}=0.734$,$\alpha_{t2}=0.938$。

$$\sigma_{z\cdot三角形1}=0.0734\times[100-5,100+5]=[6.9729,7.7071](\mathrm{kPa})$$
$$\sigma_{z\cdot三角形2}=0.0938\times[100-5,100+5]=[8.9109,9.8491](\mathrm{kPa})$$

所以,边缘左右两侧的 σ_z 为

$$\sigma_{z1}=[31.7300,35.0701]+[6.9729,7.7071]=[38.7029,42.7771](\mathrm{kPa})$$
$$\sigma_{z2}=[31.7300,35.0701]+[8.9109,9.8491]=[40.6409,44.9191](\mathrm{kPa})$$

(2) $6\mathrm{m}$ 处:

矩形分布的条形荷载 $\dfrac{x}{b}=0.5$,$\dfrac{z}{b}=\dfrac{6}{2}=3$,查表得 $\alpha_{c\cdot矩形}=0.198$,则

$$\sigma_{z\cdot矩形}=0.198\times[100-5,100+5]=[18.8099,20.7901](\mathrm{kPa})$$

三角形分布的条形荷载 $\dfrac{1}{b}=10,\dfrac{z}{b}=\dfrac{6}{2}=3$,查表得 $\alpha_{t1}=0.0476,\alpha_{t2}=0.0511$。

$$\sigma_{z\cdot三角形1}=0.0476\times[100-5,100+5]=[4.5220,4.9981](\text{kPa})$$

$$\sigma_{z\cdot三角形2}=0.0511\times[100-5,100+5]=[4.8544,5.3656](\text{kPa})$$

所以,边缘左、右两侧的 σ_z 为

$$\sigma_{z1}=[18.8099,20.7901]+[4.5220,4.9981]=[23.3319,25.7881](\text{kPa})$$

$$\sigma_{z2}=[18.8099,20.7901]+[4.8544,5.3656]=[23.6644,26.1556](\text{kPa})$$

5.6　土的压缩性和地基沉降计算

5.6.1　土的压缩性

客观来讲,地基土层承受上部建筑物的荷载时必然会产生变形,从而引起建筑物基础沉降,当场地土质坚实时,地基的沉降较小,对工程正常使用没有影响;若地基为软弱土层且厚薄不均或上部结构荷载轻重变化悬殊时,地基将发生严重的沉降和不均匀沉降,这将使建筑物发生各类事故,影响建筑物的正常使用与安全。地基土产生压缩的原因如下。

1) 外因

(1) 建筑物荷载作用,这是普遍存在的因素。

(2) 地下水位大幅度下降,相当于施加大面积荷载。

(3) 施工影响,基槽持力层土的结构扰动。

(4) 振动影响,产生振沉。

(5) 温度变化影响,如冬季冰冻、春季融化。

(6) 浸水下沉,如黄土湿陷、填土下沉。

2) 内因

(1) 固相矿物本身压缩极小,在物理学上有意义,但对建筑工程来说没有意义。

(2) 在一般建筑工程荷载(100～600kPa)作用下,土中液相水的压缩很小,可不计。

(3) 土中孔隙的压缩,土中水与气体受压后从孔隙中挤出,使土的孔隙减小。

5.6.2　地基沉降量计算

1. 无侧向变形条件下的压缩量公式

关于土体压缩量的计算方法,目前在工程中广泛采用的是计算基础沉降的分层总和法。分层总和法都是以无侧向变形条件下的压缩量公式为基础,基本假设如下:

（1）土的压缩完全是孔隙体积减小而导致的骨架变形,而土粒本身的压缩可不计。

（2）土体仅产生竖向压缩,而无侧向变形。

（3）在土层高度范围内,压力是均匀分布的。

无侧向变形条件下的压缩量计算公式为

$$s = \frac{e_1 - e_2}{1 + e_1} H = \frac{-\Delta e}{1 + e_1} H \tag{5-53}$$

将 $a = \dfrac{e_1 - e_2}{p_2 - p_1} = -\dfrac{\Delta e}{\Delta p}$ 代入式(5-53)得

$$s = \frac{a}{1 + e_1} \Delta p H \tag{5-54}$$

2. 基础的沉降计算

建筑物的沉降量是指地基土压缩变形达到固结稳定的最大沉降量,或称地基沉降量。地基最终沉降量是指地基土在建筑物荷载作用下,变形完全稳定时基底处的最大竖向位移。

地基沉降的原因:①由建筑物的荷重产生的附加应力引起;②由欠固结土的自重引起;③由地下水位下降和施工中水的渗流引起。

基础沉降按其原因和次序由瞬时沉降 S_d、主固结沉降 S_c 和次固结沉降 S_s 三部分组成。

（1）瞬时沉降是指加荷后立即发生的沉降,对于饱和土地基,土中水尚未排出的条件下,沉降主要由土体侧向变形引起,此时土体不发生体积变化。

（2）固结沉降是指超静孔隙水压力逐渐消散,使土体积压缩而引起的渗透固结沉降,也称主固结沉降,它随时间延长而逐渐增长。

（3）次固结沉降是超静孔隙水压力基本消散后,主要由土粒表面结合水膜发生蠕变等引起的,它将随时间延长发生极其缓慢的沉降。

因此,建筑物基础的总沉降量应为上述三部分之和,即

$$S = S_d + S_c + S_s \tag{5-55}$$

3. 分层总和法计算基础的最终沉降量

目前,在工程中广泛采用的方法是以无侧向变形条件下的压缩量计算为基础的分层总和法。具体分为 $e\text{-}p$ 曲线和 $e\text{-}\lg p$ 曲线为已知条件的分层总和法。

1）以 $e\text{-}p$ 曲线为已知条件的分层总和法

计算步骤如下:

（1）选择沉降计算剖面,在每一个剖面上选择若干计算点。

① 根据建筑物基础的尺寸,判断计算基底压力和地基中附加应力属于空间间

题还是平面问题;② 按作用在基础上荷载的性质(中心、偏心或倾斜等情况)求出基底压力的大小和分布;③ 结合地基中土层性状,选择沉降计算点的位置。

(2) 将地基分层。在分层时,天然土层的交界面和地下水位应为分层面,在同一类土层中分层的厚度不宜过大。分层厚度 h 小于 $0.4B$ 或 $h=2\sim4\text{m}$。

对每一分层,可认为压力是均匀分布的。

(3) 计算基础中心轴线上各分层界面上的自重应力和附加应力,并按同一比例绘出自重应力和附加应力分布图。

应当注意,当基础埋置深度为 d 时,应采用基底净压力 $p_n=p-rd$ 计算地基中的附加应力(从基底算起)。

(4) 确定压缩层厚度。实践经验表明,基础中心轴线上某点的附加应力与自重应力满足 $\delta_z\leqslant0.2\delta_{cz}$ 时的深度,称为压缩层的下限或沉降计算深度 Z_n。

当 Z_n 以下存在软弱土层时,计算深度应满足 $\delta_z\leqslant0.1\delta_{cz}$。对一般房屋基础,可按经验公式确定 Z_n,即 $Z_n=B(2.5-0.4\ln B)$。

(5) 按算术平均算出各分层的平均自重应力 δ_{czi} 和平均附加应力 δ_{zi}。

$$\delta_{czi}=\frac{(\delta_{czi})_\text{上}-(\delta_{czi})_\text{下}}{Z} \tag{5-56}$$

$$\delta_{zi}=\frac{(\delta_{zi})_\text{上}+(\delta_{zi})_\text{下}}{Z} \tag{5-57}$$

(6) 根据第 i 分层的初始应力 $P_{1i}=\delta_{czi}$ 和初始应力与附加应力之和,即 $P_{2i}=\delta_{czi}+\delta_{zi}$,由压缩曲线查出相应的初始孔隙比 e_{1i} 和压缩稳定后孔隙比 e_{2i}。

(7) 按式(5-53)求出第 i 分层的压缩量 $s_i=\dfrac{e_{1i}-e_{2i}}{1+e_{1i}}H_i$。

(8) 最后求得基础的沉降量 $s=\displaystyle\sum_{i=1}^{n}s_i=\sum_{i=1}^{n}\frac{e_{1i}-e_{2i}}{1+e_{1i}}H_i$。

[例题 5-10]　有一矩形基础,放置在均质黏性土上,基础长度 $L=10\text{m}$,宽度 $B=5\text{m}$,埋置深度 $D=1.5\text{m}$,其上作用中心荷载 $P=10000\text{kN}$,地基土的天然湿容重 20kN/m^2,饱和容重 21kN/m^2,若地下水位距基底 2.5m,试求基础中心点的沉降量。设中心荷载 P 的 3 倍标准差为 500kN。

[解]:(1) 基础上作用中心荷载,所以基底压力为

$$p=\frac{P}{LB}=\frac{[10000-500,10000+500]}{10\times5}=[190,210](\text{kN/m}^2)$$

基底净压力 $p_n=p-rd=[190,210]-20\times1.5=[160,180](\text{kN/m}^2)$

(2) 因为是均质土,且地下水位在基底以下 2.5m 处,所以分层厚度 $H_i=2.5\text{m}$。

(3) 求各分层面的自重应力。

$$\delta_{cz0}=rd=20\times1.5=30(kN/m^2)$$
$$\delta_{cz1}=30+rH_1=30+20\times2.5=80(kN/m^2)$$
$$\delta_{cz2}=80+r'H_2=80+(21-9.8)\times2.5=108(kN/m^2)$$
$$\delta_{cz3}=108+r'H_3=136(kN/m^2)$$
$$\delta_{cz4}=136+r'H_4=164(kN/m^2)$$
$$\delta_{cz5}=164+r'H_5=192(kN/m^2)$$

（4）求各分层面的竖向附加应力。

应用角点法，通过中心点将基础划分为四块面积相等的计算面积。$L_1=5m$，$B_1=2.5m$；中心点正好在四块计算面积的角点上，计算结果如表 5-13 所示。

表 5-13　各分层面的竖向附加应力

位置	Z_i/m	Z_i/B	K_{si}	$\delta_z=4K_{si}P_n/(kN/m^2)$
0	0	0	0.25	[160,180]
1	2.5	1	0.1999	[127.9,143.9]
2	5.0	2	0.1202	[76.9,86.5]
3	7.5	3	0.0732	[46.8,52.7]
4	10.0	4	0.0474	[30.3,34.1]
5	12.5	5	0.0328	[21.0,23.6]

（5）确定压缩层厚度。

从计算结果可知，在第四点处，有

$$\frac{\delta_{z4}}{\delta_{cz4}}=\frac{[30.3,34.1]}{164}=[0.18,0.20]<0.2$$

可取压缩层厚度 $H=10m$。

（6）计算各分层的平均自重应力和平均附加应力。

$$\delta_{czI}=\frac{(\delta_{czI})_上+(\delta_{czI})_下}{2}=\frac{30+80}{2}=55kN/m^2,$$

$\delta_{czII}=94kN/m^2,\delta_{czIII}=122kN/m^2,\delta_{czIV}=150kN/m^2$。
同理可得：$\delta_{zI}=[143.9,162.0]kN/m^2,\delta_{zII}=[102.4,115.2]kN/m^2,\delta_{zIII}=[61.8,69.6]kN/m^2,\delta_{zIV}=[38.5,43.4]kN/m^2$。

（7）由压缩曲线查各分层的初始孔隙比和压缩稳定后的孔隙比，结果如表 5-14 所示。

表 5-14　各分层的初始孔隙比和压缩稳定后的孔隙比

层次	初始应力 P_{1i}	P_{2i}	初始孔隙比 e_{1i}	压缩稳定后的孔隙比 e_{2i}
I	55	[198.9,217.0]	0.935	[0.868,0.872]
II	94	[196.4,209.2]	0.915	[0.870,0.873]
III	122	[183.8,191.6]	0.895	[0.874,0.876]
IV	150	[188.5,193.4]	0.885	[0.874,0.875]

(8)计算基础的沉降量。

$$s = \sum_{i=1}^{n} \frac{e_{1i} - e_{2i}}{1 + e_{1i}} H_i = \left(\frac{0.935 - [0.868, 0.872]}{1 + 0.935} + \frac{0.915 - [0.870, 0.873]}{1 + 0.915} \right.$$

$$+ \frac{0.895 - [0.874, 0.876]}{1 + 0.895} + \left. \frac{0.885 - [0.874, 0.875]}{1 + 0.885} \right) \times 250$$

$$= ([0.0325, 0.0347] + [0.0219, 0.0235] + [0.01, 0.0111] + [0.0053, 0.0059])$$

$$\times 250 = [17.4, 18.8] (\text{cm})$$

在解算此题时,要注意压缩稳定后孔隙比 e_{2i} 的区间取值,应该从左到右,右边的孔隙比要大于左边的孔隙比,这样区间运算工具才能正确识别区间参数。

2) 以 e-$\lg p$ 曲线为已知条件的分层总和法

(1) 土的应力历史。

在实际工作中,从现场取样,室内压缩试验受到土体扰动、应力释放、含水率变化等多方面影响,即使在上述过程中努力避免扰动,保持不变,但应力卸荷总是不可避免的。因此,需要根据土样的室内压缩曲线推求现场土层的压缩曲线,并考虑土层应力历史的影响,进而确定现场压缩的特征曲线。

(2) 先期固结应力和土层的固结。

固结应力就是使土体产生固结或压缩的应力。就地基土层而言,该应力主要有两种:一是土的自重应力,二是由外荷载引起的附加应力。

对于饱和的新沉积土或人工填土,起初土颗粒尚处于悬浮状态,土的自重应力由孔隙水承担,有效应力为 0,随着时间的推移,土在自重作用下逐渐固结,最后自重应力全部转化为有效应力,故这类土的自重应力就是固结应力。但对大多数天然土层来说,由于经历了漫长的地质年代,在自重作用下已完全固结,此时自重应力已不再引起土层压缩。能进一步使土层产生固结的只有外加荷载引起的附加应力,故此时的固结应力指附加应力。

(3) 先期固结应力 P_c 的推求。

室内大量试验资料表明,室内压缩曲线开始时弯曲平缓,随着压力增大明显下弯,当压力接近 P_c 时,曲线急剧变陡,并随压力的增长近似直线向下延伸。确定 P_c 的常用方法是卡萨格兰德提出的经验作图法。

(4) 现场压缩曲线的推求。

室内压缩试验的结果表明,无论试样扰动如何,当压力增大时,曲线都近于直线段,且大都经过 $0.42 e_0$ 点(e_0 为试样的原位孔隙比)。室内压缩曲线加以修正可以求得现场土层的压缩曲线,由现场取样时确定试样的原位孔隙比 e_0 及固结应力(有效覆盖应力),再由室内压缩曲线求出土层的 P_c。

(5) 地基的沉降计算。

按 e-$\lg p$ 曲线计算地基的最终沉降量与按 e-p 曲线的计算一样,都是以无侧向变形条件下的压缩量基本公式[式(5-53)]并采用分层总和法进行的。所不同的是,初始孔隙比应取 e_0,由现场压缩曲线的压缩指数得到 Δe。

4.《建筑地基基础设计规范》(GB 50007—2002)方法

《建筑地基基础设计规范》(GB 50007—2002)提出的计算最终沉降量的方法,是基于分层总和法的思想,运用平均附加应力面积的概念,按天然土层界面以简化由于过分分层引起的烦琐计算,并结合大量工程实际中沉降量观测的统计分析,以经验系数 ϕ_s 进行修正,求得地基的最终变形量。

1) 基本公式

$$s = \phi_s s' = \phi_s \sum_{i=1}^{n} (z_i a_i - z_{i-1} a_{i-1}) \frac{p_0}{E_{si}} \tag{5-58}$$

式中,s 为地基的最终沉降量,mm;s' 为按分层总和法求得的地基沉降量,mm;ϕ_s 为沉降计算修正系数;n 为地基变形计算深度范围内天然土层数;p_0 为基底附加应力;E_{si} 为基底以下第 i 层土的压缩模量,按第 i 层实际应力变化范围取值;z_i 和 z_{i-1} 分别为基础底面至第 i 层和 $i-1$ 层底面的距离;a_i 和 a_{i-1} 分别为基础底面到第 i 层和 $i-1$ 层底面范围内中心点下的平均附加系数,对于矩形基础,基底为均分布附加应力时,中心点以下的附加应力为 L/B 和 Z/B 的函数,可查表得到。

2) 沉降计算修正系数 ϕ_s

ϕ_s 综合反映了计算公式中一些未能考虑的因素,它是根据大量工程实例中沉降的观测值与计算值的统计分析比较而得的。ϕ_s 的确定与地基土的压缩模量 E_s 和承受的荷载有关。

3) 地基沉降计算深度 Z_n 应满足:

$$\Delta s_n' \leqslant 0.025 \sum_{i=1}^{n} \Delta s_i' \tag{5-59}$$

式中,$\Delta s_n'$ 为计算深度处向上取厚度 Δz 的分层的沉降计算值;Δz 的厚度选取与基础宽度 B 有关。

[例题 5-11]　在不透水不可压缩土层上,填5m 厚的饱和软黏土,已知软黏土层 $\gamma = 18\text{kN/m}^3$,压缩模量 $E_s = 1500\text{kPa}$,固结系数 $C_v = 19.1\text{m}^2/\text{a}$,试求:

(1) 软黏土在自重下固结,当固结度 $V_t = 0.6$ 时,产生的沉降量为多少?

(2) 当软黏土层 $V_t = 0.6$ 时,在其上填筑路堤,路堤引起的附加应力 $\delta = 120\text{kPa}$,为矩形分布。求路堤填筑后 0.74 年,软黏土又增加了多少沉降量?

计算中假设路堤土是透水的,路堤填筑时间很快,不考虑施工固结影响,压缩模量 E_s 的 3 倍标准差为 50 kPa。

[解]:已知 $H = 5\text{m}$,$\gamma = 18\text{kN/m}^3$,$E_s = [1450, 1550]\text{kPa}$,$C_v = 19.1\text{m}^2/\text{a}$。

(1) 先求软黏土的最终沉降量:

$$s = \frac{\sigma_{cz}}{E_s} H = \frac{rH^2}{2E_s} = \frac{18 \times 5^2}{2 \times [1450, 1550]} = [14.5, 15.5] (\text{cm})$$

则固结度 $V_t = 0.6$ 时的沉降量为

$$s_t = V_t s = 0.6 \times [14.5, 15.5] = [8.7, 9.3] (\text{cm})$$

(2) 黏土层顶部压力为 $P_{上} = 120 \text{kPa}$,底部为 $120 + rH$,因此

$$P_{下} = 120 + 18 \times (5 - [0.087, 0.093]) = [208.3259, 208.4341] (\text{kPa})$$

故固结应力为梯形分布。

$$a = \frac{P_{上}}{P_{下}} = \frac{120}{[208.3259, 208.4341]} = [0.5757, 0.5761]$$

又因为 $C_v = 19.1, t = 0.74, H = 5 - 0.09$,所以

$$T_v = \frac{tC_v}{H^2} = \frac{19.1 \times 0.74}{(5 - 0.09)^2} = 0.5863$$

又由 $a = [0.5757, 0.5761]$, $T_v = 0.5863$, $v_t = 1 - \frac{a(\pi - 2) + 2}{1 + a} \frac{16}{\pi^3} e^{-\frac{\pi^2}{4} T_v}$,计算得 $v_t = [0.7951, 0.7953]$。

此时最终沉降量 s 为

$$s = \frac{p}{E_s} H' = \frac{(120 + [208.3259, 208.4341]) \div 2}{[1450, 1550]} \times (5 - [0.087, 0.093])$$

$$= [52.0, 55.6] (\text{cm})$$

所以软黏土又增加的沉降量:

$$s_t = v_t s = [0.7951, 0.7953] \times [52.0, 55.6] = [41.3, 44.2] (\text{cm})$$

5.7　土的抗剪强度

由土的原因引起的建筑物事故中,一部分是由沉降过大或差异沉降过大造成的;另一部分是由土体的强度破坏引起的。对于土工建筑物(如路堤、土坝等),主要是后一个原因。从事故的灾害性来看,强度问题比沉降问题要严重得多。而土体的破坏通常都是剪切破坏,研究土的强度特性,就是研究土的抗剪强度特性。

(1) 土的抗剪强度(τ_f)是指土体抵抗抗剪切破坏的极限能力,其数值等于剪切破坏时滑动的剪应力。

(2) 剪切面(剪切带):土体剪切破坏是沿某一面发生与剪切方向一致的相对位移,这个面通常称为剪切面。

决定土的抗剪强度因素很多,主要有土体本身的性质:土的组成、状态和结构。而这些性质又与它的形成环境和应力历史等因素有关,此外,还取决于它当前所受

的应力状态。

　　土的抗剪强度主要依靠室内经验和原位测试确定。试验中,仪器的种类和试验方法以及模拟土剪切破坏时的应力和工作条件的好坏,对强度值的确定有很大影响。

5.7.1　抗剪强度的基本理论

1. 库仑定律(剪切定律)

　　法向应力变化不大时,抗剪强度与法向应力的关系近似为一条直线,这就是抗剪强度的库仑定律。

　　无黏性土:　　　　　　　　　　　$\tau_f = \sigma \tan\varphi$　　　　　　　　　　(5-60)

　　黏性土:　　　　　　　　　　　$\tau_f = \sigma \tan\varphi + c$　　　　　　　　　(5-61)

式中,τ_f 为土的抗剪强度,kPa;σ 为剪切面的法向压力,kPa;$\tan\varphi$ 为土的内摩擦系数;φ 为土的内摩擦角,(°);c 为土的黏聚力,kPa。$\sigma\tan\varphi$ 为内摩擦力。

　　库仑定律说明:①土的抗剪强度由土的内摩擦力 $\sigma\tan\varphi$ 和黏聚力 c 两部分组成;②内摩擦力与剪切面上的法向应力成正比,其比值为土的内摩擦系数 $\tan\varphi$;③表征抗剪强度指标的是土的内摩擦角 φ 和黏聚力 c。

　　无黏性土的 $c=0$,内摩擦角主要取决于土粒表面的粗糙程度和土粒交错排列的情况;土粒表面越粗糙,棱角越多,密实度越大,则土的内摩擦系数越大。黏性土的黏聚力取决于土粒间的联结程度,内摩擦力较小。

2. 总应力法和有效应力法

　　总应力法是用剪切面上的总应力来表示土的抗剪强度,即

$$\tau_f = \sigma \tan\varphi + c$$

　　有效应力法是用剪切面上的有效应力来表示土的抗剪强度,即

$$\tau_f = \bar{\sigma} \tan\bar{\varphi} + \bar{c} \text{ 或 } \tau_f = \sigma' \tan\varphi' + c' \tag{5-62}$$

式中,$\bar{\varphi}$、$\bar{c}$ 或 φ'、c' 分别为有效内摩擦角和有效黏聚力。

　　饱和土的抗剪强度与土受剪前在法向应力作用下的固结度有关,而土只有在有效应力作用下才能固结。有效应力逐渐增加的过程,就是土的抗剪强度逐渐增加的过程。剪切面上的法向应力与有效应力有如下关系:

$$\sigma = \sigma' + u \tag{5-63}$$

　　土的强度主要取决于有效应力的大小,故抗剪强度的关系式中应反映有效应力 σ' 更为合适,即

$$\tau_f = \sigma' \tan\varphi' + c' = (\sigma - u)\tan\varphi' + c' \tag{5-64}$$

3. 莫尔-库仑破坏准则

（1）莫尔-库仑破坏理论：以库仑公式 $\tau_f = \sigma\tan\varphi + c$ 作为抗剪强度公式。根据剪应力是否达到抗剪强度作为破坏标准的理论称为莫尔-库仑破坏理论。

（2）莫尔-库仑破坏准则（标准）：研究莫尔-库仑破坏理论如何直接用主应力表示，这就是莫尔-库仑破坏准则，也称土的极限平衡条件。

5.7.2　残余抗剪强度

土的剪应力-剪应变关系可分为两种类型：一种是曲线平缓上升，没有中间峰值，如松砂；另一种是剪应力-剪应变曲线有明显的中间峰值，在超越峰值后，剪应变不断增大，但抗剪强度下降，如密砂。在黏性土中，坚硬的、超压密的黏土剪应力-剪应变曲线常呈现较大峰值，正常压密土或软黏土则不出现峰值，或有很小的峰值。超过峰值后，当剪应变相当大时，抗剪强度不再变，此时稳定的最小抗剪强度称为土的残余抗剪强度；而峰值剪应变则称为峰值强度。残余抗剪强度用式(5-65)表达：

$$\tau_{fr} = c_r + \sigma\tan\varphi_r \qquad (5\text{-}65)$$

式中，τ_{fr} 为土的残余抗剪强度，kPa；c_r 为残余黏聚力，一般取 0；φ_r 为残余内摩擦角，(°)；σ 为垂直压应力，kPa。

在进行滑坡的稳定性计算或抗滑计算时，土的抗剪强度取值一般需要考虑土的残余抗剪强度。

[例题 5-12]　设黏性土地基中某点的主应力 $\sigma_1 = 300\text{kPa}$，$\sigma_3 = 100\text{kPa}$，土的抗剪强度指标 $c = 20\text{kPa}$，$\varphi = 26°$，试问该点处于什么状态？设抗剪强度指标 c 的 3 倍标准差为 3kPa。

[解]：由式 $\sigma_3 = \sigma_1\tan^2\left(45° - \dfrac{\varphi}{2}\right) - 2c\tan\left(45° - \dfrac{\varphi}{2}\right)$，可得土体处于极限平衡状态且最大主应力为 σ 时所对应的最小主应力为

$$\sigma_{3f} = \sigma_1\tan^2\left(45° - \frac{\varphi}{2}\right) - 2c\tan\left(45° - \frac{\varphi}{2}\right) = [88.4, 95.9]\text{kPa} < \sigma_3 = 100\text{kPa}$$

由 $\sigma_{3f} < \sigma_3$ 可判定该点处于稳定状态。

或由 $\sigma_1 = \sigma_3\tan^2\left(45° + \dfrac{\varphi}{2}\right) + 2c\tan\left(45° + \dfrac{\varphi}{2}\right)$，得

$$\sigma_{1f} = [310.5, 329.7]\text{kPa} > \sigma_1 = 300\text{kPa}，也可判定该点稳定。$$

[例题 5-13]　在饱和状态正常固结黏土上进行固结不排水的三轴压缩试验，得到如下值，当侧压力 $\sigma_3 = 2.0\text{kg/cm}^2$ 时，破坏时的应力差 $\sigma_1 - \sigma_3 = 3.5\text{kg/cm}^2$，孔隙水压力 $u_w = 2.2\text{kg/cm}^2$，滑移面的方向和水平面成 60°。求此时滑移面上的法向

应力 σ_n 和剪应力 τ 及 σ_n'；另外，试确定试验中的最大剪应力及其方向。设孔隙水压力 u_w 的测试精度为 $\pm 0.1\text{kg/cm}^2$。

　　[解]：在破坏时，$\sigma_3 = 2.0\text{kg/cm}^2$，$\sigma_1 = \Delta\sigma + \sigma_3 = 3.5 + 2.0 = 5.5(\text{kg/cm}^2)$，由 $\alpha = 60°$ 求关于总应力的法向应力和剪应力，则

$$\sigma_n = \frac{\sigma_1 + \sigma_3}{2} + \frac{\sigma_1 - \sigma_3}{2}\cos 2\alpha$$

$$= \frac{5.5 + 2.0}{2} + \frac{5.5 - 2.0}{2}\cos 120° = 2.875(\text{kg/cm}^2)$$

$$\tau = \frac{\sigma_1 - \sigma_3}{2}\sin 2\alpha = \frac{5.5 - 2.0}{2}\sin 120° = 1.516(\text{kg/cm}^2)$$

有效应力为

$$\sigma_n' = \sigma_n - u_w = 2.875 - [2.2 - 0.1, 2.2 + 0.1] = [0.575, 0.775](\text{kg/cm}^2)$$

　　另外，最大剪应力发生在和水平面成 $45°$ 的方向，其大小为

$$\tau_{\max} = \frac{\sigma_1 - \sigma_3}{2} = \frac{5.5 - 2.0}{2} = 1.75(\text{kg/cm}^2)$$

5.8　挡土结构物上的土压力

5.8.1　挡土结构类型

　　挡土结构是一种常见的岩土工程建筑物，它是为了防止边坡的坍塌失稳，保护边坡稳定，人工完成的构筑物。常用的支挡结构有重力式、悬臂式、扶臂式、锚杆式和加筋土式等类型。

　　挡土墙按其刚度和位移方式分为刚性挡土墙、柔性挡土墙和临时支撑三类。

　　(1)刚性挡土墙指用砖、石或混凝土所筑成的断面较大的挡土墙。由于刚度大，墙体在侧向土压力作用下，仅能发生整体平移或转动，挠曲变形则可忽略。墙背受到的土压力呈三角形分布，最大压力强度发生在底部，类似于静水压力分布。

　　(2)柔性挡土墙在墙身受土压力作用时会发生挠曲变形。

　　(3)临时支撑是边施工边支撑的临时结构。

5.8.2　墙体位移与土压力类型

　　在影响土压力诸多因素中，墙体位移是最主要的一个因素。墙体位移的方向和位移量决定所产生的土压力性质和大小。

　　1) 静止土压力

　　墙受侧向土压力后，墙身变形或位移很小，可认为墙不发生转动或位移，墙后

土体没有破坏,处于弹性平衡状态,墙所承受的土压力称为静止土压力。

2) 主动土压力

挡土墙在填土压力作用下,向着背离填土方向移动或沿墙根转动,直至土体达到主动极限平衡状态,形成滑动面,此时的土压力称为主动土压力。

3) 被动土压力

挡土墙在外力作用下向土体的方向移动或转动,土压力逐渐增大,直至土体达到被动极限平衡状态,形成滑动面,此时的土压力称为被动土压力。

试验表明,当墙体离开填土移动时,位移量很小,即产生主动土压力。此时,砂土的位移量约为 $0.001h$(h 为墙高),黏性土约为 $0.004h$。

墙体从静止位置被外力推向土体时,只有当位移量大到一定程度时,才能达到稳定的被动土压力值,此时,砂土的位移量约为 $0.05h$,黏性土填土约为 $0.1h$,而这样大的位移量,工程上是不允许的。

5.8.3　静止土压力的计算

设一土层,表面是水平的,土的容重为 γ,此土体为弹性状态,在半无限土体内任取出竖直平面 $A'B'$,此面在几何面上和应力分布上都是对称的。对称平面上不应有剪应力存在,所以,竖直面和水平面都是主应力平面。

在深度 z 处,作用在水平面上的主应力为

$$\sigma_v = \gamma z \tag{5-66}$$

作用在竖直面上的主应力为

$$\sigma_h = K_0 \gamma z \tag{5-67}$$

式中,K_0 为土的静止侧压力系数;γ 为土的容重。

单位长度挡土墙上的静压力合力为

$$E_0 = \frac{1}{2} \gamma H^2 K_0 \tag{5-68}$$

式中,H 为挡土墙的高度;E_0 的作用点位于墙底面以上 $H/3$ 处。

静止侧压力系数 K_0 可通过室内或原位静止侧压力试验测定。对于无黏性土和正常固结黏土也可用式(5-69)近似计算:

$$K_0 = 1 - \sin\varphi' \tag{5-69}$$

式中,φ' 为填土的有效摩擦角。

对于超固结黏性土,有

$$(K_0)_{OC} = (K_0)_{NC} + (OCR)^m \tag{5-70}$$

式中,$(K_0)_{OC}$ 为超固结土的 K_0 值;$(K_0)_{NC}$ 为正常固结土的 K_0 值;OCR 为超固结比;m 为经验系数,一般取 0.41。

5.8.4　朗肯土压力理论

1. 基本原理

朗肯在研究自重应力作用下,半无限土体内各点的应力从弹性平衡状态发展为极限平衡状态的条件时,提出计算挡土墙土压力的理论。假设条件如下:①挡土墙背垂直;②墙后填土表面水平;③挡墙背面光滑,即不考虑墙与土之间的摩擦力。

2. 水平填土面的朗肯土压力计算

1) 主动土压力

(1) 无黏性土。

无黏性土极限平衡条件为

$$\sigma_3 = \sigma_1 \tan^2\left(45° - \frac{\varphi}{2}\right) = \gamma z K_a \tag{5-71}$$

式中,$K_a = \tan^2\left(45° - \dfrac{\varphi}{2}\right)$,为朗肯主动土压力系数。

(2) 黏性土。

将 $\sigma_1 = \sigma_r = \gamma z$,$\sigma_3 = P_a$ 代入黏性土极限平衡条件:

$$\sigma_3 = \sigma_1 \tan^2\left(45° - \frac{\varphi}{2}\right) - 2c\tan\left(45° - \frac{\varphi}{2}\right)$$

得

$$P_a = \sigma_1 \tan^2\left(45° - \frac{\varphi}{2}\right) - 2c\tan\left(45° - \frac{\varphi}{2}\right) = \gamma z K_a - 2c\sqrt{K_a} \tag{5-72}$$

从式(5-72)可以看出,黏性土的主动土压力由两部分组成:第一项为土重力产生的 $\gamma z K_a$,是正值,随深度呈三角形分布;第二项为黏聚力 c 引起的土压力 $2c\sqrt{K_a}$,是负值,起减小土压力的作用。总主动土压力 E_a 应为三角形面积,即

$$E_a = \frac{1}{2}\left[\left(\gamma H K_a - 2c\sqrt{K_a}\right)\left(H - \frac{2c}{\gamma\sqrt{K_a}}\right)\right] = \frac{1}{2}\gamma H^2 K_a - 2cH\sqrt{K_a} + \frac{2c^2}{\gamma}$$

E_a 作用点位于墙底以上 $\dfrac{1}{3}(H - Z_0)$ 处。

2) 被动土压力

当墙后土体达到被动极限平衡状态时,$\sigma_h > \sigma_v$,则 $\sigma_1 = \sigma_h = P_p$,$\sigma_3 = \sigma_v = \gamma z$。

(1) 无黏性土。

将 $\sigma_1 = P_p$,$\sigma_3 = \gamma z$ 代入无黏性土极限平衡条件式 $\sigma_1 = \sigma_3 \tan^2\left(45° + \dfrac{\varphi}{2}\right)$,可得

$$P_p = \gamma z \tan^2\left(45° + \frac{\varphi}{2}\right) = \gamma z K_p \tag{5-73}$$

式中，$K_p = \tan^2\left(45° + \dfrac{\varphi}{2}\right)$，称为朗肯被动土压力系数。

沿墙底分布，单位长度墙体上土压力合力作用点的位置均与主动土压力相同。

墙后土体破坏滑动面与小主应力作用面之间的夹角 $\alpha = 45° - \dfrac{\varphi}{2}$。

（2）黏性土。

将 $P_p = \sigma_1$，$\gamma z = \sigma_3$ 代入黏性土极限平衡条件：

$$\sigma_1 = \sigma_3 \tan^2\left(45° + \frac{\varphi}{2}\right) + 2c\tan\left(45° + \frac{\varphi}{2}\right)$$

可得

$$P_p = \gamma z \tan^2\left(45° + \frac{\varphi}{2}\right) + 2c\tan\left(45° + \frac{\varphi}{2}\right) = \gamma z K_p + 2c\sqrt{K_p} \tag{5-74}$$

由式（5-74）可以看出，黏性填土的被动土压力也由两部分组成，都是正值，墙背与填土之间不出现裂缝。叠加后，其压力强度 P_p 沿墙高呈梯形分布。总被动土压力为

$$E_p = \frac{1}{2}\gamma H^2 K_p + 2cH\sqrt{K_p} \tag{5-75}$$

E_p 的作用方向垂直于墙背，作用点位于梯形面积重心上。

[例题 5-14] 已知某混凝土挡土墙，墙高 $H = 6.0$m，墙背竖直，墙后填土表面水平，填土的重度 $\gamma = 18.5$kN/m³，$\varphi = 20°$，$c = 19$kPa。试计算作用在此挡土墙上的静止土压力、主动土压力和被动土压力。假定填土重度 γ 的测试精度为 ± 0.1kN/m³，抗剪强度指标 c 的测试精度为 ± 1kPa。则 $\gamma = [18.4, 18.6]$kN/m³，$c = [18, 20]$kPa。

[解]:（1）静止土压力。

取 $K_0 = 0.5$，$P_0 = \gamma z K_0$

$$E_0 = \frac{1}{2}\gamma H^2 K_0 = \frac{1}{2} \times [18.4, 18.6] \times 6^2 \times 0.5 = [165.6, 167.4](\text{kN/m})$$

E_0 作用点位于 $\dfrac{H}{2} = 2.0$m 处。

（2）主动土压力。

根据朗肯主压力公式：$P_a = \gamma z K_a - 2c\sqrt{K_a}$，$K_a = \tan\left(45° - \dfrac{\varphi}{2}\right)$

若 $K_a = 0.7002$，按式 $E_a = \dfrac{1}{2}\gamma H^2 K_a - 2cH\sqrt{K_a} + \dfrac{2c^2}{\gamma}$ 计算

$$E_{a0} = 0.5 \times [18.4, 18.6] \times 36 \times 0.7002 \times 0.7002 - 2 \times [18, 20] \times 6 \times 0.7002$$
$$+ 2 \times [18, 20] \times [18, 20]/[18.4, 18.6] = [29.2, 56.4](\text{kN/m})$$

此题中,采用点运算,取 $\gamma=18.4,c=18$ 时,$E_a=46.4$kN/m;$\gamma=18.6,c=18$ 时,$E_a=47.7$kN/m;$\gamma=18.4,c=20$ 时,$E_a=37.8$kN/m;$\gamma=18.6,c=20$ 时,$E_a=39.1$kN/m。即 γ 和 c 同时取左、右端计算的 $E_{a1}=[39.1,46.4]$,γ 取左端同时 c 取右端,和 γ 取右端同时 c 取左端计算的 $E_{a2}=[37.8,47.7]$。取 $\gamma=18.5,c=19$ 时,$E_a=42.6$kN/m。

可以知道,E_{a0}、E_{a1}、E_{a2} 三个区间的中点值都是 42.8kN/m,与点运算结果接近。但三个区间的区间宽度差异很大,$W_{E_{a0}}=27.2$,$W_{E_{a1}}=7.3$,$W_{E_{a2}}=9.9$。

当 γ 取区间值[18.4,18.6],c 取点值 19 时,得 $E_a=[41.6,43.7]$,区间宽度为 2.1;γ 取点值 18.5,c 取区间值[18,20],得 $E_a=[30.2,55.3]$,区间宽度为 25.1。可以推断,如果 E_a 表达式不变,抗剪强度指标 c 的区间取值对计算结果的影响较填土重度 γ 要大得多。

究其原因,一是 c 的区间宽度为 1,是 γ 区间宽度 0.2 的 5 倍;二是 E_a 表达式中的 c^2 项对区间超宽度的贡献极大。计算[18,20]×[18,20]=[324,400],这是区间运算乘法法则定义带来的区间超宽度,需要寻求有效的途径来减少区间超宽度。

临界深度:

$$Z_0=\frac{2c}{\gamma\sqrt{K_a}}=\frac{2\times[18,20]}{[18.4,18.9]\times\tan\left(45°-\frac{20°}{2}\right)}=[2.76,3.10](m)$$

E_a 作用点为距墙底 $\frac{1}{3}(H-Z_0)=\frac{1}{3}(6.0-[2.76,3.10])=[0.97,1.08](m)$处。

(3) 被动土压力。

$$E_p=\frac{1}{2}\gamma H^2K_p+2cH\sqrt{K_p}=\frac{1}{2}\times[18.4,18.6]\times6^2\times\tan^2\left(45°+\frac{20°}{2}\right)$$

$$+2\times[18,20]\times6\tan\left(45°+\frac{20°}{2}\right)=[983.9,1025.6](kN/m)$$

墙顶处土压力:

$$P_{a1}=2c\sqrt{K_p}=[51.4,57.1]kPa$$

墙底处土压力:

$$P_b=\gamma HK_p+2c\sqrt{K_p}=[276.6,284.7]kPa$$

总被动土压力作用点位于梯形底重心,距墙底 2.32m 处。

5.8.5 库仑土压力理论

1. 方法要点

假设条件:①墙背倾斜,具有倾角 α;②墙后填土为砂土,表面倾角为 β;③墙背粗糙有摩擦力,墙与土间的摩擦角为 δ,且 $\delta\ll\varphi$;④平面滑裂面假设;⑤刚体滑动假设;⑥楔体 ABC 整体处于极限平衡状态。

2. 数解法

1) 无黏性土的主动压力

$$E_a = \frac{1}{2}\gamma H^2 K_a \tag{5-76}$$

式中,

$$K_a = \frac{\cos^2(\varphi-\alpha)}{\cos^2\alpha\cos(\alpha+\delta)\left[1+\sqrt{\dfrac{\sin(\varphi+\delta)\sin(\varphi-\beta)}{\cos(\alpha+\delta)\cos(\alpha-\beta)}}\right]^2}$$

K_a 为库仑主动土压力系数。当 $\alpha=0$、$\delta=0$、$\beta=0$ 时,与朗肯总主动土压力公式完全相同。

2) 无黏性土的被动土压力

总被动土压力 E_p 为

$$E_p = \frac{1}{2}\gamma H^2 K_p \tag{5-77}$$

式中,

$$K_p = \frac{\cos^2(\phi+\alpha)}{\cos^2\alpha\cos(\alpha-\delta)\left[1-\sqrt{\dfrac{\sin(\phi+\delta)\sin(\phi+\beta)}{\cos(\alpha-\delta)\cos(\alpha-\beta)}}\right]^2}$$

K_p 为库仑被动土压力系数。被动土压力强度沿墙呈三角形分布。

5.8.6　几种常见情况的主动土压力计算

由于工程上所遇到的土压力计算较复杂,有时不能用前述的理论求解,需用一些近似的简化方法。

1. 成土层的压力

墙后填土由性质不同的土层组成时,土压力将受到不同土体性质的影响。现以双层无黏性填土为例。

1) $\varphi_1=\varphi_2$,$\gamma_1<\gamma_2$

这种情况下,由 $K_a=\tan^2\left(45°-\dfrac{\varphi}{2}\right)$ 可知,$K_{a1}=K_{a2}$;由 $P_a=\gamma z K_a$ 可知,两层填土的土压力分布线将表现为在土层分界面处斜率发生变化的折线。

2) $\gamma_1=\gamma_2$，$\varphi_1<\varphi_2$

由 $K_a=\tan^2\left(45°-\dfrac{\varphi}{2}\right)$ 可知，$K_{a1}\neq K_{a2}$ 且 $K_{a1}>K_{a2}$。两层土的土压力分布斜率不同，且在交界面处发生突变；在界面上方，$P=\gamma_1 H_1 K_{a1}$；在界面下方，$P_a=\gamma_1 H_1 K_{a2}$。

3) 对于多层填土，当填土面水平且 $c\neq0$ 时，可用朗肯理论来分析主动土压力。

2. 墙后填土中有地下水位

当墙后填土中有地下水位计算 P_a 时，在地下水位以下的 γ 应取 γ'。

[例题 5-15] 某挡土墙高 5m，墙后填土由两层组成。第一层土厚 2m，$\gamma_1=15.6\text{kN/m}^3$，$\varphi_1=100$，$c_1=9.8\text{kN/m}^2$；第二层土厚 3m，$\gamma_2=17.6\text{kN/m}^3$，$\varphi_2=160$，$c_2=14.7\text{kN/m}^2$。填土表面有 31.36kN/m^2 的均布荷载，试计算作用在墙上总的主动土压力。假定填土重度 γ 的测试精度为 $\pm0.2\text{kN/m}^3$。

[解]:(1) 先求两层土的主动压力系数 K_a。

$$K_{a1}=\tan^2(45°-5°)=\tan^2 40°\approx0.70$$
$$K_{a2}=\tan^2 37°\approx0.57$$

(2) 由 $c_1=9.8>0$ 可知为黏性土。求 $P_{a1}=0$ 的点 z_{01}：

$$z_{01}=\frac{2c_1}{r_1\sqrt{K_{a1}}}-\frac{q}{r_1}=\frac{2\times9.8}{[15.4,15.8]\tan40°}-\frac{31.36}{[15.4,15.6]}$$
$$=[-0.558,-0.468](\text{m})$$

$z_{01}<0$，所以在第一层土中没有拉力区。

同理，可求出第二层中土压力强度 $P_{a2}=0$ 的点 z_{02}：

$$z_{02}=\frac{2c_2}{r_2\sqrt{K_{a2}}}-\frac{q+r_1 H_1}{r_2}=[-1.415,-1.279](\text{m})$$

第二层土中也没有拉力区。

(3) 求 A、B、C 三个点的 P_a。

当 $z=0$ 时，由 $P_a=qK_a+rzK_a-2c\sqrt{K_a}$ 可知

$$(P_a)_A=31.36\times\tan^2 40°-2\times9.8\times\tan40°=5.6(\text{kN/m}^2)$$

当 $z=2\text{m}$ 时，有

$$(P_a)_{B上}=r_1 H_1 K_{a1}+qK_{a1}-2c_1\sqrt{K_{a1}}=27.7(\text{kN/m}^2)$$
$$(P_a)_{B下}=r_1 H_1 K_{a2}+qK_{a2}-2c_2\sqrt{K_{a2}}$$
$$=[15.4,15.8]\times2\tan^2 37°+31.36\tan^2 37°-2\times14.7\tan37°$$
$$=[13.1,13.6](\text{kN/m}^2)$$

$$(P_a)_C=(r_1 H_1+r_2 H_2)K_{a2}+qK_{a2}-2c_2\sqrt{K_{a2}}$$

$$= ([15.4,15.8] \times 2 + [17.4,17.8] \times 3)\tan^2 37° + 31.36\tan^2 37°$$
$$- 2 \times 14.7 \times \tan^2 37° = [42.8,43.9](kN/m^2)$$

第一层及第二层土土压力强度均为梯形分布。

(4) 求 E_a。

第一层土的主动土压力 E_{a1}：

$$E_{a1} = \frac{5.6 + 27.7}{2} \times 2 = 33.3(kN/m)$$

第二层土的主动土压力 E_{a2}：

$$E_{a2} = \frac{[13.1,13.6] + [42.8,43.9]}{2} \times 3 = [83.8,86.2](kN/m)$$

整个墙的主动土压力为

$$E_a = E_{a1} + E_{a2} = [117.1,119.5](kN/m)。$$

5.9　地基承载力

在建筑物荷载的作用下,地基内部应力发生变化,主要表现有两种:一种是地基土在建筑物荷载作用下产生压缩变形,引起基础过大的沉降量或沉降差,使上部结构倾斜,造成建筑物沉降;另一种是建筑物的荷载过大,超过基础下持力层土所能承受荷载的能力而使地基产生滑动破坏。

5.9.1　地基的变形和失稳

1. 临塑荷载和极限承载力

现场荷载试验表明:地基从开始发生变形到失去稳定的发展过程,在典型的 S-P 曲线上可以分成顺序发生的三个阶段,即压密变形阶段、局部剪损阶段和整体剪切破坏阶段,三个阶段之间存在两个界限荷载。

第一个界限荷载(临塑荷载):是指基础下的地基中,塑性区的发展深度限制在一定范围内时的基础底面压力。

第二个界限荷载(极限承载力):地基土中由于塑性的不断扩大而形成一个连续的滑动面时,基础连同地基一起滑动,此时相应的基础底面压力称为极限承载力。

2. 竖直荷载下地基的破坏形式

在荷载作用下,建筑物承载能力不足而引起的破坏,通常是由基础下持力层土的剪切破坏引起的,而这种剪切破坏的形成一般又可分为整体剪切、局部剪切和冲剪三种。

3. 倾斜荷载下地基的破坏形式

对于挡水和挡土结构的地基,除受竖直荷载外,还受水平荷载的作用。竖直荷载与水平荷载的合力就成为倾斜荷载。

当倾斜荷载较大而引起地基失稳时,其破坏形式有两种:一种是沿基底产生表层滑动,主要是水平荷载过大所造成的,是挡水或挡土建筑物常见的失稳形式;另一种是深层整体滑动破坏,主要是水平荷载不大而竖直荷载较大而导致地基失稳造成的。

5.9.2　原位试验确定地基承载力

1. 现场荷载试验

荷载试验是对现场试坑的天然土层中的承压板施加竖直荷载,测定承压板压力与地基变形的关系,从而确定地基土承载力和变形模量等指标。

2. 静力触探试验

静力触探试验就是用静压力将装有探头的触探器压入土中,通过压力传感器及电阻应变仪测出土层对探头的贯入阻力 P_s,用公式确定地基承载力的大小设计值。

3. 标准贯入试验

根据试验测得的标准贯入击数 $N_{63.5}$ 评价地基的承载力。

5.9.3　按塑性区开展深度确定地基的容许承载力

按塑性区开展深度确定地基容许承载力的方法,就是将地基中的剪切破坏区限制在某一范围内,视地基土能相应地承受多大的基底压力,该压力即为欲求的容许承载力。用普遍的形式来表示,即

$$[p] = \frac{1}{2}\gamma B N_r + \gamma d N_q + c N_c \tag{5-78}$$

式中,$[p]$ 为地基容许承载力,kN/m^2;N_r、N_c、N_q 为承载力系数,它们是土的内摩擦角的函数,可查相关规范。

注意:①式(5-78)是在均质地基的情况下得到的,如果基底上、下是不同的土层,则此式中的第一项采用基底以下土的容重,而第二项应采用基底以上土的容重;②式(5-78)由条形基础均布荷载推导得来,对矩形或圆形基础偏于安全;③式(5-78)应用弹性理论,对已出现塑性区的情况,条件不严格,但因塑性区的范围不大,其影响是工程所允许的,故临界荷载为地基承载力,应用仍然较广。

[例题 5-16]　有一条形基础,宽度 $B=3\text{m}$,埋置深度 $D=1\text{m}$,地基土的湿容重 $\gamma=19\text{kN/m}^3$,饱和容重 $\gamma_{sat}=20\text{kN/m}^3$,$\varphi=10°$,$c=10\text{kPa}$。试求:

(1) 地基的容许承载力 $P_{1/4}$、$P_{1/3}$。

(2) 若地下水位上升至基础底面,承载力有何变化? 假定填土重度 γ 的测试精度为 $\pm0.3\text{kN/m}^3$,抗剪强度指标 c 的测试精度为 $\pm1\text{kPa}$。则 $\gamma=[18.7,19.3]\text{kN/m}^3$,$\gamma_{sat}=[19.7,20.3]\text{kN/m}^3$,$c=[9,10]\text{kPa}$。

[解]:本题参考用表为《建筑地基基础设计规范》(GB 50007—2002)表 5.2.5。

(1) 查表可得,$\varphi=10°$时,承载力系数 $N_{1/4}=0.36$,$N_{1/3}=0.48$,$N_q=1.73$,$N_c=4.17$。代入式(5-78)得

$P_{1/4}=[18.7,19.3]\times3\times0.36\div2+[18.7,19.3]\times1\times1.73+[9,10]\times4.17$
$\quad\quad=[80.0,85.5](\text{kN/m}^3)$

$P_{1/3}=19\times3\times0.48\div2+19\times1\times1.73+10\times4.17=[83.3,89.0](\text{kN/m}^3)$

(2) 若 N_r,N_q,N_c 不变,则

$$\gamma'=\gamma_{sat}-\gamma_w=[19.7,20.3]-9.8=[9.9,10.5](\text{kN/m}^3)$$

$$P_{1/4}=\frac{1}{2}\gamma'BN_r+\gamma dN_q+CN_c=\frac{1}{2}\times10.2\times3\times0.36+19\times1\times1.73$$
$$+10\times4.17=[75.2,80.8](\text{kN/m}^2)$$

$$P_{1/3}=\frac{1}{2}\gamma'BN_r+\gamma dN_q+CN_c=\frac{1}{2}\times10.2\times3\times0.48+19\times1\times1.73$$
$$+10\times4.17=[77.0,82.6](\text{kN/m}^2)$$

可见,当地下水上升时,地基的承载力将降低。

[例题 5-17]　某宾馆设计采用框架结构独立基础,基础底面尺寸 $L\times B=3.00\text{m}\times2.40\text{m}$,承受偏心荷载。基础埋深 1.00m,地基土分三层:表层为素填土,天然容重 $\gamma_1=17.8\text{kN/m}^3$,厚 $h_1=0.80\text{m}$;第二层为粉土,$\gamma_2=18.8\text{kN/m}^3$,$\varphi_2=21°$,$c_2=12\text{kPa}$,$h_2=7.4\text{m}$;第三层为粉质黏土,$\gamma_3=19.2\text{kN/m}^3$,$\varphi_3=180°$,$c_3=24\text{kPa}$,$h_3=4.8\text{m}$。试求:宾馆地基的临界荷载。假定填土重度 γ 的测试精度为 $\pm1\text{kN/m}^3$,抗剪强度指标 c 的测试精度为 $\pm1\text{kPa}$。则 $\gamma_2=[17.8,19.8]\text{kN/m}^3$,$c_2=[11,13]\text{kPa}$。

[解]:应用偏心荷载作用下临界荷载计算公式:

$$P_{1/3}=\frac{1}{2}\gamma'BN_r+\gamma dNq+CN_c=\frac{1}{2}\times[17.8,19.8]\times2.4\times1.46$$
$$+[17.8,19.8]\times1\times3.27+[11,13]\times5.85=[153.7,175.5](\text{kPa})$$

基础深度 $D=1.00\text{m}$ 范围内的平均重度为

$$r=\frac{0.8r_1+0.2r_2}{0.8+0.2}=\frac{0.8[16.8,18.8]+0.2[17.8,19.8]}{0.8+0.2}=[17,19](\text{kN/m}^3)$$

参 考 文 献

[1]　高大钊. 土力学与基础工程[M]. 北京：中国建筑工业出版社，1998.

[2]　张克恭，刘松玉. 土力学[M]. 3 版. 北京：中国建筑工业出版社，2010.10.

[3]　中华人民共和国建设部. 土的工程分类标准 GB/T 50145—2007[S]. 北京：中国计划出版
　　　社，2008

[4]　中华人民共和国建设部. 岩土工程勘察规范 GB 50021—2001（2009 年版）[S]. 北京：中国
　　　建筑工业出版社，2009.

[5]　中华人民共和国交通部. 公路沥青路面设计规范 JTG D50—2006[S]. 北京：人民交通出版
　　　社，2006.

第6章　区间岩土本构模型的构建方法

岩土的本构关系是反映岩土力学性状的数学表达式,表示形式一般为应力-应变-强度-时间的关系,也可简称为岩土本构模型。20世纪七八十年代是土本构关系迅速发展的时期,上百种土的本构模型在各种文献中公开发表,从土的弹性模型到非线性弹性模型,再到非线性弹塑性模型等。岩土的本构模型式样繁多,其假设和功能各不相同。学者已经明确,各种弹性、弹塑性本构模型实际上是在不同的数学物理假设基础上建立的,其数学本质是相通的[1]。

岩土力学性质的复杂性使得土工试验成为岩土力学的一个重要研究内容。再者,现场原状土的结构性、土工参数的诸多影响因素,使得现场原位测试和工程原型监测成为工程实践中不可缺少的一部分。土力学的研究和土工实践从来不能脱离土工试验工作[1]。错误的、不准确的岩土参数取值较岩土本构模型本身的误差更大。

目前,在岩土本构模型的计算与分析中,往往采用点变量来表达本构模型中的力学参数,这与土工试验存在一定范围误差的实际情况不相符合,需要采用比较合适的岩土力学参数取值表达式,如区间变量等。

基于此,本章探讨如何利用区间变量来表达一般岩土本构模型中的力学参数,借鉴区间分析理论,讨论基于区间变量的岩土本构模型的计算过程与相关法则,为进一步深入理解岩土的复杂工程性质提供一个新的视角。

6.1　概　　述

材料的本构关系是反映材料力学性状的数学表达式,表示形式一般为应力-应变-强度-时间的关系,也称为本构定律、本构方程或者本构关系数学模型,本构关系数学模型也可简称为本构模型。为简化和突出材料某些变形强度特性,一般常使用弹簧、黏壶、滑片和胶结杆等元件及其组合的元件模型。土的应力-应变关系十分复杂,除了时间,还有温度、湿度等影响因素,而时间是一个主要影响因素。与时间有关的土的本构关系主要是指反映土流变性的理论。

一般认为,土力学这门学科起源于1925年太沙基的《土力学》一书出版以后。在此之前和以后的许多年中,人们在长期的实践中积累了许多工程经验,形成了土力学的基本理论。如土的莫尔-库仑强度理论、有效应力原理和饱和黏土的一维固结理论等。

20世纪50年代末到60年代初,高重土工建筑物和高层建筑物的兴建,以及许多工程领域对建筑物变形要求的提高,使得土体的非线性应力变形计算成为必要;另外,计算机技术的迅速发展推动了非线性力学理论、数值计算方法和土工试验日新月异的发展,为在岩土工程中进行非线性、非弹性数值分析提供了可能性,极大地推动了土的本构关系的研究。20世纪七八十年代是土的本构关系迅速发展的时期,出现上百种土的本构模型。在随后的土力学实践中,一些本构模型逐渐为人们所接受,出现在本科生的教材中,也在一些商用程序中广泛使用。这些被人们普遍接受和使用的模型形式比较简单、模型参数不多且有明确的物理意义,易于用简单试验确定,能反映土变形的基本主要特性。另外,人们也针对某些工程领域的特殊条件建立特殊土的本构模型。例如,土的动本构模型、流变模型及损伤模型等[1]。

　　本构关系的研究也推动了岩土数值计算的发展。一种计算方法是将土视为连续介质,随后又将其离散化,主要有有限单元法、有限差分法、边界单元法、有限元法、无单元法及各种方法的耦合。另一种计算方法是考虑岩土材料本身的不连续性,如考虑裂缝及不同材料间界面的模型和单元的使用,随后离散元法(distinct element method, DEM)、不连续变形分析(discontinuous deformation analysis, DDA)、流形元法(manifold element method, MEM)、颗粒流(particle flow code, PFC)等数值计算方法快速发展。数值计算有时采用不同的本构模型;有时用以验证本构模型;有时用以从微观探讨土变形特性的机理;有时则是对微观颗粒(节理)的研究建立岩土本构关系。

6.2　应力和应变

6.2.1　应力

　　土体中一点 $M(x,y,z)$ 的应力状态可以用通过该点的微小立方体上的应力分量表示。此立方体的六个面上作用有九个应力分量:

$$\sigma_{ij} = \begin{bmatrix} \sigma_x & \tau_{xy} & \tau_{xz} \\ \tau_{yx} & \sigma_y & \tau_{yz} \\ \tau_{zx} & \tau_{zy} & \sigma_z \end{bmatrix} = \begin{bmatrix} \sigma_{11} & \tau_{12} & \tau_{13} \\ \tau_{21} & \sigma_{22} & \tau_{23} \\ \tau_{31} & \tau_{32} & \sigma_{33} \end{bmatrix} \tag{6-1}$$

　　式(6-1)表示的是一个二阶对称张量,在右侧的矩阵的九个分量中,由于剪应力成对,其中只有六个分量是独立的。采用区间参数来表示式(6-1),则为

$$[\underline{\sigma}_{ij}, \bar{\sigma}_{ij}] = \begin{bmatrix} [\underline{\sigma}_x, \bar{\sigma}_x] & [\underline{\tau}_{xy}, \bar{\tau}_{xy}] & [\underline{\tau}_{xz}, \bar{\tau}_{xz}] \\ [\underline{\tau}_{yx}, \bar{\tau}_{yx}] & [\underline{\sigma}_y, \bar{\sigma}_y] & [\underline{\tau}_{yz}, \bar{\tau}_{yz}] \\ [\underline{\tau}_{zx}, \bar{\tau}_{zx}] & [\underline{\tau}_{zy}, \bar{\tau}_{zy}] & [\underline{\sigma}_z, \bar{\sigma}_z] \end{bmatrix} = \begin{bmatrix} [\underline{\sigma}_{11}, \bar{\sigma}_{11}] & [\underline{\tau}_{12}, \bar{\tau}_{12}] & [\underline{\tau}_{13}, \bar{\tau}_{13}] \\ [\underline{\tau}_{21}, \bar{\tau}_{21}] & [\underline{\sigma}_{22}, \bar{\sigma}_{22}] & [\underline{\tau}_{23}, \bar{\tau}_{23}] \\ [\underline{\tau}_{31}, \bar{\tau}_{31}] & [\underline{\tau}_{32}, \bar{\tau}_{32}] & [\underline{\sigma}_{33}, \bar{\sigma}_{33}] \end{bmatrix}$$

$$\tag{6-2}$$

6.2.2　应变张量

与应力一样,一点的应变状态可以用一个二阶的张量——应变张量来表示:

$$
\varepsilon_{ij} = \begin{bmatrix} \varepsilon_{11} & \varepsilon_{12} & \varepsilon_{13} \\ \varepsilon_{21} & \varepsilon_{22} & \varepsilon_{23} \\ \varepsilon_{31} & \varepsilon_{32} & \varepsilon_{33} \end{bmatrix} = \begin{bmatrix} \varepsilon_x & \frac{1}{2}\gamma_{xy} & \frac{1}{2}\gamma_{xz} \\ \frac{1}{2}\gamma_{yx} & \varepsilon_y & \frac{1}{2}\gamma_{yz} \\ \frac{1}{2}\gamma_{zx} & \frac{1}{2}\gamma_{zy} & \varepsilon_z \end{bmatrix} \tag{6-3}
$$

采用区间参数来表示式(6-3),则为

$$
[\underline{\varepsilon}_{ij}, \bar{\varepsilon}_{ij}] = \begin{bmatrix} [\underline{\varepsilon}_{11}, \bar{\varepsilon}_{11}] & [\underline{\varepsilon}_{12}, \bar{\varepsilon}_{12}] & [\underline{\varepsilon}_{13}, \bar{\varepsilon}_{13}] \\ [\underline{\varepsilon}_{21}, \bar{\varepsilon}_{21}] & [\underline{\varepsilon}_{22}, \bar{\varepsilon}_{22}] & [\underline{\varepsilon}_{23}, \bar{\varepsilon}_{23}] \\ [\underline{\varepsilon}_{31}, \bar{\varepsilon}_{31}] & [\underline{\varepsilon}_{32}, \bar{\varepsilon}_{32}] & [\underline{\varepsilon}_{33}, \bar{\varepsilon}_{33}] \end{bmatrix}
$$

$$
= \begin{bmatrix} [\underline{\varepsilon}_x, \bar{\varepsilon}_x] & \frac{1}{2}[\underline{\gamma}_{xy}, \bar{\gamma}_{xy}] & \frac{1}{2}[\underline{\gamma}_{xz}, \bar{\gamma}_{xz}] \\ \frac{1}{2}[\underline{\gamma}_{yx}, \bar{\gamma}_{yx}] & [\underline{\varepsilon}_y, \bar{\varepsilon}_y] & \frac{1}{2}[\underline{\gamma}_{yz}, \bar{\gamma}_{yz}] \\ \frac{1}{2}[\underline{\gamma}_{zx}, \bar{\gamma}_{zx}] & \frac{1}{2}[\underline{\gamma}_{zy}, \bar{\gamma}_{zy}] & [\underline{\varepsilon}_z, \bar{\varepsilon}_z] \end{bmatrix} \tag{6-4}
$$

6.2.3　土的应力-应变特性

土是岩石风化而成的碎散颗粒的集合体,一般包含固、液、气三相,在其形成的漫长的地质过程中,受风化、搬运、沉积、固结和地壳运动的影响,其应力-应变关系十分复杂,且与诸多因素有关。其中,主要的应力-应变特性是非线性、弹塑性和剪胀(缩)性,主要的影响因素是应力水平、应力路径和应力历史。

1. 土应力-应变关系的非线性

土由碎散的固体颗粒组成,其宏观变形主要不是由于颗粒本身变形,而是由于颗粒间位置的变化。这样,在不同应力水平下由相同应力增量引起的应变增量就不会相同,即表现出非线性。

2. 土的剪胀性

由于土是碎散的颗粒集合,在各向等压或等比压缩时,孔隙减少,从而发生较大的体积压缩。这种体积压缩大部分是不可恢复的,这种体应变只能是由剪应力引起的,称为剪胀性。广义的剪胀性指剪切引起的体积变化,包括体胀和体缩,后者常称为"剪缩"。土的剪胀性实质上是由剪应力引起的土颗粒间相互位置的变化,颗粒排列变化而使颗粒间的孔隙加大(或减小),从而发生体积变化。

3. 土的变形的弹塑性

加载后再卸载到原应力状态时,土一般不会恢复到原来的应变状态。其中有部分应变是可恢复的弹性应变,部分应变是不可恢复的塑性应变,且后者往往占很大比例。可以表示为[1]

$$\varepsilon = \varepsilon^e + \varepsilon^p \tag{6-5}$$

区间形式为

$$[\underline{\varepsilon}, \bar{\varepsilon}] = [\underline{\varepsilon}^e, \bar{\varepsilon}^e] + [\underline{\varepsilon}^p, \bar{\varepsilon}^p] \tag{6-6}$$

式中,ε^e 表示弹性应变;ε^p 表示塑性应变。

对于结构性很强的原状土,如很硬的黏土,在一定的应力范围内其变形几乎是"弹性"的,只有到一定的应力水平,即达到屈服条件时,才会产生塑性变形。一般土在加载过程中弹性变形和塑性变形几乎是同时发生的,没有明显的屈服点,所以也称为弹塑性材料。土在应力循环过程中的另一个特性是存在滞回圈。总之,即使是同一应力路径上的卸载-再加载过程,土的变形也并非是完全弹性的。但一般情况下,可近似认为是弹性变形。

4. 土应力-应变的各向异性和土的结构性

各向异性是指在不同方向上,材料的物理力学性质不同。由于土在沉积过程中,长宽比大于 1 的针状、片状、棒状颗粒在重力作用下倾向于水平方向排列而处于稳定状态;另外,在随后的固结过程中,由竖向的上覆土体重力产生的竖向应力与水平土压力产生的水平应力大小是不等的,这种不等向固结也会产生土的各向异性。土的各向异性主要表现为横向各向同性,即在水平面各个方向的性质大体上是相同的,而竖向与横向性质不同。土的各向异性可分为初始各向异性和诱发各向异性。天然沉积和固结造成的各向异性可归为初始各向异性。室内重力场中的各种制样过程,也会使土试样产生不同程度的初始各向异性。

5. 土的流变性

黏性土的应力-应变强度关系受时间的影响除了基于有效应力原理的孔压消散和土体固结问题,还有土的流变性的影响。与土的流变性有关的现象是土的蠕变与应力松弛。蠕变是指在应力状态不变的条件下,应变随时间逐渐增长的现象;应力松弛是指维持应变不变,材料内的应力随时间逐渐减小的现象。

这种蠕变强度低于常规试验的强度,有时只有后者的 50% 左右。黏性土的蠕变性随其塑性、活动性和含水率的增加而加剧。在侧限压缩条件下,由于土的流变性而发生的压缩称为次固结,长期的次固结使土体不断加密而使正常固结土呈现出超固结土的特性,称为似超固结土或"老黏土"。

6.3　土的弹性模型

6.3.1　概述

基于广义胡克定律的线弹性理论,以形式简单、参数少且物理意义明确以及在工程界有广泛的使用基础而在许多工程领域得到应用。早期土力学中的变形计算主要是基于线弹性理论,在计算机技术得到迅速发展之后,非线弹性理论模型才得到较广泛的应用。

1. 线弹性模型

在线弹性模型中,只需两个材料参数即可描述应力-应变关系:E 和 ν,或 K 和 G,或 λ 和 μ。

应力-应变关系可表示为[1]

$$
\begin{cases}
\varepsilon_x = \dfrac{1}{E}\left[\sigma_x - \nu(\sigma_y + \sigma_z)\right] \\[2mm]
\varepsilon_y = \dfrac{1}{E}\left[\sigma_y - \nu(\sigma_z + \sigma_x)\right] \\[2mm]
\varepsilon_z = \dfrac{1}{E}\left[\sigma_z - \nu(\sigma_x + \sigma_y)\right] \\[2mm]
\gamma_{xy} = \dfrac{2(1+\nu)}{E}\tau_{xy} \\[2mm]
\gamma_{yz} = \dfrac{2(1+\nu)}{E}\tau_{yz} \\[2mm]
\gamma_{zx} = \dfrac{2(1+\nu)}{E}\tau_{zx}
\end{cases}
\tag{6-7}
$$

也可表示为

$$
\begin{cases}
p = K\varepsilon_v \\
q = 3G\varepsilon
\end{cases}
\tag{6-8}
$$

式中,$K = \dfrac{E}{3(1-2\nu)}$,$G = \dfrac{E}{2(1+\nu)}$。

这种关系用刚度矩阵可表示成

$$
\{\sigma\} = [D]\{\varepsilon\}
\tag{6-9}
$$

其中,

$$[D] = \begin{bmatrix} 1 & & & & & \\ \dfrac{\nu}{1-\nu} & 1 & & 对 & & \\ \dfrac{\nu}{1-\nu} & \dfrac{\nu}{1-\nu} & 1 & & 称 & \\ 0 & 0 & 0 & \dfrac{1-2\nu}{2(1-\nu)} & & \\ 0 & 0 & 0 & 0 & \dfrac{1-2\nu}{2(1-\nu)} & \\ 0 & 0 & 0 & 0 & 0 & \dfrac{1-2\nu}{2(1-\nu)} \end{bmatrix} \qquad (6\text{-}10)$$

式(6-9)基于区间参数的表达式为

$$[\underline{\sigma},\bar{\sigma}] = [\underline{D},\bar{D}][\underline{\varepsilon},\bar{\varepsilon}] \qquad (6\text{-}11)$$

区间刚度矩阵为

$$\begin{bmatrix} 1 & & & & & \\ \dfrac{[\underline{\nu},\bar{\nu}]}{1-[\underline{\nu},\bar{\nu}]} & 1 & & 对 & & \\ \dfrac{[\underline{\nu},\bar{\nu}]}{1-[\underline{\nu},\bar{\nu}]} & \dfrac{[\underline{\nu},\bar{\nu}]}{1-[\underline{\nu},\bar{\nu}]} & 1 & & 称 & \\ 0 & 0 & 0 & \dfrac{1-2[\underline{\nu},\bar{\nu}]}{2(1-[\underline{\nu},\bar{\nu}])} & & \\ 0 & 0 & 0 & 0 & \dfrac{1-2[\underline{\nu},\bar{\nu}]}{2(1-[\underline{\nu},\bar{\nu}])} & \\ 0 & 0 & 0 & 0 & 0 & \dfrac{1-2[\underline{\nu},\bar{\nu}]}{2(1-[\underline{\nu},\bar{\nu}])} \end{bmatrix} \qquad (6\text{-}12)$$

2. 非线性弹性模型

应力-应变关系的非线性是土的基本变形特性之一。为了反映这种非线性,在弹性理论范畴内有两种模型:割线模型和切线模型。割线模型是计算材料应力-应变全量关系的模型,该模型中,弹性参数 E_s 和 ν_s(或者 K_s 和 G_s)是应变或应力的函数而不再是常数。这样它不仅可以反映土变形的非线性及应力水平的影响,还可用于应变软化阶段,在计算中可用迭代法计算。该模型在理论上不够严密,无法保证解的稳定性和唯一性。

切线弹性模型是建立在增量应力-应变关系基础上的弹性模型,采用分段线性化的广义胡克定律的形式。模型参数 E_t、ν_t(或者 K_t、G_t)是应力(或应变)的函数,但在每一级增量情况下是不变的,它可以较好地描述土受力变形的过程,因而得到广泛应用。具体计算中可用基本增量法、中点增量法和迭代增量法等。模型的表达形式为增量的广义胡克定律[1]:

$$\{d\sigma\} = [D_t] \{d\varepsilon\} \tag{6-13}$$

式中,$[D_t]$为增量形式的刚度矩阵。

区间增量的广义胡克定律则为

$$\{d[\underline{\sigma}, \overline{\sigma}]\} = [[\underline{D_t}, \overline{D_t}]] \{d[\underline{\varepsilon}, \overline{\varepsilon}]\} \tag{6-14}$$

式中,$[[\underline{D_t}, \overline{D_t}]]$为增量形式的区间刚度矩阵。

6.3.2　邓肯-张双曲线模型

1963 年,Kondner 根据大量土三轴试验的应力-应变关系曲线,提出可以用双曲线拟合三轴试验的$(\sigma_1 - \sigma_3)$-ε_a曲线,即[1]

$$\sigma_1 - \sigma_3 = \frac{\varepsilon_a}{a + b\varepsilon_a} \tag{6-15}$$

式中,a、b为试验常数。对于常规三轴压缩试验,$\varepsilon_a = \varepsilon_1$。邓肯等根据这一双曲线应力-应变关系提出了一种目前广泛应用的增量弹性模型,一般称为邓肯-张(Duncan-Chang)模型。

区间形式的邓肯-张模型表达式可以写为

$$[\underline{\sigma_1}, \overline{\sigma_1}] - [\underline{\sigma_3}, \overline{\sigma_3}] = \frac{[\underline{\varepsilon_a}, \overline{\varepsilon_a}]}{a + b[\underline{\varepsilon_a}, \overline{\varepsilon_a}]} \tag{6-16}$$

1. 切线变形模量 E_t

在常规三轴压缩试验中,式(6-15)也可以写成[1]

$$\frac{\varepsilon_a}{\sigma_1 - \sigma_3} = a + b\varepsilon_a \tag{6-17}$$

以 $\varepsilon_a/(\sigma_1 - \sigma_3)$ 为纵坐标,ε_a 为横坐标,构成新的坐标系,则双曲线转换成直线。其斜率为b,截距为a。

在常规三轴压缩试验中,由于$d\sigma_2 = d\sigma_3 = 0$,因此

$$E_t = \frac{d(\sigma_1 - \sigma_3)}{d\varepsilon_a} = \frac{a}{(a + b\varepsilon_a)^2} \tag{6-18}$$

区间参数形式的切线变形模量表示为

$$[\underline{E_t}, \overline{E_t}] = \frac{d([\underline{\sigma_1}, \overline{\sigma_1}] - [\underline{\sigma_3}, \overline{\sigma_3}])}{d[\underline{\varepsilon_a}, \overline{\varepsilon_a}]} = \frac{a}{(a + b[\underline{\varepsilon_a}, \overline{\varepsilon_a}])^2} \tag{6-19}$$

在土的试样中,如果应力-应变曲线近似于双曲线关系,则往往是根据一定应变值(如$\varepsilon_a = 15\%$)来确定土的强度,而不可能在试验中使ε_a无限大。求$(\sigma_1 - \sigma_3)_{ult}$时,

对于有峰值点的情况,取$(\sigma_1-\sigma_3)_f=(\sigma_1-\sigma_3)_峰$,这样$(\sigma_1-\sigma_3)_f<(\sigma_1-\sigma_3)_{ult}$。定义破坏比$R_f$为

$$R_f=\frac{(\sigma_1-\sigma_3)_f}{(\sigma_1-\sigma_3)_{ult}} \tag{6-20}$$

破坏比R_f的区间参数表达形式为

$$[\underline{R_f},\overline{R_f}]=\frac{([\underline{\sigma_1},\overline{\sigma_1}]-[\underline{\sigma_3},\overline{\sigma_3}])_f}{([\underline{\sigma_1},\overline{\sigma_1}]-[\underline{\sigma_3},\overline{\sigma_3}])_{ult}} \tag{6-21}$$

双曲线的初始切线模量E_i为

$$E_i=\left(\frac{\sigma_1-\sigma_3}{\varepsilon_a}\right)_{\varepsilon_a\to 0} \tag{6-22}$$

在双对数纸上点绘$\lg\left(\dfrac{E_i}{P_a}\right)$和$\lg\left(\dfrac{\sigma_3}{P_a}\right)$的关系,近似为一直线,其中,$P_a$为大气压力。于是有

$$E_i=KP_a\left(\frac{\sigma_3}{P_a}\right)^n \tag{6-23}$$

根据莫尔-库仑强度准则,破坏偏应力$(\sigma_1-\sigma_3)_f$与固结压力σ_3有关:

$$(\sigma_1-\sigma_3)_f=\frac{2c\cos\varphi+2\sigma_3\sin\varphi}{1-\sin\varphi} \tag{6-24}$$

又有

$$E_t=E_i\left[1-R_f\frac{\sigma_1-\sigma_3}{(\sigma_1-\sigma_3)_f}\right]^2 \tag{6-25}$$

将式(6-23)和式(6-24)代入式(6-25),得

$$E_t=KP_a\left(\frac{\sigma_3}{P_a}\right)^n\left[1-\frac{R_f(\sigma_1-\sigma_3)(1-\sin\varphi)}{2c\cos\varphi+2\sigma_3\sin\varphi}\right]^2 \tag{6-26}$$

切线变形模量的公式中共包括K、n、ϕ、c、R_f五个材料常数。

式(6-26)的区间形式为

$$\begin{aligned}[\underline{E_t},\overline{E_t}]=&[\underline{K},\overline{K}][\underline{P_a},\overline{P_a}]\left(\frac{[\underline{\sigma_3},\overline{\sigma_3}]}{[\underline{P_a},\overline{P_a}]}\right)^n\\&\times\left[1-\frac{[\underline{R_f},\overline{R_f}]([\underline{\sigma_1},\overline{\sigma_1}]-[\underline{\sigma_3},\overline{\sigma_3}])(1-\sin[\underline{\varphi},\overline{\varphi}])}{2[\underline{c},\overline{c}]\cos[\underline{\varphi},\overline{\varphi}]+2[\underline{\sigma_3},\overline{\sigma_3}]\sin[\underline{\varphi},\overline{\varphi}]}\right]^2\end{aligned} \tag{6-27}$$

2. 切线泊松比 v_t

Duncan等根据一些试验资料,假定在常规三轴压缩试验中轴向应变与侧向应变之间也存在双曲线关系,可得

$$v=\frac{G-F\lg(\sigma_3/P_a)}{(1-A)^2} \tag{6-28}$$

其中，

$$A = \cfrac{D(\sigma_1 - \sigma_3)}{KP_a\left(\cfrac{\sigma_3}{P_a}\right)^n\left[1 - \cfrac{R_f(1-\sin\alpha)(\sigma_1-\sigma_3)}{2c\cos\alpha + 2\sigma_3\sin\alpha}\right]} \tag{6-29}$$

式中，G、F 为试验常数；D 为 ε_1-ε_3 关系渐近线的倒数。

6.3.3　K、G 模型

这一类模型是将应力和应变分解为球张量和偏张量两部分，分别建立球张量（p 与 ε_V）和偏张量（q 与 $\bar{\varepsilon}$）间的增量关系[1]，即

$$\begin{cases} \mathrm{d}p = K\mathrm{d}\varepsilon_V \\ \mathrm{d}q = 3G\mathrm{d}\bar{\varepsilon} \end{cases} \tag{6-30}$$

一般通过各向等压试验确定体变模量 K；通过取 p 为常数的三轴试验确定剪切模量 G。但有时为了反映土的剪胀性，也建立了一些这两个张量交叉影响的模型。如 Domaschuk-Valliappan 模型、Naylor 模型和 Izumi-Vcrruijt 耦合模型、沈珠江模型等。

K、G 模型将球张量与偏张量分开考虑，如再考虑两者耦合，还可以反映土的剪胀性等特性。因而这类模型有一定的合理性和适用性，但这类模型常要求进行取 p 为常数这种不常规的三轴试验，一般在实验室内不易开展，并且受特定应力路径限制。土的强度受土中主应力的影响，如果用 $M = q/p$ 作为破坏准则，则用常规三轴压缩试验（$\sigma_2 = \sigma_3$）得到的 M 是最大的，而针对其他应力状态，这一破坏准则偏大。在考虑球张量与偏张量耦合的情况下，刚度矩阵不对称，这对于一般数值计算不是很方便。但在解决一些工程问题中，K、G 模型还是被经常应用，并且有许多特定形式。

只取 K、G 两个参数为区间参数，则 K、G 模型的区间公式为

$$\begin{cases} \mathrm{d}p = [\underline{K}, \overline{K}]\mathrm{d}\varepsilon_V \\ \mathrm{d}q = 3[\underline{G}, \overline{G}]\mathrm{d}\bar{\varepsilon} \end{cases} \tag{6-31}$$

6.4　高阶的非线弹性理论模型

高阶的非线性弹性理论可表示为全量的应力-应变关系和增量的应力-应变关系，可根据张量的对称原理或能量原理建立，按照假设条件的不同而有不同理论模型。此类模型主要有基于柯西弹性理论的模型、基于格林弹性理论或超弹性理论的模型、次弹性模型等。

6.4.1　土的弹塑性模型的一般原理

在经典土力学中，即在太沙基创建土力学学科之前，塑性理论就在土力学中

得到应用。但这些塑性理论基本上是刚塑性理论和弹性-理想塑性理论。前者在达到屈服条件之前不计土体的变形，一旦应力状态达到屈服条件，土体的应变就趋于无限大或者不可确定；后者认为土体应力达到屈服之前是线弹性应力-应变关系，一旦发生屈服，则呈理想塑性，即应变趋于无限大或者不能确定，所以这两种塑性理论中的屈服与破坏具有相同的意义。其屈服准则可能是莫尔-库仑准则、Mises 屈服准则或者 Tresca 准则及它们的广义形式。这些经典塑性理论模型长期以来用于分析和解决与土的稳定有关的工程问题，如地基承载力问题、土压力问题和边坡稳定问题。它们的共同特点是只考虑处于极限平衡（塑性区）条件下或土体处于破坏时的终极条件下的情况，而不计土体的变形和应力变形过程。

随着土的本构关系模型的发展，现代土力学中增量弹塑性理论模型得到广泛应用。在这类模型中，土的弹性阶段和塑性阶段并不能截然分开，土体破坏只是这种应力变形的最后阶段[1]。

随着计算机技术的发展，各种增量弹塑性理论模型被提出和得到广泛应用。在这类模型中假定土的总应变分为可恢复的弹性应变 ε_{ij}^e 和不可恢复的塑性变形 ε_{ij}^p 两部分，即

$$\varepsilon_{ij} = \varepsilon_{ij}^e + \varepsilon_{ij}^p \tag{6-32}$$

增量形式为

$$d\varepsilon_{ij} = d\varepsilon_{ij}^e + d\varepsilon_{ij}^p \tag{6-33}$$

式中，ε_{ij}^e 或 $d\varepsilon_{ij}^e$ 可用 6.3 节介绍的不同弹性理论中比较简单的形式来确定。而塑性应变增量 $d\varepsilon_{ij}^p$ 则需要用塑性应变增量理论来推求。

1. 屈服准则或屈服面

1）屈服准则
屈服准则是给弹塑性材料施加一个应力增量后判别是继续加载还是卸载，或是中性变载的条件，它是判断是否发生塑性变形的准则。
2）屈服函数
在一般应力状态下，屈服准则可用应力张量的函数来表示。
3）屈服面与屈服轨迹
屈服准则用几何方法来表示，即为屈服面和屈服轨迹。
4）土的屈服面和屈服轨迹的形状
经典的塑性理论是在金属受力变形和加工的基础上建立的，所以以剪应力作为简单的加、卸载准则是最通常的形式。从微观角度来看，土的不可恢复的塑性应变主要是由于土颗粒间相互位置的变化（错动或挤密）及颗粒本身的破碎。尤其是当颗粒在受到外力后从一个高势能状态进入相对低势能较稳定的状态时，其位移

是不可恢复的。对于土这种摩擦材料,在等应力比作用下,理论上颗粒间不发生错动,所以许多本构模型选择 $p\text{-}q$ 平面上过原点的射线为土的屈服轨迹(空间为各种锥面),用来反映土变形和强度的摩擦特性。

与其他材料不同,在各向等压或平均主应力增加的等比应力条件下,土颗粒会相互靠近,发生结构破坏、颗粒破碎,导致孔隙减少,也会发生塑性体应变。因而各种与 p 轴相交的帽子屈服面也是土的本构模型常用的形式。有些土的本构模型具有上述两组屈服面,即锥面与帽子屈服面。如果采用 Mises 屈服准则或广义 Mises 屈服准则,则在 π 平面上的屈服轨迹为圆形;实际上土的屈服更接近莫尔-库仑准则,所以用在 π 平面没有角点的平滑梨形的封闭曲线作为屈服轨迹更符合实际情况[1]。

5) 土的屈服轨迹及屈服面的确定

土的屈服轨迹很难严格准确地确定。这主要是由于实际上土并没有十分严格的加载、卸载或弹性、塑性变形的分界,在许多试验中卸载-再加载过程中也有塑性应变发生。另外,由于应力路径的影响,某一应力状态下的应变不唯一,加卸载也难以唯一确定。所以屈服准则一般是基于经验和假设而建立的。

基于上述理解,假设一定的屈服面(锥面、帽子屈服面等),然后再设定适当的硬化参数 H,使计算应力-应变关系符合试验结果,这是最常用的方法,许多土的本构模型都采用此法。另一种方法是根据屈服准则的定义按照试验来确定土在一定应力平面上的屈服轨迹。

2. 流动规则(正交定律)与加工硬化定律

1) 流动规则

在塑性理论中,流动规则可用以确定塑性应变增量的方向。在塑性理论中,塑性应变增量的方向是由在应力空间中的塑性势面 g 来决定的:在应力空间中,各应力状态点的塑性应变增量方向必须与通过该点的塑性势面相垂直,所以流动规则也称为正交定律。这实质上是假设在应力空间中一点的塑性应变增量的方向是唯一的,只与该点的应力状态有关,与施加的应力增量无关[1]。

2) 加工硬化定律

加工硬化定律是决定一个给定应力增量引起的塑性应变大小的准则。

6.4.2　弹塑性模量矩阵的一般表达式

根据弹塑性应变的定义,从式(6-33)得到

$$\{d\varepsilon\} = \{d\varepsilon^{\mathrm{e}}\} + \{d\varepsilon^{\mathrm{p}}\} \tag{6-34}$$

两侧乘以弹性模量矩阵 $[D]$,有

$$[D]\{d\varepsilon\} = [D]\{d\varepsilon^{\mathrm{e}}\} + [D]\{d\varepsilon^{\mathrm{p}}\} \tag{6-35}$$

式中，$[D]\{d\varepsilon^e\}=\{d\sigma\}$，$\{d\varepsilon^p\}=d\lambda\left\{\dfrac{\partial g}{\partial \sigma}\right\}$。

只取弹性模量矩阵$[D]$为区间参数，则式(6-35)的区间形式为

$$[[\underline{D},\overline{D}]]\{d\varepsilon\}=[[\underline{D},\overline{D}]]\{d\varepsilon^e\}+[[\underline{D},\overline{D}]]\{d\varepsilon^p\} \tag{6-36}$$

6.4.3　剑桥模型

剑桥模型是由英国剑桥大学 Roscoe 等建立的一个有代表性的土的弹塑性模型。它主要是在正常固结和弱超固结土的试验基础上建立起来的，后来也推广到强超固结土。这个模型采用了与帽子屈服面相适应的流动规则并以塑性体应变作为硬化参数。1965 年，勃兰德建议了一种新的能量方程的形式，得到了修正剑桥模型。

6.4.4　Lade-Duncan 模型和清华模型

土的弹塑性本构模型种类繁多。它们可能采用相适应的流动规则，也可能采用不相适应的流动规则；可能采用单一屈服面，也可能采用两重或多重屈服面；可能采用等向硬化规律，也可能采用运动硬化规律。

人们采用了各种形式的弹塑性模型，变化有关参数，使用不同的室内试验手段，使土的弹塑性模型成为土的本构模型园地中最繁茂的花圃。

清华弹塑性模型和 Lade-Duncan 模型是两个有代表性的土的弹塑性模型，也是 20 世纪七八十年代土的本构关系研究中杰出的成果。

6.4.5　土的损伤模型

土中颗粒的组成、土颗粒的排列与组合、颗粒间的作用力构成了土的不同结构。它们对土的强度、渗透性和应力-应变关系特性有极大影响。土的结构对土力学性质影响的强烈程度，可称为土的结构性的强弱。在黏性土中，敏感性指标是反映其结构性的重要指标。不管在实验室还是野外，土都不可避免地处于地球的重力场中，不可能达到完全随机的排列及颗粒间完全独立无联系，因此，不管原状土还是室内重塑土总是表现出一定的结构性。室内制样的方法、程序和环境的影响以及天然情况下土在生成、搬运、沉积、固结及长期地质历史中所受到的各种影响都会使其形成不同的或特有的结构性。由于原状土是长期地质历史的产物，因此比室内重塑土具有更强的结构性。在同样的密度及含水率情况下，原状土与重塑土性质有很大差别。

连续损伤力学是由卡恰诺夫[2]1958 年在研究一维蠕变断裂问题时提出的，他引入了连续性因子和有效应力的概念来表示材料损伤后的应力-应变关系。此后，

损伤力学被推广应用到模拟金属的疲劳、蠕变及延展塑性变形的损伤,也用于岩石和混凝土等脆性材料,近年来也广泛应用于土力学中。

损伤造成有效断面积减小,有效应力增加,最简单的损伤模型是线弹性损伤模型,如果假设损伤对应变的影响只是有效断面积的减少和有效应力的增加,只需将无损伤或损伤前材料的本构关系应用于有效应力部分,就可得到损伤材料表观的本构关系。以一维损伤为例,表现的应变为[1]

$$\varepsilon = \frac{\sigma}{E} = \frac{\sigma_{ef}}{E_0} = \frac{\sigma}{E_0(1-D)} = \frac{\sigma}{E_0 \psi} \tag{6-37}$$

式中,E 为表观的弹性模量;E_0 为材料的实际弹性模量;σ_{ef} 为有效应力;$D = \frac{A_D}{A}$ 为损伤因子或损伤变量;$\psi = \frac{A_{ef}}{A}$ 为连续性因子;A_D 为因断裂而产生的孔隙面积;A 为表观(总)截面积;A_{ef} 为由于产生损伤(断裂)截面上的实际受力面积。

如能确定 $D_{(\sigma,\varepsilon)}$ 或 $\psi_{(\sigma,\varepsilon)}$ 的变化规律,式(6-37)就可以表示一种最简单的损伤本构模型,其区间参数的形式为

$$[\underline{\varepsilon}, \overline{\varepsilon}] = \frac{[\underline{\sigma}, \overline{\sigma}]}{[\underline{E}, \overline{E}]} = \frac{[\underline{\sigma}, \overline{\sigma}]}{[E_0, E_0] \psi} \tag{6-38}$$

在建立土的损伤模型时,最常用的方法是将原状土在初始状态作为一种初始无损伤材料;而将完全破坏(重塑)的土体作为损伤后的材料。在加载(或其他扰动)变形过程中,可认为土体是原状土与损伤土两种材料的复合体。

6.5　本构模型区间变量的基本选择原则

岩土本构模型中,参数的数量随模型不同而差异很大,少则几个多则十几甚至几十个等。如果每个参数都采用区间变量表示,一是增加计算量,二是增加土工试验工作量,三是加大了最后结果的超宽度,使得计算结果失去实际工程意义。基于此,本章提出区间变量选择的三个基本原则。

6.5.1　重要性原则

岩土本构模型中,不同参数对其影响程度不一样。例如,基于三轴试验的大部分岩土本构模型,围压、中主应力、黏聚力、土体内摩擦角等对本构模型的数值结果影响很大。很多通过试验数据计算得到的模型常数,如邓肯-张模型中的 K、n,对结果影响也比较大。许多文献研究了参数变化对本构模型结果的影响,可在此基础上选择对本构模型影响较大的参数作为区间变量,其他参数为点变量。

6.5.2　区间变量的宽度大小原则

　　岩土本构模型中,有些参数的区间宽度大,有些参数的区间宽度小。一般来说,区间宽度小的参数对最终结果的影响也是比较小的,这时可考虑将此参数设为点参数。例如,根据仪器精度取值的区间变量,如果某个参数的试验精度比较高,其区间宽度很小,对结果的影响小,也可以考虑采用点变量。另外,如果根据统计方法和最大最小原则确定的区间变量,若区间宽度过大,会使包含超宽度的计算结果失去实际意义,此时也可考虑在一定规则下取点变量。

6.5.3　参数区间变量的出现次数原则

　　当参数自变量在本构模型中只出现一次时,其超宽度恒等于0,据此可决定模型中某个参数是否可以取为区间变量。例如,清华模型硬化参数表达式中的屈服常数k,可以取为区间常数k,此时k的区间宽度大小不影响硬化参数h的区间宽度大小。

6.6　一般区间岩土本构模型的构建

　　土的本构模型种类繁多,其假设和功能各不相同。它们有的以全量形式表示,也有的以增量形式表示;有的是应力应变间存在唯一性关系的弹性模型,也有的是反映土不可恢复变形的弹塑性模型。在塑性理论中有相适应(相关联)的流动准则,也有不相适应(非关联)的流动准则。表面的纷繁形式很难使人看到它们的联系及假设条件。而实际上,它们都是具有不同物理和数学简化及假设的,在数学上有一定的相互联系,可以在共同的数学基础上建立统一的本构模型理论体系[1]。

　　广义的变形位势理论可以清楚地说明各种本构模型,便于从更高的视角建立土的简易实用的本构模型。但土的应力应变性质毕竟是十分复杂的,在实际应用中,人们往往进行试验数据拟合,使用半经验的方法得到更实用的模型,有时与各种经典理论不一致,突破传统理论模型的约束,这是实际应用的需要。

　　从室内试验可得到在应力-应变主空间中的一般的应力-应变关系[1]:

$$\begin{cases} \sigma_1 = f_1(\varepsilon_1,\varepsilon_2,\varepsilon_3) \\ \sigma_2 = f_2(\varepsilon_1,\varepsilon_2,\varepsilon_3) \\ \sigma_3 = f_3(\varepsilon_1,\varepsilon_2,\varepsilon_3) \end{cases} \tag{6-39}$$

式中,σ_1、σ_2、σ_3、ε_1、ε_2、ε_3 由土工试验诸如侧向压缩、三轴试验等测定。

用增量关系可表示为

$$\{\mathrm{d}\sigma\} = [f]\{\mathrm{d}\varepsilon\} \tag{6-40}$$

式中,

$$[f]=\begin{bmatrix}\dfrac{\partial f_1}{\partial \epsilon_1} & \dfrac{\partial f_1}{\partial \epsilon_2} & \dfrac{\partial f_1}{\partial \epsilon_3}\\[2mm]\dfrac{\partial f_2}{\partial \epsilon_1} & \dfrac{\partial f_2}{\partial \epsilon_2} & \dfrac{\partial f_2}{\partial \epsilon_3}\\[2mm]\dfrac{\partial f_3}{\partial \epsilon_1} & \dfrac{\partial f_3}{\partial \epsilon_2} & \dfrac{\partial f_3}{\partial \epsilon_3}\end{bmatrix} \tag{6-41}$$

当式(6-39)中各参数取区间变量时,基于区间变量的岩土本构模型可写为

$$\begin{cases}[\underline{\sigma}_1,\bar\sigma_1]=f_1([\underline{\epsilon}_1,\bar\epsilon_1],[\underline{\epsilon}_2,\bar\epsilon_2],[\underline{\epsilon}_3,\bar\epsilon_3])\\[1mm][\underline{\sigma}_2,\bar\sigma_2]=f_2([\underline{\epsilon}_1,\bar\epsilon_1],[\underline{\epsilon}_2,\bar\epsilon_2],[\underline{\epsilon}_3,\bar\epsilon_3])\\[1mm][\underline{\sigma}_3,\bar\sigma_3]=f_3([\underline{\epsilon}_1,\bar\epsilon_1],[\underline{\epsilon}_2,\bar\epsilon_2],[\underline{\epsilon}_3,\bar\epsilon_3])\end{cases} \tag{6-42}$$

6.7　区间非饱和膨胀土抗剪强度模型

6.7.1　区间莫尔-库仑准则

黏性土抗剪强度的库仑定律为

$$\tau_f=\sigma\tan\varphi+c \tag{6-43}$$

式中,τ_f 为土的抗剪强度,kPa;σ 为剪切面的法向压力,kPa;$\tan\varphi$ 为土的内摩擦系数;φ 为土的内摩擦角,(°);c 为土的黏聚力,kPa。$\sigma\tan\varphi$ 为内摩擦力。

莫尔-库仑破坏准则为

$$\begin{cases}\sigma=\dfrac{1}{2}(\sigma_1+\sigma_3)+\dfrac{1}{2}(\sigma_1-\sigma_3)\cos2\alpha\\[2mm]\tau=\dfrac{1}{2}(\sigma_1-\sigma_3)\sin2\alpha\end{cases} \tag{6-44}$$

式中,σ 为任一截面上的法向应力,kPa;τ 为任一截面 mn 上的剪应力,kPa;σ_1 为最大主应力;σ_3 为最小主应力;α 为截面与最小主应力作用方向的夹角。

上述应力间关系用应力圆(莫尔圆)表示时,纵、横坐标分别为 τ、σ,圆心为 $\left(\dfrac{\sigma_1+\sigma_3}{2},0\right)$,圆半径为 $\dfrac{\sigma_1-\sigma_3}{2}$。

采用区间变量表示,则黏性土抗剪强度的区间库仑定律为

$$[\underline{\tau}_f,\bar\tau_f]=[\underline{\sigma},\bar\sigma]\tan[\underline{\varphi},\bar\varphi]+[\underline{c},\bar c] \tag{6-45}$$

区间莫尔-库仑破坏准则为

$$\begin{cases}[\underline{\sigma},\bar\sigma]=\dfrac{1}{2}([\underline{\sigma}_1,\bar\sigma_1]+[\underline{\sigma}_3,\bar\sigma_3])+\dfrac{1}{2}([\underline{\sigma}_1,\bar\sigma_1]-[\underline{\sigma}_3,\bar\sigma_3])\cos2[\underline{\alpha},\bar\alpha]\\[2mm][\underline{\tau},\bar\tau]=\dfrac{1}{2}([\underline{\sigma}_1,\bar\sigma_1]-[\underline{\sigma}_3,\bar\sigma_3])\sin2[\underline{\alpha},\bar\alpha]\end{cases}$$

$$\tag{6-46}$$

此时应力关系可用应力圆环(莫尔圆环)表示,纵、横坐标分别为 τ、σ,圆心分别为 $\left(\dfrac{\bar{\sigma}_1+\bar{\sigma}_3}{2},0\right)$ 和 $\left(\dfrac{\sigma_1+\sigma_3}{2},0\right)$,内圆半径为 $\dfrac{\sigma_1-\sigma_3}{2}$,外圆半径为 $\dfrac{\bar{\sigma}_1-\bar{\sigma}_3}{2}$。

6.7.2 区间非饱和膨胀土抗剪强度模型

以莫尔-库仑定律为基础的典型非饱和土抗剪强度公式如下[3]。

(1) Bishop 公式。

$$\tau=c'+[\sigma-\mu_a+\chi(\mu_a-\mu_w)]\tan\varphi' \tag{6-47}$$

式中,c' 为有效黏聚力;φ' 为有效内摩擦力;$\mu_a-\mu_w$ 为基质吸力;χ 为与饱和度相关的参数。

(2) Fredlund 公式。

$$\tau=c'+(\sigma-\mu_a)\tan\varphi'+(\mu_a-\mu_w)\tan\varphi^b \tag{6-48}$$

式中,φ^b 为强度随吸力变换的内摩擦角。

与膨胀力相关的强度公式如下。

(1) Kati 公式。

$$\tau_f=A+(\sigma_n-P_s)\tan\varphi' \tag{6-49}$$

式中,A 为正应力坐标上等于膨胀力的截距;P_s 为膨胀力。

(2) 卢肇钧公式。

$$\tau=c'+(\sigma-\mu_a)\tan\varphi'+\tau_s \tag{6-50}$$

式中,$\tau_s=mP_s\tan\varphi'$ 为吸附强度;m 为膨胀力的有效系数。

(3) 双曲线强度公式。

Rohm 和 Vilar 及沈珠江提出的公式为

$$\tau=c'+(\sigma-\mu_a)\tan\varphi'+\frac{u_s}{1+du_s}\tan\varphi' \tag{6-51}$$

式中,$u_s=u_a-u_w$,为基质吸力;d 为试验常数。

缪林昌和殷宗泽提出的公式为

$$\tau=c'+(\sigma-\mu_a)\tan\varphi'+\frac{u_s}{a+\dfrac{a-1}{p_{at}}u_s} \tag{6-52}$$

式中,a 为试验参数;p_{at} 为大气压力。

(4)总应力强度理论。

龚壁卫公式:

$$\tau=c_{total}+\sigma\tan\varphi_{total} \tag{6-53}$$

式中,c_{total} 和 φ_{total} 不再是常数,包括土的吸力和土的结构等对强度的贡献,且随含水率的变化而变化。

　　一般地,非饱和土的强度可由三部分组成:c'、$(\sigma - \mu_a)\tan\varphi'$ 及 $\tau_s = [mP_s\tan\varphi'$,$\chi(\mu_a - \mu_w)\tan\varphi'$,$(\mu_a - \mu_w)\tan\varphi^b]$。因此,以莫尔-库仑准则为基础,非饱和膨胀土的抗剪强度公式为

$$\tau = c' + (\sigma - \mu_a)\tan\varphi' + \tau_s \tag{6-54}$$

　　若采用区间变量,则其表达式为

$$[\underline{\tau},\bar{\tau}] = [\underline{c}',\bar{c}'] = ([\underline{\sigma},\bar{\sigma}] - [\underline{\mu}_a,\bar{\mu}_a])\tan[\underline{\varphi},\bar{\varphi}] + [\underline{\tau}_s,\bar{\tau}_s] \tag{6-55}$$

　　[例题]　设 c'、σ、φ'、μ_a、μ_w 及 φ^b 的六组实测数值如下:c' 为(32,33,28,29,30,31)kPa;σ 为(200,200,200,200,200,200)kPa;φ' 为(10.2°,10.1°,9.9°,9.9°,10.1°,10.1°);μ_a 为(20,21,25,22,23,24)kPa;μ_w 为(81,79,78,82,82,81)kPa;φ^b 为(9.1°,9.0°,9.0°,9.0°,9.1°,9.1°)。试按 3 倍标准差区间取值,计算非饱和膨胀土的抗剪强度 $[\underline{\tau},\bar{\tau}]$。

　　[解]:(1) 平均值:$c'_p = 30.5$kPa、$\sigma_p = 200$kPa、$\varphi'_p = 10.05°$、$\mu_{ap} = 22.5$kPa、$\mu_{wp} = 80.5$、$\varphi^b_p = 9.05°$。

　　(2) 标准差:$c'_\theta = 1.8708$、$\sigma_\theta = 0$、$\varphi'_\theta = 0.1225$、$\mu_{a\theta} = 1.8708$、$\mu_{w\theta} = 1.6432$、$\varphi^b_\theta = 0.0548$。

　　(3) 取值区间:$c' = [30.5 - 3\times1.8708, 30.5 + 3\times1.8708]$kPa

$\sigma = [200 - 0, 200 + 0]$ kPa;$\varphi' = [10.05 - 3\times0.1225, 10.5 + 3\times0.1225]°$

$\mu_a = [22.5 - 3\times1.8708, 22.5 + 3\times1.8708]$kPa

$\mu_w = [80.5 - 3\times1.6432, 80.5 + 3\times1.6432]$kPa

$\varphi^b = [9.05 - 3\times0.0548, 9.05 + 3\times0.0548]°$

　　(4) 取 $\tau_s = (\mu_a - \mu_w)\tan\varphi^b$,得 $\tau_s = [-11.1176, -7.4176]$。

　　(5) 区间非饱和膨胀土抗剪强度:

$$[\underline{\tau},\bar{\tau}] = [24.8876, 36.1124] + ([200, 200] - [16.8876, 28.1124])$$
$$\tan[9.6825, 10.4175] + [-11.1176, -7.4176] = [43, 62]$$

即左边 $[\underline{\tau},\bar{\tau}]$ 参数的区间取值为 $[43, 62]$kPa。

　　由以上实例得到的抗剪强度区间较好地体现了非饱和膨胀土的抗剪强度是在一定区间范围内发生变化的复杂特性。

6.7.3　工程实用型区间非饱和膨胀土本构模型

　　很明显,膨胀土在工程中常处于非饱和状态,其力学性质随应力状态和湿度发生显著变化。现有的膨胀土本构模型大多是从非饱和土的角度出发进行研究的。

　　考虑到膨胀土的非饱和特性、膨胀性和工程中的实际受力状态,将饱和度作为反映非饱和土本质特征的参变量,同时注意到其非线性特性,可将本构模型中其他

参数作为饱和度和应力状态的函数,并在体积应变中考虑膨胀变形,则可将经典的饱和土理想弹塑性本构模型转变为简单实用的非饱和膨胀土弹塑性本构模型。

经典饱和土弹塑性本构关系为

$$d\varepsilon_{ij} = \frac{dI_1}{9K}\delta_{ij} + \frac{1}{2G}dS_{ij} + d\lambda S_{ij} \qquad (6\text{-}56)$$

式中,弹性部分和塑性部分分别为

$$\begin{cases} d\varepsilon_{ij}^e = \dfrac{dI_1}{9K}\delta_{ij} + \dfrac{1}{2G}dS_{ij} = \dfrac{1-2\mu}{E}d\sigma_m\delta_{ij} + \dfrac{1+\mu}{E}dS_{ij} \\[3mm] d\varepsilon_{ij}^p = d\lambda S_{ij} \end{cases} \qquad (6\text{-}57)$$

塑性变形与流动法则相关:

$$d\varepsilon_{ij}^p = d\lambda S_{ij} = d\lambda\frac{\partial f}{\partial \sigma_{ij}} \qquad (6\text{-}58)$$

式中,f 为屈服函数,当选择莫尔-库仑屈服准则时,有

$$f = \frac{1}{3}I_1\sin\varphi - c\cos\varphi + \sqrt{J_2}\left(\cos\theta_\sigma + \frac{\sin\theta_\sigma\sin\varphi}{\sqrt{3}}\right) = 0 \qquad (6\text{-}59)$$

式中,I_1 为应力张量第一不变量;J_2 为应力偏量第二不变量;θ_σ 为应力 Lode 角;c 和 φ 分别为土的黏聚力和内摩擦角。

将式(6-57)～式(6-59)联立,加上膨胀土湿胀变形项,即可得到郑健龙[3] 提出的工程实用型非饱和膨胀土本构模型:

$$\begin{cases} d\varepsilon_{ij} = d\varepsilon_{ij}^e + d\varepsilon_{ij}^p + \beta_{ij}(\sigma_{ij},S_r)dS_r \\[3mm] d\varepsilon_{ij}^p = d\lambda S_{ij} = d\lambda\dfrac{\partial f}{\partial \sigma_{ij}} \\[3mm] d\varepsilon_{ij}^e = \dfrac{dI_1}{9K}\delta_{ij} + \dfrac{1}{2G}dS_{ij} = \dfrac{1-2\mu(\sigma_{ij},S_r)}{E(\sigma_{ij},S_r)}d\sigma_m\delta_{ij} + \dfrac{1+\mu(\sigma_{ij},S_r)}{E(\sigma_{ij},S_r)}dS_{ij} \\[3mm] f = \dfrac{1}{3}I_1\sin\varphi(S_r) - c(S_r)\cos\varphi(S_r) + \sqrt{J_2}\left(\cos\theta_\sigma + \dfrac{\sin\theta_\sigma\sin\varphi(S_r)}{\sqrt{3}}\right) = 0 \end{cases}$$

$$(6\text{-}60)$$

式中,弹性参数 E 和 μ 分别为弹性模量和泊松比,是体积应力与饱和度的函数;屈服参数 c 和 φ 分别为黏聚力和内摩擦角,均为饱和度的函数;$\beta_{ij}(\sigma_{ij},S_r)dS_r$ 为膨胀土湿胀变形增量;β_{ij} 为膨胀系数,与应力状态与饱和度相关。

工程实用型非饱和膨胀土本构模型中,弹性模量和泊松比可通过 GDS 三轴试验系统获得。由于三轴试验系统不能准确地测得土体压缩过程中的体积变化,故泊松比可以通过三轴试验中的 K_0 固结(无侧向变形固结)试验获取。屈服参数 c、φ 是饱和度的函数,可以通过控制土样的状态,测量不同初始饱和度、含水率下土的抗剪强度,获得含水率、饱和度与总抗剪强度的关系。当试件达到控制饱和度后,采用常规直剪仪分别对不同竖向荷载作用下的试件进行固结快剪,从而获取不

同含水率及饱和度下的抗剪强度,分析整理后即可得到总抗剪强度与含水率及饱和度的关系。膨胀系数与饱和度的关系可利用三向胀缩仪试验获得。

实用型非饱和膨胀土本构模型中,弹性模量、屈服参数、膨胀系数都是通过土工试验获得的,试验结果可以采用区间形式来表达:

$$\begin{cases} \mathrm{d}\varepsilon_{ij} = \mathrm{d}\varepsilon_{ij}^{\mathrm{e}} + \mathrm{d}\varepsilon_{ij}^{\mathrm{p}} + [\underline{\beta}_{ij},\bar{\beta}_{ij}](\sigma_{ij},S_{\mathrm{r}})\mathrm{d}S_{\mathrm{r}} \\[2mm] \mathrm{d}\varepsilon_{ij}^{\mathrm{p}} = \mathrm{d}\lambda S_{ij} = \mathrm{d}\lambda\dfrac{\partial f}{\partial\sigma_{ij}} \\[2mm] \mathrm{d}\varepsilon_{ij}^{\mathrm{e}} = \dfrac{\mathrm{d}I_1}{9K}\delta_{ij} + \dfrac{1}{2G}\mathrm{d}S_{ij} = \dfrac{1-2\mu(\sigma_{ij},S_{\mathrm{r}})}{[\underline{E}(\sigma_{ij},S_{\mathrm{r}}),\bar{E}(\sigma_{ij},S_{\mathrm{r}})]}\mathrm{d}\sigma_m\delta_{ij} \\[3mm] \qquad\quad + \dfrac{1+\mu(\sigma_{ij},S_{\mathrm{r}})}{[\underline{E}(\sigma_{ij},S_{\mathrm{r}}),\bar{E}(\sigma_{ij},S_{\mathrm{r}})]}\mathrm{d}S_{ij} \\[3mm] f = \dfrac{1}{3}I_1\sin[\underline{\varphi}(S_{\mathrm{r}}),\bar{\varphi}(S_{\mathrm{r}})] - [\underline{c}(S_{\mathrm{r}}),\bar{c}(S_{\mathrm{r}})]\cos[\underline{\varphi}(S_{\mathrm{r}}),\bar{\varphi}(S_{\mathrm{r}})] \\[3mm] \qquad\quad + \sqrt{J_2}\left\{\cos\theta_\sigma + \dfrac{\sin\theta_\sigma\sin[\underline{\varphi}(S_{\mathrm{r}}),\bar{\varphi}(S_{\mathrm{r}})]}{\sqrt{3}}\right\} = 0 \end{cases} \tag{6-61}$$

区间岩土本构模型的建立,为下一步基于区间有限元法或区间有限差分法等进行数值模拟奠定了理论基础。

6.8　区间路基土回弹模量预估模型

6.8.1　区间路基土回弹模量预估模型的建立

路基土的回弹模量受土质类型、湿度、压实度、测试方法以及应力状况等影响,相应的预估模型可表达成诸多变量的函数。其中三参数本构模型为[4]

$$M_{\mathrm{R}} = k_1 P_{\mathrm{a}}\left(\frac{\theta}{P_{\mathrm{a}}}\right)^{k_2}\left(\frac{\tau_{\mathrm{oct}}}{P_{\mathrm{a}}} + 1\right)^{k_3} \tag{6-62}$$

式中,M_{R} 为路基回弹模量值;P_{a} 为大气压强绝对值,通常取 100kPa;θ 为体应力;τ_{oct} 为八面体剪应力;k_1、k_2、k_3 为模型参数。模型参数由路基土的含水率、干密度、塑性指数和细粒含量等物性指标按经验预估。若参照第 3 章有关岩土参数区间取值理论,取含水率、干密度、塑性指数和细粒含量四个指标为区间参数,则模型参数 k_1、k_2、k_3 也为区间参数,计算公式为

$$[\underline{k}_1,\bar{k}_1] = -0.0960[\underline{w},\bar{w}] + 0.3929[\underline{P}_{\mathrm{d}},\bar{P}_{\mathrm{d}}] + 0.0142[\underline{I}_{\mathrm{P}},\bar{I}_{\mathrm{P}}]$$
$$\qquad + 0.0109[\underline{P}_{0.075},\bar{P}_{0.075}] + 1.0100 \tag{6-63}$$

$$[\underline{k}_2,\bar{k}_2] = -0.0005[\underline{w},\bar{w}] - 0.0069[\underline{I}_{\mathrm{P}},\bar{I}_{\mathrm{P}}] - 0.0026[\underline{P}_{0.075},\bar{P}_{0.075}] + 0.6984$$
$$\tag{6-64}$$

$$[\underline{k_3},\bar{k_3}]=-0.2180[\underline{w},\bar{w}]-3.0253[\underline{P_d},\bar{P_d}]-0.0323[\underline{I_P},\bar{I_P}]+7.1474 \tag{6-65}$$

式(6-62)可改写为

$$M_R=[\underline{k_1},\bar{k_1}]P_a\left(\frac{\theta}{P_a}\right)^{[\underline{k_2},\bar{k_2}]}\left(\frac{\tau_{oct}+1}{P_a}\right)^{[\underline{k_3},\bar{k_3}]} \tag{6-66}$$

式(6-66)即为三参数区间路基土回弹模量预估模型。

对于应力依赖性和水敏感性耦合模型,若把 k_1、k_2、k_3、k_4 为点常数改为区间常数,区间路基土回弹模量预估的应力依赖性和水敏感性耦合模型为

$$E=[\underline{k_1},\bar{k_1}]\sigma_{atm}\left(\frac{\sigma_d+e^{[\underline{k_2},\bar{k_2}]w}}{\sigma_{atm}}\right)^{[\underline{k_3},\bar{k_3}]}\left(\frac{\sigma_3}{\sigma_{atm}}\right)^{[\underline{k_4},\bar{k_4}]} \tag{6-67}$$

式中,k_1、k_2、k_3、k_4 为常数;σ_{atm} 为大气压,一般取 100kPa;σ_d 为循环偏应力;σ_3 为围压应力;w 为含水率。

若只取 σ_d、σ_3、w 三个参数为区间值,则区间路基土回弹模量预估的应力依赖性和水敏感性耦合模型为

$$E=k_1\sigma_{atm}\left(\frac{[\underline{\sigma_d},\bar{\sigma}_d]+e^{R_2[\underline{w},\bar{w}]}}{\sigma_{atm}}\right)^{k_3}\left(\frac{[\underline{\sigma_3},\bar{\sigma}_3]}{\sigma_{atm}}\right)^{k_4} \tag{6-68}$$

6.8.2　平衡湿度下的路基回弹模量

受地下水位升降、大气降水与蒸发、路面结构透水等因素的影响,路基土的含水率会由施工时的最佳含水率逐渐达到平衡含水率状态,此时路基的回弹模量会发生较大变化。已有研究表明,路基内部含水率始终在平衡含水率附近波动,即路基的回弹模量也在一定的区间内变化。

某路基最佳含水率为 11.5%,路基平衡湿度区间为[12.5,19.5]%时,依据应力依赖性和水敏感性耦合模型计算得到的路基回弹模量值为[63.1921,89.6812]MPa,即含水率从 12.5% 增加到 19.5%,导致路基回弹模量值从 89.6812 递减至63.1921,减幅达 26.4891 MPa。

参 考 文 献

[1] 李广信. 高等土力学[M]. 北京:清华大学出版社,2004.
[2] 卡恰诺夫 JI M. 塑性理论基础[M]. 2 版. 周承倜等译. 北京:人民交通出版社,1971.
[3] 郑健龙. 公路膨胀土工程理论与技术[M]. 北京:人民交通出版社,2013.
[4] 凌建明,陈胜凯,罗志刚. 路基土回弹模量应力依赖性分析及预估模型[J]. 土木工程学报,2007,40(6):95—99.

第7章 区间适定反演分析理论和方法

7.1 概 述

近几十年来,岩土工程问题计算理论的研究已经取得较大进展。近30年来,以岩土材料的本构关系为基础而建立数值计算法的研究也已取得飞速发展,不仅建立了许多新的力学模型和弹、塑、黏性计算方法,而且已经采用室内模拟试验、现场实测和原型观测等手段进行分析研究,辅以数值计算进一步开发了将现场监控量测信息用于指导岩土工程设计和施工的新技术,使岩土工程结构设计计算理论逐渐趋于完整。然而,由于计算荷载或初始地应力的确定仍常带有主观随意性,且由室内试验所得的定量描述岩土材料受力变形形态的参数也常与工程实际情况不符,这些计算理论的实用价值仍显得有限,这促使人们转而研究并建立依据现场量测信息反演确定有关参数值的理论和方法,以使已经建立的计算理论可以在工程实践中应用。20世纪70年代以来,岩土工程问题反演理论的研究很快得到国内外学者和工程师的关注,并在较短时间内取得了大量系列成果,对岩土工程问题计算理论的继续发展及工程应用价值的提高起到了极大的促进作用[1]。

在力学范畴,岩土工程的反演理论属于正演理论的反问题。与正演分析理论的研究方法相同,建立求解这类问题的方法时需预先确定基本未知数,然后建立求解基本未知数的方程组。不同之处是,进行反演理论研究时一般都有先验信息,并有预期要求确定的主要参数。岩土工程反演理论研究的目标未知数可分为初始地应力、结构荷载和材料特性参数三类[1]。

一般来说,用于确定岩土工程问题各类参数的方法都是反演分析计算法,区别仅在于有些参数可通过简单的拉压试验予以测定,有的则需辅以较为复杂的理论分析。例如,岩体在扰动过程中发生的应力、应变和位移量变化信息,都可用于初始地应力的反演计算。

20世纪70年代以来,对弹性问题和黏弹性问题建立确定初始地应力和地层特性参数值的位移反分析方法,已取得较大进展。迄今为止,不仅建立了较为完整的理论,而且已编制出可供工程实践用的程序。相比之下,就非线性问题建立位移反分析方法所做的研究取得的成果尚少。主要是由于这类问题的正演计算尚需借助迭代运算获得结果,在进行反分析方法的研究时当然难于就求逆问题取得显式解,即使用一般的正算逆解逼近法,在建立计算方法时也仍以诸多假设为前提。因此,在对非线性问题建立反分析方法的研究中,人们逐渐转为致力于寻找可使与之相应的位移值与实测位移值相比误差最小的初始地应力和岩土参数值的方法,并将所得初始地应力和岩土参数值作为反演计算的结果。由于在建立这类方法时都需运用优化理论,故常将其称为优化反演分析法。

一般来说,即使是弹性、黏弹性问题的位移反分析研究,对反演分析计算引入优化过程也非常必要。究其原因,首先是地层介质通常都有明显的各向异性特征,即使是同类岩土体,不同地点的岩土参数也常受到地质构造尤其是小构造的影响而有差异,不可能由依据弹性、黏弹性理论建立的公式借助求逆过程直接得到合理的结果;其次是测量数据常存在可直接导致反演计算结果出现偏差的误差或错误,只有借助优化过程才能对其辨识、剔除或使其对计算结果的影响最小。

对于弹性问题位移反分析计算的优化,以平面应变问题为例,由弹性力学原理可知,初始地应力场为均布应力场时,采用已经建立的方法可根据位移测量值反演确定三个未知量。在理想化条件下,依据反演计算所得的结果做正演计算时得出的测点在测量方向上发生的位移量应和实测位移量完全相符。然而,由于诸多原因,两者之间实际上不可避免地存在差别。优化反演分析法致力于寻找使两者之间误差最小的解答,一般通过建立目标函数实现。在弹性问题的位移反分析计算中,以这类方法反演确定三个基本未知数时常可获得显式解。若基本未知数多于三个,这类方法也可用于在各参数可能的变化范围内,找到一组使误差最小的最佳参数。

岩土工程材料性态参数的辨识实现过程可归结为寻求准则函数的极值点。对于最小二乘意义下的准则函数,则是寻找函数的极小点。关于这类问题解的存在性和唯一性的论证,在数学上已有定理阐明,即可以证明通过优化算法得到局部极小点,而优化解存在且唯一的条件是这个极小点必须是全局极小点。满足上述要求的充要条件如下[1,2]:

(1)自变量 x 的集合必须是凸集合。

(2)目标函数 $f(x)$ 应是与自变量的凸集合相应的凸函数。

但是,函数的凸性条件通常都不容易得到验证,特别是对于复杂的非线性岩土工程问题,往往无法得到目标函数的显式,因而难以保证以某种算法获得的极小点就是全局极小点。

吉洪诺夫曾说,许多实际上重要的问题导致求泛函 $f(x)$ 极小值的数学问题,要区分开这种问题的两种类型[3]。属于第一种类型的是求泛函的最小(最大)值的问题,很多设计最优系统和结构问题即属此类。此时,在什么样的元素 x 上达到欲求的最小值是不重要的,因此可以取任一极小化序列 $\{x_n\}$ 的泛函值,即当 $n \to \infty$ 时,使 $f(x) \to \inf f(x)$ 作为近似解。

需要求出达到泛函 $f(x)$ 最小值的元素 x 的问题属于第二种类型,把它们称为对自变数求极小值的问题。此过程会遇到这样一种问题,即其中极小化序列可以是非收敛序列。显然,在这种情况下不能取极小化序列的元素作为近似解。把这种问题称为非稳定或不适定的问题是自然的。整个一类问题实际上是重要的最优控制问题,就上述意义来说是不适定的。所以,基于最优化方法的岩土工程反演问题,其解的不适定性(存在性、唯一性和稳定性)是不可回避的。

7.2　不适定问题基本理论

1923 年,阿达玛在关于线性偏微分方程柯西问题的讨论中,初次引入了适定("适当给定")数学问题的概念[3]。这标志着在微分方程中许多问题的分类方面向前迈了一大步,因为这个概念找出了解的存在性、唯一性和稳定性等一般性质。

数学问题的一个重要性质是原始数据变化不大时,它们解的稳定性。按照阿达玛的建议,不能满足这种稳定条件的问题称为不适定问题。不适定问题包括分析和代数的一些经典问题,如对近似已知函数的微分、第一类积分方程的解、带有近似系数的傅里叶级数的求和、函数的解析延拓、寻求拉普拉斯逆变换、拉普拉斯方程的柯西问题、病态线性代数方程的求解以及许多其他有很大实际意义的问题。所有这些问题可以划分为识别的子类和设计的子类。其中,第一子类包括对核物理学、电子学等资料的数学处理过程与解释,以及地球物理观测等的解释。第二子类包括许多最优化问题,如设计天线和光学系统、最优控制和最优规划等[3]。

吉洪诺夫等[3]提及:"不适定问题不仅广泛,它们的应用也是多种多样的。建立试验成果资料的自动数学整理系统(包括解释在内)问题与最优控制和最优设计系统问题就是所属的重要课题。"

数学物理问题的适定性概念是由阿达玛引入的[3],对于不同类型的微分方程式,他意欲阐明哪种类型的边界条件是最自然的。1977 年,吉洪诺夫从数学的角度,提出了不适定的概念[3]。

所有数量问题的解通常都在于按给定的原始资料 μ 求解 $z,z=R(\mu)$。把它们所属的度量空间记作 U 和 F,元素间的距离记为 $\rho_U(\mu_1,\mu_2)$ 和 $\rho_F(z_1,z_2)$,$\mu_1,\mu_2 \in U,z_1,z_2 \in F$。度量通常取决于给定的问题。

设解的概念已定,并且对于每一个元素 $\mu \in U$,在空间 F 中存在唯一解 $z=R(\mu)$ 与之对应。如果对任一个数 $\varepsilon>0$ 都存在数 $\delta(\varepsilon)>0$,只要有不等式 $\rho_U(\mu_1,\mu_2) \leqslant \delta(\varepsilon)$ 就有 $\rho_F(z_1,z_2) \leqslant \varepsilon(z_1=R(\mu_1),z_2=R(\mu_2);\mu_1,\mu_2 \in U,z_1,z_2 \in F)$,则在 F 空间中按原始资料 $\mu \in U$ 确定解 $z=R(\mu)$ 的问题在空间 (F,U) 上是稳定的。

根据空间 U 的原始资料 μ 确定空间 F 的解 z 的问题称为在度量空间 (F,U) 偶上适定,满足下列要求:

（1）对所有元素 $\mu \in U$ 均存在空间 F 的解 z。

（2）解是唯一确定的。

（3）问题在空间(F,U)上是稳定的。

长期以来,在数学文献中存在这样一种观点,即所有的数学问题都应满足上述要求。

不满足上列要求的问题就称为不适定[3]。吉洪诺夫给出了很多不适定问题实例,如求解第一类积分方程等。

在文献[3]出版之前,就有很多讨论不适定问题的文献公开发表。自从文献[3]出版后,对于不适定问题的研究就逐渐形成了一个体系,从此,国内外大量的学者开始关注并深入研究不适定问题。1998 年,吉洪诺夫和其学生合作出版的 *Nonlinear Ill-posed Problems* 一书面世,使不适定问题的研究从线性不适定深入到非线性不适定,标志着不适定问题研究体系的进一步完善。

到目前为止,这些研究主要涉及两个方面:①不适定问题的算法研究,典型代表为吉洪诺夫的 Tikhonov 正则化理论;②不适定问题的原始数学模型结构研究,意图从源头上避免所求解问题产生不适定,带约束条件的线性规划或非线性规划在这方面具有一定的代表性。

基于最优化方法的岩土工程参数反演,与带约束条件的线性规划或非线性规划问题类似,其参数反演也存在不适定问题。国内外学者针对参数反演的不适定问题开展研究并发表了大量的文章。

本书作者在岩土工程反演实践中发现,反演参数的定义域内,即参数的反演区间内,存在某些子区间,在此子区间内,参数反演的求解过程是唯一的、稳定的;也存在另外一些子区间,在这些子区间内,参数反演的求解过程是不唯一的,甚至是不稳定的,即同时存在解的唯一性和稳定性问题。

7.3　区间不适定性的定义

考察一个简单的例子。图 7-1 为 $y = \sin x$ 与 $y = \cos x$ 的函数图形。

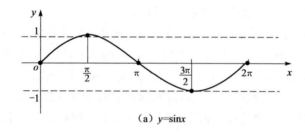

（a）$y = \sin x$

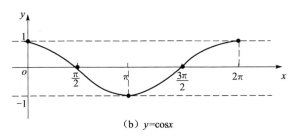

(b) $y=\cos x$

图 7-1　$y=\sin x$ 与 $y=\cos x$ 函数图形

$y=\sin x$ 中，在 $x\in[0,\pi]$ 和 $x\in[\pi,2\pi]$ 时，存在两个不相等的 x，其 y 值相等。$y=\cos x$ 中，在 $x\in\left[\dfrac{\pi}{2},\dfrac{3\pi}{2}\right]$ 和 $x\in\left[-\dfrac{\pi}{2},\dfrac{\pi}{2}\right]$ 时，存在两个不相等的 x，对应的 y 值相等。

参考吉洪诺夫等[3]从数学角度定义的不适定的概念，可以得到如下定义。

[定义 7-1]　对于函数 $y=f(x)$，在 x 的取值域 $x\in D$ 内，若存在 x 的某个区间 $x^*\in[a,b]\in D$，使得：

(1) 对所有元素 $x^*\in[a,b]$ 均存在解 y^*。

(2) 解是被唯一确定的。

(3) 问题在区间 $x^*\in[a,b]$ 上是稳定的。

则称 $y=f(x)$ 关于 $x^*\in[a,b]$ 是区间适定的。当存在不满足上列要求的某个区间 $x^*\in[c,d]$ 时，称 $y=f(x)$ 关于 $x^*\in[c,d]$ 是区间不适定的。

根据定义 7-1 可知，当基于 x 反演 y 时，$y=\sin x$ 关于 $x\in[0,\pi]$ 和 $x\in[\pi,2\pi]$ 是区间不适定(解不唯一)的。$y=\cos x$ 关于 $x\in\left[-\dfrac{\pi}{2},\dfrac{\pi}{2}\right]$ 和 $x\in\left[\dfrac{\pi}{2},\dfrac{3\pi}{2}\right]$ 是区间不适定的。而 $y=\sin x$ 关于 $x\in\left[-\dfrac{\pi}{2},\dfrac{\pi}{2}\right]$ 与 $x\in\left[\dfrac{\pi}{2},\dfrac{3\pi}{2}\right]$ 是区间适定(解唯一)的，$y=\cos x$ 关于 $x\in[0,\pi]$ 与 $x\in[\pi,2\pi]$ 是区间适定(解唯一)的。

本章主要讨论基于实测参数和岩土工程理论模型的参数反演的不适定问题，重点讨论不适定问题中解的唯一性及稳定性问题。

7.4　岩土工程参数反演解的唯一性问题

7.4.1　邓肯-张模型反演解的不唯一性

邓肯-张本构模型切线变形模量表达式为[4]

$$E_t = Kp_a\left(\frac{\sigma_3}{p_a}\right)^n\left[1-R_f\frac{(1-\sin\varphi)(\sigma_1-\sigma_3)}{2c\cos\varphi+2\sigma_3\sin\varphi}\right]^2 \tag{7-1}$$

式(7-1)中，E_t 为土体切线弹性模量；其中，c 为土体黏聚力，φ 为土体内摩擦角，R_f 为破坏比。切线变形模量公式中包括 K、n、φ、c、R_f 五个材料参数。

文献[5]认为，对于邓肯-张模型，若待反演的参数中同时包含 c、φ 和 R_f，则计算的收敛性对参数初值十分敏感，易出现计算失败的情况。并说明对于任一特定的应力状态，有无数种 c、φ 和 R_f 组合可以保证 $R_f S$ 取值不变并获得相同的切线变形模量 E_t 和切线泊松比 v_t，从而导致满足反演目标函数获得相同最小值的参数组合出现不唯一性，即产生参数反演解的不唯一性问题。

实际上，当考察不同 c、φ 对应的 E_t 函数曲线时，更容易得出存在解的不唯一性问题的结论[6]。

图 7-2 中，内摩擦角 φ 值反演取值范围为 $21.1°\sim 22.8°$，c 取值为 $1\sim 45\text{kPa}$。明显地，在 $\varphi=[21.1°,22.8°]$ 时，存在两个相等的 E_t 值对应于不等的 c 值，即出现解的不唯一性问题。

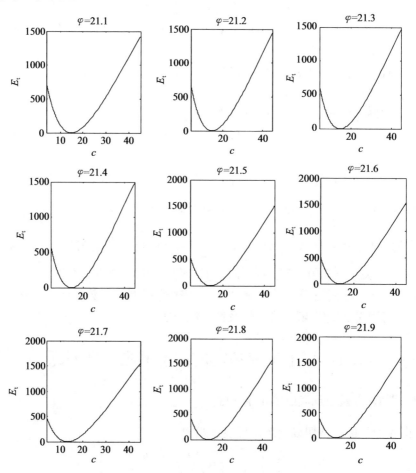

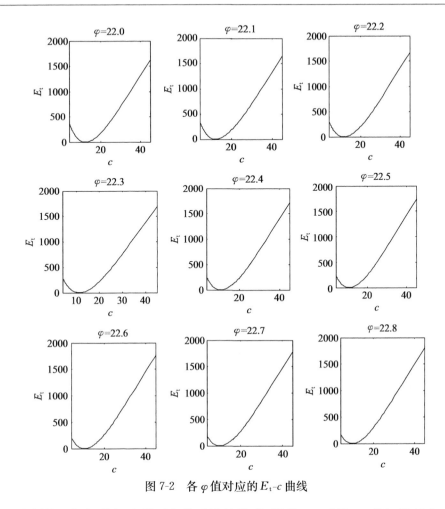

图 7-2 各 φ 值对应的 E_t-c 曲线

再来详细考察邓肯-张模型参数反演的情形,即基于 c 反演 E_t 的解的不唯一性问题。c 取不同值,固定 K、n、φ、R_f 来反演 E_t 时,取 K、n、φ、R_f 分别为 110、0.78、22、0.78。c 值反演取值为 1~45kPa。E_t-c 关系如图 7-3 所示。

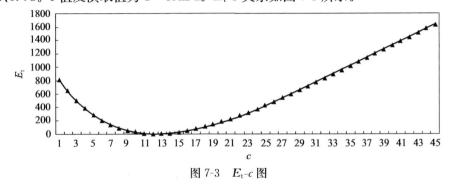

图 7-3 E_t-c 图

$\log E_t\text{-}c$ 关系如图 7-4 所示。

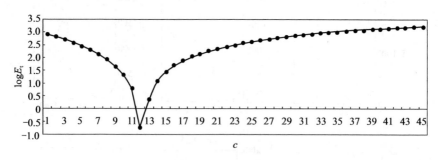

图 7-4　$\log E_t\text{-}c$ 图

图 7-3 中,当 $c=12$ 时,E_t 取最小值 0.17516。由 $E_t\text{-}c$ 和 $\log E_t\text{-}c$ 曲线的形状可知,$c\in[1,45]$ 时,基于 c 反演 E_t 是区间不适定(解的不唯一性)的,而在 $c\in[1,12]$ 与 $c\in[12,45]$ 两个子区间中是区间适定(解的唯一性)的。

[定义 7-2]　设 $y=f(x)$,在 x 的取值域 $x\in D$ 内,对于 x 的任意区间 $x^*\in[a,b]\in D$,均使得:

(1) 对所有元素 $x^*\in[a,b]$ 均存在解 y^*。

(2) 解是唯一确定的。

(3) 问题在区间 $x^*\in[a,b]$ 上是稳定的。

则称 $y=f(x)$ 关于 $x\in D$ 是全区间适定的,或称为恒适定的、完全适定的。

[定义 7-3]　设 $y=f(x)$,在 x 的取值域 $x\in D$ 内,不存在 x 的任何区间 $x^*\in[a,b]\in D$,使得:

(1) 对所有元素 $x^*\in[a,b]$ 均存在解 y^*。

(2) 解是被唯一确定的。

(3) 问题在区间 $x^*\in[a,b]$ 上是稳定的。

则称 $y=f(x)$ 关于 $x\in D$ 是全区间不适定的,或称为恒不适定的、完全不适定的。

一般地,岩土工程参数反演过程中,存在某些子区间 $x^*\in[a,b]$ 使得参数反演的解是唯一的,也存在部分子区间 $x^*\in[c,d]$,使得参数反演的解是不唯一的。给出参数反演的区间不适定性定义,是为了寻找和发现参数反演在哪些子区间反演的解是唯一的,在哪些子区间反演的解是不唯一的。

图 7-3 和图 7-4 反映单参数反演的解的不唯一性。定义 7-1~定义 7-3 中的 x,不仅指单参数,也可包含双参数或多参数。从图 7-3 中可知,$c\in[1,45]$,φ 取 $[21.1°,22.8°]$ 时,反演 E_t 存在不唯一解,即 $c\in[1,45]$,$\varphi\in[21.1°,22.8°]$ 时,参数 E_t 反演存在区间不适定性问题。

7.4.2　解的不唯一性产生的原因分析

仍以邓肯-张模型单参数反演为例说明。E_t 关于 c 的导数为

$$\frac{\partial E_t}{\partial c} = 4Kp_a \left(\frac{\sigma_3}{p_a}\right)^n \left[1 - R_f \frac{(1-\sin\varphi)(\sigma_1 - \sigma_3)}{2c\cos\varphi + 2\sigma_3\sin\varphi}\right] \times R_f \frac{(1-\sin\varphi)(\sigma_1 - \sigma_3)}{(2c\cos\varphi + 2\sigma_3\sin\varphi)^2}\cos\varphi$$

$$(7\text{-}2)$$

其导数曲线如图 7-5 所示。

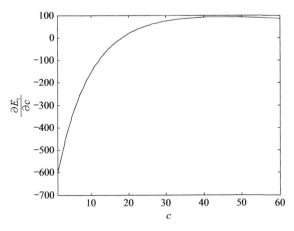

图 7-5　E_t–c 的导数曲线

而 E_t 关于 φ 的导数为

$$\frac{\partial E_t}{\partial \varphi} = 2Kp_a \left(\frac{\sigma_3}{p_a}\right)^n \left(1 - R_f \frac{(1-\sin\varphi)(\sigma_1 - \sigma_3)}{2c\cos\varphi + 2\sigma_3\sin\varphi}\right)$$

$$\times \frac{R_f\cos\varphi(\sigma_1 - \sigma_3)(2c\cos\varphi + 2\sigma_3\sin\varphi) + R_f(1-\sin\varphi)(\sigma_1 - \sigma_3)(-2c\cos\varphi + 2\sigma_3\sin\varphi)}{(2c\cos\varphi + 2\sigma_3\sin\varphi)^2}$$

$$(7\text{-}3)$$

图 7-5 和图 7-6 中，$\dfrac{\partial E_t}{\partial c}$、$\dfrac{\partial E_t}{\partial \varphi}$ 均发生正、负符号上的改变。由于数值迭代法，如牛顿迭代法 $x_{n+1} = x_n - \dfrac{f(x_n)}{f'(x_n)}$ 中，每一步迭代都需计算导数，即都是基于导数的迭代，当导数符号发生改变时，迭代数值会产生剧烈变动，从而产生不适定问题。

可以认为，对于单参数反演，反演目标函数关于参数的导数性质是决定是否存在不适定问题的一个重要因素。可以考虑从导数在参数取值范围内的性质来选择某个或某些区间，使得反演问题是区间适定的。

7.4.3　解唯一性区间的确定方法

前面指出，反演目标函数关于参数导数的性质是决定存在区间不适定问题的一个重要因素。可以借鉴高等数学关于函数导数的性质来讨论。先分析单参数反演的情形。函数单调性的定义如下。

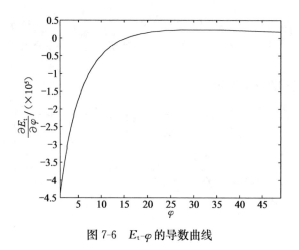

图 7-6　E_t-φ 的导数曲线

[定义 7-4][7]　设有函数 $y = f(x)$，$x \in D$，若对任意两点 $x_1, x_2 \in D$，当 $x_1 < x_2$ 时，恒有

(1) $f(x_1) < f(x_2)$，则称函数 $f(x)$ 在 D 内（严格）单调增加。

(2) $f(x_1) > f(x_2)$，则称函数 $f(x)$ 在 D 内（严格）单调减少。

根据函数单调性的定义，可以求出单参数反演的适定区间和不适定区间。

[定义 7-5]　设 $y = f(x)$，在 x 的取值域 $x \in D$ 内，对于 x 的某一区间 $x^* \in [a, b] \in D$，当 $x_1^* < x_2^*$ 时，恒有

(1) $f(x_1^*) < f(x_2^*)$，称 $x^* \in [a, b]$ 为适定区间（解唯一性）。

(2) $f(x_1) > f(x_2)$，称 $x^* \in [a, b]$ 为适定区间（解唯一性）。

不满足上述条件的区间为不适定区间（解不唯一性）。

[定义 7-6][7]　设函数 $y = f(x)$ 在 $[a, b]$ 上连续，在 (a, b) 内可导，若

(1) 在 (a, b) 内可导，且 $f'(x) > 0$，则函数 $f(x)$ 在 $[a, b]$ 上单调增加。

(2) 在 (a, b) 内可导，且 $f'(x) < 0$，则函数 $f(x)$ 在 $[a, b]$ 上单调减少。

定义 7-6 表明，可以将导数的符号与函数的单调性联系起来。若函数在某区间内导数恒大于零，则说明函数在该区间内是单调增加的；若函数在某区间内导数恒小于零，则说明函数在该区间内是单调减少的。对于单参数反演，判断目标函数在区间的导数符号即可求出反演的适定区间，导数数值位于正负符号改变的那一点，往往是两个单调区间的分界点。一般地，反演目标函数关于反演参数的单调区间就是参数反演的适定区间。

对于二维参数和多维参数反演，需要根据多元函数的性质进行适定区间的判别和计算。由于多元函数的性质较一元函数复杂，从一元函数到二元函数，在内容和方法上有实质性的差别，而从二元函数到三元以上的函数，没有本质的差别，但

判别过程较为复杂。

7.4.4 工程应用计算实例

单参数反演示例:从图 7-3 中可知,基于 c 取值不同,固定 K、n、φ、R_f 来反演 E_t 存在解的不唯一性问题。现已知在 $c \in [1,12]$ 与 $c \in [12,44]$ 中对参数 E_t 进行反演是唯一的。c 值反演区间为 $[1,12]$ 时,其 E_t-c 关系如图 7-7 所示。

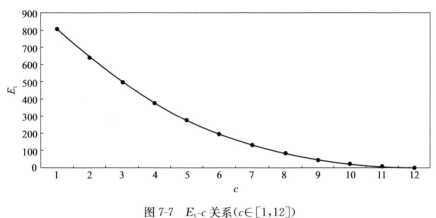

图 7-7 E_t-c 关系($c \in [1,12]$)

c 值反演区间为 $[12,44]$ 时,其 E_t-c 关系如图 7-8 所示。

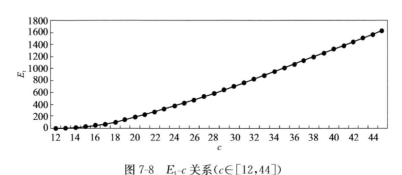

图 7-8 E_t-c 关系($c \in [12,44]$)

图 7-7 和图 7-8 中,每一个 c 值对应一个 E_t 值,即不存在两个不相等 c 值对应同一 E_t 值的情形。$[1,12]$ 和 $[12,44]$ 为唯一性区间。

综上所述,可以得到一种按适定区间(解的唯一性)进行邓肯-张模型单参数反演的方法,其步骤如下:

(1)通过反演目标函数关于反演参数的单调性和函数导数性质确定邓肯-张模型参数反演解的唯一性区间和不唯一性区间。

(2)通过标准三轴试验,确定邓肯-张模型的参数取值。

（3）确定邓肯-张模型单参数解的唯一性区间。

（4）在唯一性区间进行邓肯-张模型的单参数反演。

双参数反演中，以图 7-3 为例，当 $c \in [1,45]$，$\varphi \in [21.1,22.8]$ 时，参数 E_t 的反演是不唯一性的。可以验证，$c \in [1,45]$，$\varphi \in [26.1,27.8]$ 是唯一性的。不管单参数还是多参数反演，必须根据具体反演目标函数确定参数解的唯一性区间和参数解的不唯一性区间。

7.5 岩土工程参数反演解的稳定性问题

基于唯一性区间的岩土工程反演分析理论，较好地解决了反演问题中解的唯一性问题。但是，基于区间唯一性的反演，不能很好解决解的稳定性问题。即在某一唯一性区间，当基于最小二乘原理，特别是非线性最小二乘原理来识别参数时，往往会获得不稳定的解。获得不稳定解的原因很多，有岩土工程理论模型、计算工具、计算方法等。其中，理论模型方程组的病态问题导致反演参数解的不稳定性，是一个非常重要的因素。因此，解决模型方程组的病态问题，是区间适定岩土工程反演分析理论的另一个重点。

以路基沉降预测与分析模型为例。路基沉降预测与分析是通过大量的实测结果，利用统计方法，通过沉降与沉降原因之间的相关性，建立荷载或环境量与沉降之间的数学模型，并依此进行沉降预测与分析，或者依据沉降自身随时间、空间变化特征及变化建立统计模型。前者以多元回归分析模型、逐步回归分析模型和岭回归分析模型等为主，后者有趋势分析法、时间序列分析法、灰色 GM 模型法、模糊聚类分析模型、动态响应分析等。对这些经典的沉降分析与预测模型，一般文献只是简单地直接采用模型，对模型的病态性并没有多加考虑。而多元回归分析模型、逐步回归分析模型和岭回归分析模型、趋势分析法、时间序列分析法、灰色 GM 模型法等，在一定条件下，都会存在模型方程组的病态问题[8~10]。

依据非线性最小二乘原理来进行沉降预测模型参数的求解时，非线性最小二乘的不适定性会导致模型分析失败。本章讨论了反演参数的正则化算法，证明在一定条件下正则参数的存在性，给出了正则参数的计算公式，并结合工程实例进行分析。

7.5.1 参数反演的双正则化算法

基于最小二乘原理的岩土工程问题反演，由于函数表达式一般为非线性，其目标函数可归纳为非线性最小二乘问题。对于点参数的岩土工程问题反演，当其不适定性主要表现为解的不稳定性时，大部分与求解非线性最小二乘问题的算法有关，特别是迭代矩阵的病态问题，是影响岩土工程反演问题解的稳定性的一个重要原因。

改善非线性最小二乘算法中迭代矩阵的病态性,一种方法是对矩阵进行正则化,这以正则化理论为基础;另一种是从构建病态矩阵的基本原理和方程出发,根据具体问题来修改矩阵的结构,进而从源头上控制矩阵的病态[9]。

1. 双正则化算法

某些岩土工程参数反演问题,其线性化后的模型可视为 $Y = X\hat{b}$, $\hat{b}$ 为所求反演参数。依据最小二乘原理,当 $X^\mathrm{T}X$ 非奇异或没有病态时,其反演参数 $\hat{b}$ 可由式(7-4)求得

$$\hat{b} = [X^\mathrm{T}X]^{-1}X^\mathrm{T}Y \tag{7-4}$$

式(7-4)的岭估计式为

$$\hat{b}(k) = [X^\mathrm{T}X + kI]^{-1}X^\mathrm{T}Y \tag{7-5}$$

式中,I 为单位矩阵。在岭估计中,k 是作为岭参数出现的。从数学上恒等式的角度看,式(7-5)中的等号只有在 $k=0$ 时才成立,一般情况下等号并不成立,应改写为"$\approx$",即 $\hat{b}(k) \approx [X^\mathrm{T}X + kI]^{-1}X^\mathrm{T}Y$。由式(7-5)求得的反演值 $\hat{b}(k)$ 会因为岭参数 k 的变化而不稳定。

令 $\hat{b}$ 的正则解为 $\hat{b}(\alpha)$,式(7-4)两边同时左乘 $X^\mathrm{T}X$:

$$[X^\mathrm{T}X]\hat{b}(\alpha) = [X^\mathrm{T}X][X^\mathrm{T}X]^{-1}X^\mathrm{T}Y = X^\mathrm{T}Y \tag{7-6}$$

式(7-6)两边同时加上一项 $\alpha I \cdot \hat{b}(\alpha)$:

$$[X^\mathrm{T}X + \alpha I]\hat{b}(\alpha) = X^\mathrm{T}Y + \alpha I\hat{b}(\alpha) \tag{7-7}$$

移项得

$$\begin{aligned}\hat{b}(\alpha) &= [X^\mathrm{T}X + \alpha I]^{-1}[X^\mathrm{T}Y + \alpha I\hat{b}(\alpha)]\\ &= [X^\mathrm{T}X + \alpha I]^{-1}X^\mathrm{T}Y + [X^\mathrm{T}X + \alpha I]^{-1}\alpha I\hat{b}(\alpha)\end{aligned} \tag{7-8}$$

移项合并后,有

$$\begin{aligned}&\hat{b}(\alpha) - [X^\mathrm{T}X + \alpha I]^{-1}\alpha I\hat{b}(\alpha)\\ &= [I - [X^\mathrm{T}X + \alpha I]^{-1}\alpha I]\hat{b}(\alpha) = [X^\mathrm{T}X + \alpha I]^{-1}X^\mathrm{T}Y\end{aligned} \tag{7-9}$$

式(7-9)式两边同时左乘 $[I - [X^\mathrm{T}X + \alpha I]^{-1}\alpha I]^{-1}$:

$$\begin{aligned}&[I - [X^\mathrm{T}X + \alpha I]^{-1}\alpha I]^{-1}[I - [X^\mathrm{T}X + \alpha I]^{-1}\alpha I]\hat{b}(\alpha)\\ &= [I - [X^\mathrm{T}X + \alpha I]^{-1}\alpha I]^{-1}[X^\mathrm{T}X + \alpha I]^{-1}X^\mathrm{T}Y\end{aligned} \tag{7-10}$$

由 $[I - [X^\mathrm{T}X + \alpha I]^{-1}\alpha I]^{-1}[I - [X^\mathrm{T}X + \alpha I]^{-1}\alpha I] = I$,得

$$I\hat{b}(\alpha) = [I - [X^\mathrm{T}X + \alpha I]^{-1}\alpha I]^{-1}[X^\mathrm{T}X + \alpha I]^{-1}X^\mathrm{T}Y \tag{7-11}$$

从而,得到反演参数 $\hat{b}(\alpha)$ 的正则化解:

$$\hat{b}(\alpha) = [I - [X^T X + \alpha I]^{-1} \alpha I]^{-1} [X^T X + \alpha I]^{-1} X^T Y \qquad (7-12)$$

式中，α 为正则参数。

式(7-12)所求的估值 $\hat{b}(\alpha)$ 与式(7-4)是相等的。区别在于，由于正则参数的存在，$X^T X$ 的病态性得到了改善。对比式(7-4)与式(7-12)可知，$[I - [X^T X + \alpha I]^{-1} \alpha I]^{-1} [X^T X + \alpha I]^{-1} = [X^T X]^{-1}$，即 $[X^T X + \alpha I][I - [X^T X + \alpha I]^{-1} \alpha I] = [X^T X]$，$[X^T X + \alpha I][I - [X^T X + \alpha I]^{-1} \alpha I]$ 称为 $[X^T X]$ 的双正则化矩阵。

2. 正则参数的存在性证明

选取正则化参数有先验的和后验的两类策略。广为采用的后验策略遵循偏差原理和广义偏差原理。现在已提出了在误差水平未知情况下的各种后验准则，如 Tikhonov 的拟最优准则；Hansen 的 L 曲线准则和 Engl 的误差极小化准则等。

反演参数的正则化算法中，正则参数 α 的选择并不是随意的。在式(7-12)中，虽然正则参数 α 避免了 $X^T X$ 矩阵的病态性，但是新增加了 $[I - [X^T X + \alpha I]^{-1} \alpha I]$ 这个矩阵的求逆运算。当 $[I - [X^T X + \alpha I]^{-1} \alpha I]$ 也具有病态性时，式(7-12)所得的解也会变得不稳定。所以，正则参数 α 不仅起着避免 $X^T X$ 矩阵病态的作用，也使得 $[I - [X^T X + \alpha I]^{-1} \alpha I]$ 矩阵不具有病态。选择正则参数 α 的原则是，既能有效消除 $X^T X$ 矩阵的病态，也能在一定程度上消除 $[I - [X^T X + \alpha I]^{-1} \alpha I]$ 矩阵的病态。条件数是用来判断矩阵是否病态的一个重要指标，设 c 为矩阵的条件数，c 值较大时，矩阵严重病态；c 值较小时，矩阵为良态矩阵。

[**定理 7-1**] 设病态矩阵 $X^T X$ 的最大特征值为 λ_{max}，最小特征值为 λ_{min}。当

$$\sqrt{\frac{\lambda_{max}^2 - \lambda_{max}\lambda_{min}}{\lambda_{max}\lambda_{min} - \lambda_{min}^2}} = c$$ 时，存在一个正则参数 α，使得矩阵 $[X^T X + \alpha I]$ 和 $[I - [X^T X + \alpha I]^{-1} \alpha I]$ 的条件数均等于 c。

[**证明**]：$X^T X$ 是方阵，则 $\lambda_{max} > \lambda_{min} > 0$。由 $X^T X$ 的最大、最小特征值可知，矩阵 $[X^T X + \alpha I]$ 的最大特征值为 $\lambda_{max} + \alpha$，最小特征值为 $\lambda_{min} + \alpha$。

$[I - [X^T X + \alpha I]^{-1} \alpha I]$ 最大特征值为 $\frac{\lambda_{max}}{\lambda_{max} + \alpha}$，最小特征值 $\frac{\lambda_{min}}{\lambda_{min} + \alpha}$。则 $[X^T X + \alpha I]$ 的条件数为 $\frac{\lambda_{max} + \alpha}{\lambda_{min} + \alpha}$，$[I - [X^T X + \alpha I]^{-1} \alpha I]$ 的条件数为 $\frac{\lambda_{max}(\lambda_{min} + \alpha)}{\lambda_{min}(\lambda_{max} + \alpha)}$。

令 $\frac{\lambda_{max} + \alpha}{\lambda_{min} + \alpha} = c$，则得 $[X^T X + \alpha I]$ 中的 α 为

$$\alpha = \frac{\lambda_{max} - c\lambda_{min}}{c - 1} \qquad (7-13)$$

又令 $\frac{\lambda_{max}(\lambda_{min} + \alpha)}{\lambda_{min}(\lambda_{max} + \alpha)} = c$，则得 $[I - [X^T X + \alpha I]^{-1} \alpha I]$ 中 α 的为

$$\alpha = \frac{(c-1)\lambda_{\max}\lambda_{\min}}{\lambda_{\max} - c\lambda_{\min}} \tag{7-14}$$

由式(7-13)和式(7-14)右边项相等,得

$$\frac{\lambda_{\max} - c\lambda_{\min}}{c-1} = \frac{(c-1)\lambda_{\max}\lambda_{\min}}{\lambda_{\max} - c\lambda_{\min}} \tag{7-15}$$

从式(7-15)中解得 c 为

$$c = \sqrt{\frac{\lambda_{\max}^2 - \lambda_{\max}\lambda_{\min}}{\lambda_{\max}\lambda_{\min} - \lambda_{\min}^2}} \tag{7-16}$$

定理 7-1 得证。

以上不仅对正则参数 α 的存在性给出了证明,也给出了求 α 的具体计算公式。当已知病态矩阵的最大特征值和最小特征值时,可根据式(7-13)或式(7-14)计算出相应的正则参数 α。

3. 路基沉降预测模型反演实例分析

陈远洪等[11]提出的软基路堤工后沉降幂多项式预测,线性化后其矩阵形式为 $S = TA$,对两边求逆并根据逆矩阵性质,有

$$A = (T)^* S / \mid T \mid \tag{7-17}$$

式中,$T^{-1} = (T)^* / \mid T \mid$,即 $A = T^{-1}S$。如果矩阵 T 呈病态,则其逆矩阵较难求解。实际上,当取文献[11]中关于 A20 点的前四期数据,即 $t_0 = 428$、$t_1 = 443$、$t_2 = 458$、$t_3 = 473$,用三次幂多项式进行预测时,矩阵 T 的条件数达到 3.7×10^{12},为严重病态;特征值最大的为 1.002,最小的为 2.16×10^{-12},几乎近似为 0,即 T 接近奇异。所以如果直接通过式(7-17)求解,所得结果将不可靠。

唐利民等[8]对路基沉降分析与预测模型中的回归分析模型、时间序列模型和灰色 GM 模型中的病态问题进行了理论分析和数值模拟,提出在路基和软基沉降预测中使用这三种模型时,必须先检查信息矩阵的病态问题。现采用本章方法对文献[8]中的时间序列模型和灰色 GM 模型进行分析。

某路基沉降观测累计变形沉降量,八期数据为 6.01mm、7.02mm、7.98mm、9.01mm、10.00mm、10.99mm、12.01mm、13.02 mm,采用 AR(4)模型并基于最小二乘原理对其进行分析时,文献[8]算得 $X^T X$ 矩阵的条件数为 1909061.325。$X^T X$ 的最大特征值为 1335.950,最小特征值为 0.0006998,按式(7-13)计算得 $c = 1381.688$,由式(7-13)或式(7-14)计算得 $\alpha = 0.966897$,代入式(7-16),矩阵$[X^T X + \alpha I]$和$[I - [X^T X + \alpha I]^{-1}\alpha I]$的条件数均为 1381.688。

采用 GM(2,1)模型对文献[8]中的数据进行分析时,文献[8]得到 $X^T X$ 矩阵的条件数为 688123.870。用本章方法得到 $c = 829.532$,$\alpha = 1.434811$。矩阵$[X^T X + \alpha I]$和$[I - [X^T X + \alpha I]^{-1}\alpha I]$的条件数均为 829.532。

邵阳—怀化高速公路是国家重点建设的"五纵七横"国道主干线上海—瑞丽高速公路中的一段,主线全长约 155.84km,是典型的山岭重丘区高速公路。沿线分布有岩溶、采空区和软土地基等,其中高路堤($H>20$m)40 多段、软基($H>3$m)10 多段。K28＋820 右断面实测总体沉降板的后 9 期沉降观测结果为:2.7mm、23.6mm、32.3mm、34.5mm、44.8mm、45.2mm、53.6mm、54.1mm、55.5mm。邓聚龙[12]建议用 GM($n,1$)模型作为预测模型。本章采用 GM(2,1)模型对后 9 期数据进行分析,此时 $X^T X$ 矩阵的条件数为 2125934.473。计算出 $c=1458.058$,$\alpha=189.152874$。利用式(7-12)求出 $\hat{b}(\alpha)=[0.239470,0.018208,19.618685]$,矩阵 $[X^T X+\alpha I]$ 和 $[I-[X^T X+\alpha I]^{-1}\alpha I]$ 的条件数均为 1458.058。当采用岭估计式求解时,由于 α 取值不同,矩阵 $[X^T X+\alpha I]$ 的条件数也不同,所求参数 $\hat{b}(\alpha)$ 变化非常大,且为有偏估计,方差也不是最小。

非线性的双曲线模型广泛用于地基沉降预测与分析,公式为 $y=t/(at+b)$。一般通过变量替换将它转为线性函数。引入新变量 $y'=1/y$ 和 $x'=1/t$ 时,公式变为 $y'=a+bx'$。采用双曲线模型对 K28＋820 后 9 期数据进行分析,此时,$X^T X$ 矩阵的条件数为 9293.411。计算出 $c=96.4023$,$\alpha=0.0934$。矩阵 $[X^T X+\alpha I]$ 和 $[I-[X^T X+\alpha I]^{-1}\alpha I]$ 的条件数均为 96.4023。以上算例表明,本章算法大幅降低了矩阵的条件数。

路基沉降非线性预测模型(如多项式、幂多项式、灰色系统等)中,矩阵的病态是导致模型参数反演失败的一个重要原因。由定理 7-1 可知,式(7-12)的应用是有条件的。如果 c 值很大,则根据式(7-13)和式(7-14)计算所得的正则参数 α 就不能将矩阵 $[X^T X+\alpha I]$ 和 $[I-[X^T X+\alpha I]^{-1}\alpha I]$ 的条件数降到理想数值,此时,用式(7-12)来求解沉降模型中的参数是不稳定的。因此,$X^T X$ 的特征值必须使得 c 小于某个数值(这个数值为良态矩阵的条件数)。实际计算时,可根据 $X^T X$ 的特征值计算出 c 值,当 c 值过大时改用有偏估计式(7-5);当 c 值较小时,就可利用无偏估计式(7-12)来反演路基沉降预测模型中的参数值。

当 $X^T X$ 的条件数达到 10^{16} 以上,甚至更高时,$[X^T X+\alpha I]$ 和 $[I-[X^T X+\alpha I]^{-1}\alpha I]$ 的条件数也将达到 10^4 以上,数值仍然非常大,达不到有效降低条件数的目的。由式(7-12)可知,要解决这个问题,可再次根据式(7-12),分别对矩阵 $[X^T X+\alpha I]$ 和 $[I-[X^T X+\alpha I]^{-1}\alpha I]$ 进行拆分,如果拆分后的条件数仍然不理想,可以继续对其按式(7-12)进行拆分。如此无限次拆分下去,即可降低任意大小矩阵条件数使其达到指定的范围内。

7.5.2 参数反演的正则化牛顿迭代法

本节介绍一种解算不适定非线性最小二乘问题的正则化牛顿迭代法[13],即对普通牛顿法中的迭代矩阵添加一个正则因子。

1. 普通牛顿迭代法

设 $R(\hat{x})$ 的极小值 x^* 的一个近似解为 $x^{(k)}$，在 $x^{(k)}$ 附近将 $R(x^*)$ 展开为泰勒级数，取至二次项得

$$R(x^*)=R(x^{(k)}+dx^{(k)})=R(x^{(k)})+g^{(k)}dx^{(k)}$$
$$+\frac{1}{2}(dx^{(k)})^{\mathrm{T}}G_k dx^{(k)}+y(t)^{\mathrm{T}}y(t)=\min \tag{7-18}$$

式中，

$$g^{(k)}=[g_1^{(k)},g_2^{(k)},\cdots,g_n^{(k)}]=\left[\frac{\partial R}{\partial x_1},\frac{\partial R}{\partial x_2},\cdots,\frac{\partial R}{\partial x_n}\right] \tag{7-19}$$

$$G_k=\begin{bmatrix}\frac{\partial^2 R}{\partial x_1^2}&\frac{\partial^2 R}{\partial x_1\partial x_2}&\cdots&\frac{\partial^2 R}{\partial x_1\partial x_n}\\\frac{\partial^2 R}{\partial x_2\partial x_1}&\frac{\partial^2 R}{\partial x_2^2}&\cdots&\frac{\partial^2 R}{\partial x_2\partial x_n}\\\vdots&\vdots&&\vdots\\\frac{\partial^2 R}{\partial x_n\partial x_1}&\frac{\partial^2 R}{\partial x_n\partial x_2}&\cdots&\frac{\partial^2 R}{\partial x_n^2}\end{bmatrix}_{x=x^{(k)}}=G_k^{\mathrm{T}} \tag{7-20}$$

$g^{(k)}$ 是 $R(\hat{x})$ 在 $x^{(k)}$ 处的梯度方向。G_k 称为 $x^{(k)}$ 处的迭代矩阵，也称 Hessian 矩阵。其迭代公式为

$$x^{(k+1)}=x^{(k)}+dx^{(k)}=x^{(k)}-G_k^{-1}(g^{(k)})^{\mathrm{T}} \tag{7-21}$$

普通牛顿法要求 G_k 非奇异。在实际问题解算中，G_k 接近奇异或严重病态时，其求逆不稳定，式(7-21)的迭代格式就不能使用了。

2. 正则化牛顿迭代法

矩阵的病态性可以通过正则方法来改善。单位矩阵 I 乘以正则因子 $\alpha^{(k)}$ 后为 $\alpha^{(k)}I$。迭代矩阵加上 $\alpha^{(k)}I$，即变为 $G_k+\alpha^{(k)}I$。适当选取 $\alpha^{(k)}$，就可以保证 $G_k+\alpha^{(k)}I$ 求逆运算的稳定性，从而促使迭代过程顺利进行。如此，正则化的牛顿迭代公式为

$$x^{(k+1)}=x^{(k)}+dx^{(k)}=x^{(k)}-(G_k+\alpha^{(k)}I)^{-1}(g^{(k)})^{\mathrm{T}} \tag{7-22}$$

矩阵条件数是衡量矩阵病态的一个重要指标，$\alpha^{(k)}I$ 的加入，使得 G_k 的条件数得到了一定程度的降低。由迭代矩阵的性质，设 G_k 的条件数为 $\frac{|\lambda_{\max}^k|}{|\lambda_{\min}^k|}$，则 $G_k+\alpha^{(k)}I$ 的条件数为 $\frac{|\lambda_{\max}^k+\alpha^{(k)}|}{|\lambda_{\min}^k+\alpha^{(k)}|}$。

[推论]　存在正则因子 $\alpha^{(k)}>0$，使得 $G_k+\alpha^{(k)}I$ 的条件数小于等于某个数值 C。

[证明]：令 $\frac{|\lambda_{\max}^k+\alpha^{(k)}|}{|\lambda_{\min}^k+\alpha^{(k)}|}\leqslant C$，则

$$|\lambda_{\max}^k + \alpha^{(k)}| \leqslant C|\lambda_{\min}^k + \alpha^{(k)}| \leqslant C|\lambda_{\min}^k| + C\alpha^{(k)} \tag{7-23}$$

(1) 若 $\lambda_{\max}^k \geqslant 0$, $|\lambda_{\max}^k + \alpha^{(k)}| \leqslant |\lambda_{\max}^k| + |\alpha^{(k)}|$, 依式(7-6)得

$$|\lambda_{\max}^k| + \alpha^{(k)} \leqslant C|\lambda_{\min}^k| + C\alpha^{(k)} \Rightarrow |\lambda_{\max}^k| - C|\lambda_{\min}^k| \leqslant C\alpha^{(k)} - \alpha^{(k)}$$

$$\tag{7-24}$$

从而

$$\alpha^{(k)} \geqslant \frac{|\lambda_{\max}^k| - C|\lambda_{\min}^k|}{C-1} \tag{7-25}$$

即存在 $\alpha^{(k)} \geqslant \dfrac{|\lambda_{\max}^k| - C|\lambda_{\min}^k|}{C-1}$, 使得 $G_k + \alpha^{(k)} I$ 的条件数小于等于 C。

(2) 若 $\lambda_{\max}^k < 0$, $|\lambda_{\max}^k + \alpha^{(k)}| \geqslant |\lambda_{\max}^k| - |\alpha^{(k)}|$, 依式(7-6)得

$$|\lambda_{\max}^k| - \alpha^{(k)} \leqslant C|\lambda_{\min}^k| + C\alpha^{(k)} \Rightarrow |\lambda_{\max}^k| - C|\lambda_{\min}^k| \leqslant C\alpha^{(k)} + \alpha^{(k)}$$

$$\tag{7-26}$$

从而

$$\alpha^{(k)} \geqslant \frac{|\lambda_{\max}^k| - C|\lambda_{\min}^k|}{C+1} \tag{7-27}$$

即存在 $\alpha^{(k)} \geqslant \dfrac{|\lambda_{\max}^k| - C|\lambda_{\min}^k|}{C+1}$, 使得 $G_k + \alpha^{(k)} I$ 的条件数小于等于 C。

由此可以得到正则化牛顿迭代法的迭代步骤：

(1) 选取初值 $X^{(0)}$, 并令 $k=0$。

(2) 计算梯度方向 $g^{(k)}$, 若 $g^{(k)} = 0$ 则转至(7)。

(3) 选取 C 值, 根据式(7-25)或式(7-27)确定正则化因子 α, 计算矩阵 $G_k + \alpha^{(k)} I$。

(4) 计算 $dX^{(k)}$。

(5) 按式(7-5)计算新的近似值 $X^{(k+1)}$。

(6) 计算目标函数值 $R(X^{(k+1)})$, 若 $R(X^{(k+1)}) \neq R(X^{(k)})$ 则转至(2)继续迭代。

(7) 终止迭代, 输出 $X^{(k+1)}$ 和 $R(X^{(k+1)})$, 结束。

3. 数值算例

1) 一般非线性最小二乘问题的解算

对文献[14]的一般非线性问题进行数值试验。当取初值 $X^{(0)} = [5.4, -0.3]$ 时, 牛顿法和正则化牛顿法都可以很快收敛。但当初值 $X^{(0)} = [5.4, -0.5]$ 时, 牛顿法迭代发散, 而正则化牛顿法则迭代收敛, 计算结果见表 7-1。

表 7-1　计算结果

k		1	2	3	6	7	8
$X^{(k)}$	$X_1^{(0)} = 5.4$	5.40812	5.41334	5.41575	5.41735	5.41744	5.41748
	$X_2^{(0)} = -0.5$	-0.39281	-0.31714	-0.28097	-0.25723	-0.25614	-0.25567
$V^{\mathrm{T}}V(X^{(k)})$		6.80528	2.89595	0.73851	0.00477	0.00088	0.00017
正则化因子 $\alpha = 350$							

采用正则化牛顿法迭代 8 次时,其 $V^\mathrm{T}V(X^{(k)})=0.000173$,可以作为问题的解。为考察本章所提方法对迭代过程中 G_k 矩阵病态或奇异改善的状况,给出牛顿法中 G_k 和正则化牛顿法中 $G_k+\alpha I$ 各自在迭代过程矩阵条件数和行列式值的变化曲线图。

从图 7-9 可以看到,矩阵病态或奇异的判别指标条件数和行列式值,尤其是条件数,牛顿法的条件数在 300 以上,而正则化牛顿法中,整个迭代过程其条件数都在 2.5 以下;牛顿法的行列式值近似于 0,这表明 G_k 近似于奇异。因此,正则化牛顿法较大改善了矩阵的病态性,进而使计算值 $V^\mathrm{T}V^{(k+1)}$ 达到较小值。

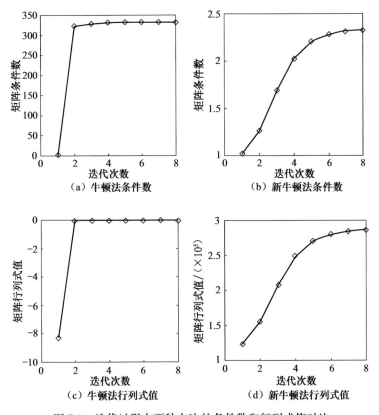

图 7-9　迭代过程中两种方法的条件数和行列式值对比

2) 泊松曲线参数问题的反演

软土路基沉降与时间关系模型的建立一般有两种。一是利用土的本构模型,采用 Biot 固结理论的有限元分析方法;二是根据实测沉降数据拟合沉降与时间关系的预测方法,如双曲线法、Asaoka 法等。S 形增长曲线的特点与路基沉降发展规律存在相似之处,其泊松预测模型在软基沉降的研究中得到了大量应用。对于泊松预测模型,相关文献一般采用变量替代,线性化后再基于线性最小二乘原理进行参数求解。而泊松模型本身是非线性模型,一些文献也直接基于非线性最小二乘原理来求解泊松模型参数。邓英尔等[15]提出基于非线性回归分析原理,采用普通牛顿迭代法来求解泊松模型参数。但是在某些地基沉降-时间关系观测数据中,采用牛顿法来求解泊松曲线参数是不成功的,其 G_k 矩阵近乎奇异,为严重病态。采用本章提出的正则化牛顿迭代法,可以成功求得有关泊松曲线的参数。

泊松曲线模型[16]为

$$y(t) = \frac{M}{1 + ae^{-bt}} \tag{7-28}$$

式中,M、a、b 为泊松曲线模型待求反演参数;y 为沉降值;t 为时间。

文献[17]给出了某高层建筑实测沉降数据,其测点 4 的实测沉降数据为 2.56mm、5.67mm、10.8mm、16.75mm、19.45mm、23.74mm、28.86mm、30.99mm、32.63mm、34.43mm、34.25mm、34.69mm、35.04mm、36.23mm、36.59mm,时间从第 15 天至 435 天,每隔 30 天观测一次。

对其用泊松曲线模型进行非线性回归。根据经典的三段法,正则化牛顿法迭代初始值确定为 $X^{(0)} = [M_0, a_0, b_0] = [35.033840, 0.642675, 20.695319]$,根据正则化牛顿法迭代步骤进行计算所得结果如表 7-2 所示。

表 7-2　计算结果

	k	3	5	7	9	11
$X^{(k)}$	$M_0 = 35.033840$	35.27985	35.07336	35.07556	35.07580	35.07582
	$a_0 = 20.695319$	15.38730	14.65665	14.63668	14.63484	14.63467
	$b_0 = 0.642675$	0.595137	0.595280	0.594974	0.594945	0.594943
	$V^T V(X^{(k)})$	35.60407	8.313386	8.312107	8.312099	8.312099

当正则化因子 $\alpha = 0$ 时(普通牛顿法),其迭代过程不收敛,迭代 11 次后 $V^T V$ $(X^{(11)}) = 8033.522802$,$k_{11} = 339.279524$,$a_{11} = -109.511355$,$b_{11} = -0.437408$,拟合曲线已严重偏离沉降-时间观测数据序列。图 7-10 为正则因子 α 取不同值时的拟合曲线图。

由此可以看出,对于某些沉降-时间观测数据,采用牛顿迭代法求解泊松曲线参数时会失败。作者通过大量工程实例观测数据计算发现,如果不通过严格的三段法确定迭代初始的泊松参数,就利用普通牛顿迭代法求解参数,大部分都不成功。针对文献[17]中的数据,如果取迭代初值 $M_0 = 35.307159$,$a_0 = 20.350245$,$b_0 = 1.011898$,使用普通牛顿迭代法就会失败。但采用本章的正则化牛顿迭代法,即使不通过三段法确定初始迭代泊松参数,在正确确定正则化因子 α 的情况下,也会得到较好的泊松参数的估计值。当 $\alpha = 10$ 时,文献[17]中的数据取上述初始迭代值时收敛,拟合曲线较好。

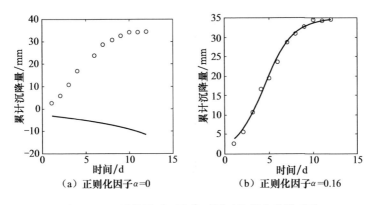

图 7-10 正则化因子 α 取值不同时的拟合曲线对比

　　湖南某高速公路沿线分布有软土路基 10 多段,其 6 处断面各 12 期总体沉降板实测值见表 7-3。

表 7-3 6 处断面总体沉降板实测值 （单位:cm）

1	2	3	4	5	6
3.55	3.65	3.58	2.98	4.09	3.41
6.65	6.84	6.71	5.59	7.66	6.85
11.81	12.16	11.92	9.93	13.61	12.15
17.73	18.20	17.92	14.88	20.40	18.28
20.44	21.05	20.64	17.21	23.56	21.03
24.75	25.49	24.98	20.82	28.53	25.47
29.90	30.78	30.15	25.10	34.41	30.65
31.98	32.93	32.22	26.91	36.88	32.92
33.61	34.61	33.93	28.28	38.74	34.59
35.33	36.58	35.87	29.91	40.94	36.36
35.51	36.70	35.96	29.95	41.05	36.55
35.58	36.75	36.03	30.02	41.13	36.72

　　用三段法确定泊松模型的初始迭代参数 M_0、a_0、b_0 及 $R(x^{(0)})$ 值,见表 7-4。

表 7-4 M_0、a_0、b_0 及 $R(x^{(0)})$ 值

参数	1	2	3	4	5	6
M_0	36.309	37.528	36.798	30.659	41.998	37.341
a_0	14.899	14.947	14.911	14.949	14.921	15.815
b_0	0.589	0.587	0.587	0.587	0.587	0.599
$R(x^{(0)})$	10.856	11.647	11.421	7.803	14.563	13.501

此时 $R(x^{(0)})$ 并不是残差平方和的最小值,需要进行迭代计算,以获得更小的 $R(x^{(k)})$ 值。按照普通牛顿法迭代六次后所得 $R(x^{(k)})$ 值见表 7-5。

表 7-5　普通牛顿法迭代六次后 $R(x^{(k)})$ 值

$R(x^{(k)})$	1	2	3	4	5	6
$R(x^{(1)})$	38392	17072	88831	10766	44149	496
$R(x^{(2)})$	36115	14015	101795	8873	39849	37652
$R(x^{(3)})$	27759	11620	90261	7467	30379	1606
$R(x^{(4)})$	19752	10216	63723	6670	22119	1606
$R(x^{(5)})$	14391	9519	40162	6282	16816	1606
$R(x^{(6)})$	11355	9196	25519	6103	13912	1606

断面 2 迭代 40 次后得 $R(x^{(40)})=8897.2506$, $R(x^{(39)})=8897.2506$,当试图迭代 50 次时,由于迭代矩阵严重病态,计算机程序报错而无法计算出 $R(x^{(50)})$ 的值。断面 6 从第三次迭代开始,$R(x^{(k)})$ 就一直为 1606,迭代 500 次后仍旧为 1606,而试图迭代 5000 次时,计算机程序报告迭代矩阵严重病态而终止计算。

普通牛顿法无法迭代到比 $R(x^{(0)})$ 更小的 $R(x^{(k)})$ 值。究其原因,是迭代过程中迭代矩阵的严重病态导致了计算机计算数值的严重偏差。

现采用正则化牛顿迭代法来反演泊松曲线模型参数,六个断面的泊松模型参数值及 C、$R(x^{(k)})$ 和迭代次数 k 列于表 7-6。其迭代终止条件设为 $R(x^{(k-1)})-R(x^{(k)})\leqslant 0.0001$。

表 7-6　泊松模型参数值及 C、$R(x^{(k)})$ 值

参数	1	2	3	4	5	6
M_0	36.218	37.423	36.702	30.579	41.895	37.265
a_0	12.444	12.544	12.341	12.468	12.437	12.690
b_0	0.572	0.571	0.568	0.570	0.569	0.575
$R(x^{(0)})$	6.883	7.321	7.321	4.905	9.222	7.853
C	500	600	800	300	200	100
k	214	207	139	309	495	921

从表 7-6 可以看出,正则因子不仅降低了迭代矩阵的条件数,使得迭代顺利进行,而且能获得较三段法更小的 $R(x^{(k)})$ 值。

表 7-7 给出了三段法确定的泊松曲线模型后四期预测沉降量,表 7-8 给出了正则化牛顿迭代法确定的泊松曲线模型后四期预测沉降量。

表 7-7　三段法泊松模型预测后四期沉降量　　　　　（单位:cm）

1	2	3	4	5	6
36.06	37.26	36.53	30.44	41.70	37.10
36.17	37.38	36.65	30.54	41.83	37.21
36.23	37.44	36.72	30.59	41.90	37.27
36.26	37.48	36.75	30.62	41.95	37.30

表 7-8　正则化牛顿迭代法泊松模型预测后四期沉降量　　（单位：cm）

1	2	3	4	5	6
35.95	37.14	36.42	30.35	41.58	37.00
36.07	37.26	36.54	30.45	41.71	37.11
36.13	37.33	36.61	30.50	41.79	37.18
36.17	37.37	36.65	30.54	41.84	37.22

对比表 7-7 和表 7-8,三段法的预测值较正则化牛顿法的预测值要大,三段法的后第二期预测沉降量就接近于正则化牛顿法的后第四期预测沉降量。对比实测后四期的总体沉降板观测值,正则化牛顿法预测的沉降量与断面后期实际观测的沉降量较符合。

7.5.3　路面结构层模量的正则化反算方法

落锤式弯沉仪(falling weight deflectometer,FWD)是一种较先进的无破损弯沉检测设备,所测路面的弯沉数据可用于评估路面结构状况,其中,反算路面各结构层模量是较广泛和重要的用途之一。利用 FWD 实测弯沉反算路面结构层模量,其有效性主要取决于路面结构模型、测试数据、反算方法和结果修正等因素。国外对利用 FWD 数据反算各个结构层的模量开展了大量的研究工作。国内在这方面起步较晚,在 FWD 模量反算领域取得了许多有益的研究成果。查旭东[18]在其博士论文中详细研究了路面模量反算的同伦法。国内外对于模量反算采用的路面结构模型主要有线性和非线性两种,模量反算方法主要有图表法和回归公式法、迭代法、数据库搜索法和人工神经网络法等四大类。

(1) 图表法和公式回归法。通过研究弯沉盆的各种参数(deflection basin parameters,DBP)与路面各层模量或应力-应变关系,得出回归公式或诺模图,这种方法快速简便,利于推广使用。通过表达式可以较为清晰地研究弯沉盘的特性,研究各个因素对反算模量的影响状况。

(2) 迭代法。通过一组初始模量值,基于理论分析模型计算理论弯沉盆,并与 FWD 实测弯沉盆比较,根据弯沉值差异确定模量修正值,从而获得一组新的模量,依次再进行迭代,不断重复这一过程,直至满足预先给定的收敛精度或迭代次数的要求。这种方法利于编程,可吸收不同的理论分析模型,具有良好的扩展性。但是这种方法不可避免地存在缺陷,受到初始值、迭代方法和局部收敛标准的影响,存在局部极小和解的唯一性。利用软件进行各结构层模量反算时,一般首选假设各结构层模量(初始值)或模量范围,采用弹性层状理论体系分析方法计算理论弯沉盆,并与 FWD 实测弯沉盆进行比较,根据实际弯沉与理论弯沉差异确定模量修正值,从而获得一组新的模量。然后,以此作为下轮迭代的初始值,不断重复这一迭代过程,直至满足预先给定的收敛精度或迭代次数的要求。通常迭代的收敛标准有绝对误差平方和与相对误差平方和两种。

（3）数据库搜索法。以数据库为依托，寻找满足弯沉盆拟合精度要求的模量组合。其中以 MODULUS 反算程序最为著名，这种方法主要优点是计算速度快，收敛稳定，适合于路网普查，这也是美国 SHRP 计算选定的反算软件。

（4）人工神经网络法（artificial neural network，ANN）。主要是利用人工神经网络的高度非线性映射能力，以预先算好的弯沉数据、厚度与荷载等参数作为输入，模量作为输出，训练神经网络。目前普遍采用 BP 神经网络进行反算，主要缺点在于噪声数据的合理选取，BP 网络的学习算法存在初始值和局部极小问题。

实际上，路面模量反算是一个非常复杂的非线性最优化问题，查旭东[18]引入了大范围收敛的同伦方法，有效地解决现有反算方法存在的局限性。根据 FWD 实测弯沉盆反算路面模量，一般可简化为非线性最优化问题：

$$\min Y = \sum_{i=1}^{m} q_i \left(\frac{W_i - L_i}{L_i} \right)^2 \tag{7-29}$$

式中，Y 为实测弯沉与理论弯沉之间的相对平方误差；q_i 为各测点的加权系数；L_i 为各测点的实测弯沉（0.01mm）；W_i 通常采用弹性层状体系理论计算，即

$$W_i = W(h_j, E_j, \mu_j, r_i, p, a), \quad j = 1, 2, \cdots, n \tag{7-30}$$

式中，W_i 为各测点的理论弯沉（0.01mm）；r_i 为各测点至荷载中心的距离，cm；h_j 为路面各结构层厚度，cm；E_j 为回弹模量 MPa；μ_j 为泊松系数；p 为荷载集度，MPa；a 为作用半径，cm；i 和 m 分别为测点序号和个数；j 和 n 分别为结构层序号和层数。实际反算时，E_j 为变量，其他参数为定值。

为了提高反算效率，大部分反算方法通常增加一个模量上、下限的约束条件，其值根据结构层材料的不同按经验选取。根据最优化问题的极值条件，式（7-29）的最优解必须满足：

$$f(E_j) = \frac{\partial Y}{\partial E_j} = 0, \quad j = 1, 2, \cdots, n \tag{7-31}$$

式（7-29）可转化为求解非线性方程式（7-31）的零点问题。一般地，由实测垂直位移反算层状弹性体系各层的弹性模量，通过数学加工最后可以归结为求解非线性方程组的问题。

1. 多层弹性体系各层弹性模量的阻尼最小二乘反算法

在荷载以及路基、路面各层厚度和泊松比不变的情况下，当由实测路表面垂直位移值反算多层路面及路基各层的弹性模量时，路表面的垂直位移分量 w 可以表示成如下形式的函数[19]：

$$w = f(r, E) \tag{7-32}$$

式中，$E = [E_1, E_2, \cdots, E_n]^T$，为各层的弹性模量。针对这一组试验数据采用最小二

乘法确定参数 $E_1, E_2, \cdots, E_n$ 适当的值,使残差平方和:

$$\delta(E) = \sum_{j=1}^{m} \left[f(r_j, E) - w_j \right]^2 \tag{7-33}$$

为极小。根据最小二乘法的计算方法,把 δ 对 E 求导数,并令 $\dfrac{\partial \delta}{\partial E_i} = 0 (i=1,2,\cdots, n)$,得

$$\begin{bmatrix} \dfrac{\partial f_1}{\partial E_1} & \dfrac{\partial f_2}{\partial E_1} & \cdots & \dfrac{\partial f_j}{\partial E_1} & \cdots & \dfrac{\partial f_m}{\partial E_1} \\ \dfrac{\partial f_1}{\partial E_2} & \dfrac{\partial f_2}{\partial E_2} & \cdots & \dfrac{\partial f_j}{\partial E_2} & \cdots & \dfrac{\partial f_m}{\partial E_2} \\ \vdots & \vdots & & \vdots & & \vdots \\ \dfrac{\partial f_1}{\partial E_n} & \dfrac{\partial f_2}{\partial E_n} & \cdots & \dfrac{\partial f_j}{\partial E_n} & \cdots & \dfrac{\partial f_m}{\partial E_n} \end{bmatrix} \begin{bmatrix} f_1 - w_1 \\ f_2 - w_2 \\ \vdots \\ f_m - w_m \end{bmatrix} = [0] \tag{7-34}$$

式中, $f_j = f(r_j, E)(j=1,2,\cdots,m)$。式(7-34)中雅可比矩阵为非奇异矩阵,因此式(7-34)等价于非线性方程组:

$$\begin{bmatrix} f_1 - w_1 \\ f_2 - w_2 \\ \vdots \\ f_m - w_m \end{bmatrix} = [0] \tag{7-35}$$

式(7-35)为非线性方程组,不能直接求解,需将其线性化后采用迭代法来求解。设 $E^{(k)} = [E_1^{(k)}, E_2^{(k)}, \cdots, E_n^{(k)}]^{\mathrm{T}}$ 为式(7-34)解 $E = [E_1, E_2, \cdots, E_n]^{\mathrm{T}}$ 的第 k 次近似迭代解,在 $E^{(k)}$ 的邻域内将式(7-34)中 $f_j(j=1,2,\cdots,m)$ 做泰勒级数展开并取其线性部分,得[19]

$$\begin{bmatrix} \dfrac{\partial f_1^{(k)}}{\partial E_1} & \dfrac{\partial f_1^{(k)}}{\partial E_2} & \cdots & \dfrac{\partial f_1^{(k)}}{\partial E_n} \\ \dfrac{\partial f_2^{(k)}}{\partial E_1} & \dfrac{\partial f_2^{(k)}}{\partial E_2} & \cdots & \dfrac{\partial f_2^{(k)}}{\partial E_n} \\ \vdots & \vdots & & \vdots \\ \dfrac{\partial f_m^{(k)}}{\partial E_1} & \dfrac{\partial f_m^{(k)}}{\partial E_2} & \cdots & \dfrac{\partial f_m^{(k)}}{\partial E_n} \end{bmatrix} \begin{bmatrix} \Delta E_1^{(k)} \\ \Delta E_2^{(k)} \\ \vdots \\ \Delta E_n^{(k)} \end{bmatrix} = - \begin{bmatrix} f_1 - w_1 \\ f_2 - w_2 \\ \vdots \\ f_m - w_m \end{bmatrix} \tag{7-36}$$

式中, $f_j^{(k)} = f(r_j, E^{(k)})(j=1,2,\cdots,m)$; $\Delta E_i^{(k)} == E_i^{(k+1)} - E_i^{(k)}(i=1,2,\cdots,n)$。

式(7-36)可用简单的矩阵符号表示成

$$[S_k']\{\Delta E_k\} = -\{S_k\} \tag{7-37}$$

式中, $[S_k']$ 为 m 行 n 列的矩阵,将方程两边左乘 $[S_k']^{\mathrm{T}}$,得

$$[S_k']^{\mathrm{T}}[S_k']\{\Delta E_k\} = -[S_k']^{\mathrm{T}}\{S_k\} \tag{7-38}$$

这样 $[S_k']^{\mathrm{T}}[S_k']$ 即为 n 阶方阵,相应 $[S_k']^{\mathrm{T}}\{S_k\}$ 为 n 元列矩阵。在圆形均布垂

直荷载作用下 n 层弹性体系垂直位移分量 w 的表达式为[19]

$$w_i = -\frac{1+\mu_1}{E_i}\int_0^\infty \frac{J_0\left(\frac{r}{\delta}x\right)J_1(x)}{x}\left\{\left[C_i - \left(2-4\mu_i - \frac{z}{\delta}x\right)A_i\right]\mathrm{e}^{\frac{z}{\delta}x}\right.$$

$$\left. + \left[D_i + \left(2-4\mu_i + \frac{z}{\delta}x\right)B_i\right]\mathrm{e}^{-\frac{z}{\delta}x}\right\}\mathrm{d}x \tag{7-39}$$

式(7-39)非常复杂,无法直接计算 $\dfrac{\partial f_j^{(k)}}{\partial E_i}$,须采用离散化的方法,以一阶差商:

$$\frac{f(r_j, E^{(k)} + \eta_i^{(k)}e_i) - f(r_j, E^{(k)})}{\eta_i^{(k)}}, \quad i=1,2,\cdots,n; j=1,2,\cdots,m \tag{7-40}$$

近似代替 $\dfrac{\partial f_j^{(k)}}{\partial E_i}$。

式中,e_i 表示第 i 个单位向量,η_i 规定为

$$\eta_i^{(k)} = \min\{\|S_k\|, 10^{-3}\mid E\mid\}, \quad i=1,2,\cdots,n \tag{7-41}$$

式中,$\|S_k\| = \left[\sum_{j=1}^m (f_j^{(k)} - w_j)^2\right]^{\frac{1}{2}}$,以式(7-40)为 (i,j) 的一个离散化值,就构成矩阵 $[S_k']$ 的近似矩阵 $[\Delta S_k]$,再考虑阻尼因子 μ_k 后,式(7-38)就变为

$$(\mu_k I + [\Delta S_k]^\mathrm{T}[\Delta S_k])\{\Delta E_k\} = -[\Delta S_k]^\mathrm{T}\{S_k\} \tag{7-42}$$

式中,I 为单位矩阵;μ_k 通常按式(7-43)确定:

$$\mu_k = C\|S_k\|_\infty \tag{7-43}$$

式中,$\|S_k\|_\infty = \max_j(\mid f_j^{(k)} - w_j\mid)$;

$$C = \begin{cases} 10, & \|S_k\|_\infty \geqslant 10 \\ 1, & 1 \leqslant \|S_k\|_\infty < 10 \\ 10^{-2}, & \|S_k\|_\infty < 1 \end{cases} \tag{7-44}$$

在计算时先根据经验确定 E 的初值 $E^{(0)} = [E_1^{(0)}, E_2^{(0)}, \cdots, E_n^0]^\mathrm{T}$,由此计算出 $f^{(0)} = [f_1^{(0)}, f_2^{(0)}, \cdots, f_m^{(0)}]^\mathrm{T}$,然后根据上述计算式通过迭代计算依次得

$$\Delta E^{(k-1)} = [\Delta E_1^{(k-1)}, \Delta E_2^{(k-1)}, \cdots, \Delta E_n^{(k-1)}]^\mathrm{T}, \quad E^{(k)} = [E_1^{(k)}, E_2^{(k)}, \cdots, E_n^{(k)}]^\mathrm{T}$$

$$f^{(k)} = [f_1^{(k)}, f_2^{(k)}, \cdots, f_m^{(k)}]^\mathrm{T}, \quad \delta_E^{(k)} = \max\left(\frac{\Delta E_1^{(k-1)}}{E_1^{(k)}}, \frac{\Delta E_2^{(k-1)}}{E_2^{(k)}}, \cdots, \frac{\Delta E_n^{(k-1)}}{E_n^{(k)}}\right)$$

$$\delta_f^{(k)} = \max(f_1^{(k)} - w_1, f_2^{(k)} - w_2, \cdots, f_m^{(k)} - w_m), \quad k=1,2,\cdots,\max k$$

$$\tag{7-45}$$

当 $\delta_E^{(k)}$ 和 $\delta_f^{(k)}$ 同时满足计算精度要求或迭代次数大于规定的最大迭代次数 $\max k$ 时,迭代计算结束[19]。

王凯[19]根据上面的计算式和计算步骤,依据阻尼最小二乘算法编制了计算机程序来验证其正确性,国内外同类成果的对比计算表明了阻尼最小二乘算法的优

越性。

2. 多层弹性体系各层弹性模量的两种新反算法

1) 多层弹性体系各层弹性模量的双正则化迭代反算法

式(7-36)两边左乘$[[S'_k]^T[S'_k]]^{-1}$,则可以改写为

$$\{\Delta E_k\} = -[[S'_k]^T[S'_k]]^{-1}[S'_k]^T\{S_k\} \tag{7-46}$$

由于需要对$[S'_k]^T[S'_k]$进行求逆运算,$[S'_k]^T[S'_k]$矩阵是否病态就会影响弹性模量反算的结果。借鉴式(7-12),式(7-46)可以写为

$$\{\Delta E_k\} = -[I-[[S'_k]^T[S'_k]+\alpha I]^{-1}\alpha I]^{-1}[[S'_k]^T[S'_k]+\alpha I]^{-1}[S'_k]^T\{S_k\} \tag{7-47}$$

式(7-47)可在有效降低$[S'_k]^T[S'_k]$的条件数的同时,使得计算稳定并得到弹性模量的最优解。

2) 多层弹性体系各层弹性模量的 Landweber 迭代反算法

正则化的迭代方法存在正则化参数的选取及迭代矩阵也需要求逆这两个主要困难,而迭代矩阵是否需要求逆是非线性最小二乘问题产生第一种不适定的重要原因。有必要寻找别的数值迭代方法,此类方法不需要迭代矩阵求逆运算,从而可避免迭代矩阵求逆而导致非线性最小二乘问题的第一种不适定性现象的出现。Landweber 迭代法就是此类方法的一种[20~22]。

根据矩阵理论原理

$$([S'_k]^T[S'_k])^{-1} = \frac{([S'_k]^T[S'_k])^*}{|([S'_k]^T[S'_k])|} \tag{7-48}$$

把式(7-48)的$|([S'_k]^T[S'_k])|$去掉,以$1/\beta$(这里$|([S'_k]^T[S'_k])|$不一定等于$1/\beta$)代替,则式(7-46)可写为

$$\{\Delta E_k\} = -\beta([S'_k]^T[S'_k])^*[S'_k]^T\{S_k\} \tag{7-49}$$

式(7-49)即为多层弹性体系各层弹性模量的 Landweber 迭代反算法。

一般地,适用于不适定非线性最小二乘问题的数值迭代算法,可以通过变化迭代格式来求解式(7-36)。

参 考 文 献

[1] 杨林德. 岩土工程问题的反演理论与工程实践[M]. 北京:科学出版社,1996.

[2] 杨志法,王思敬. 岩土工程反分析原理及应用[M]. 北京:地震出版社,2002.

[3] 吉洪诺夫 А Н,阿尔先宁 В Я. 不适定问题的解法[M]. 王秉忱译. 北京:地质出版社,1979.

[4] 李广信. 高等土力学[M]. 北京:清华大学出版社,2004.

[5] 王建,岑威钧,张煜. 邓肯-张模型参数反演的不唯一性[J]. 岩土工程学报,2011,33(7):

1054—1057.

[6] 唐利民,郑健龙. 邓肯-张模型参数反演的两种不适定问题[J]. 地震工程学报,2015,37(S1):1—4.

[7] 同济大学数学系. 高等数学[M]. 6版. 北京:高等教育出版社,2007.

[8] 唐利民,唐平英. 公路路基沉降分析与预测模型病态问题研究[J]. 中外公路,2008,28(2):75—79.

[9] 唐利民. 地基沉降预测模型的正则化算法[J]. 岩土力学,2010,31(12):3945—3948.

[10] 唐利民. 非线性最小二乘问题的不适定性及算法研究[D]. 长沙:中南大学,2011.

[11] 陈远洪,陈占,周革. 软基路堤工后沉降的幂多项式预测与分析[J]. 土木工程学报,2009,42(5):112—116.

[12] 邓聚龙. 灰色控制系统[M]. 武汉:华中工学院出版社,1985.

[13] 唐利民,朱建军. 软土路基沉降泊松模型的正则化牛顿迭代法[J]. 武汉大学学报(信息科学版),2013,38(1):69—73.

[14] 王新洲. 非线性模型参数估计理论与应用[M]. 武汉:武汉大学出版社,2002.

[15] 邓英尔,谢和平. 全过程沉降预测的新模型与方法[J]. 岩土力学,2005,26(1):1—4.

[16] 齐欢. 数学模型方法[M]. 武汉:华中理工大学出版社,1996.

[17] 霍凯成,陈华. 某高层建筑实测沉降泊松曲线拟合与方法探讨[J]. 国外建材科技,2007,28(2):70—72.

[18] 查旭东. 基于同伦方法的路面模量反算的研究[D]. 西安:长安大学,2001.

[19] 王凯. 层状弹性体系的力学分析与计算[M]. 北京:科学出版社,2009.

[20] Landweber L. An iteration formula for fredholm integral equations of the first kind[J]. American Journal of Mathematics,1951,73(3):615—624.

[21] Hanke M,Neubauer A,Scherzer O. A convergence analysis of the landweber iteration for nonlinear Ill-posed problems[J]. Numerische Mathematik,1995,72(1):21—37.

[22] 唐利民. 软土路基沉降泊松模型参数求解的多项式 Landweber 迭代法[J]. 岩土工程学报,2013,35(S2):853—856.

第8章 区间分析变形监测基础

变形是自然界普遍存在的现象,它是指变形体在各种荷载作用下,其形状、大小及位置在时间域和空间域中的变化。变形体的变形在一定范围内被认为是允许的,如果超出允许值,则可能引发灾害。自然界的变形危害现象很普遍,如地震、滑坡、岩崩、地表沉陷、火山爆发、溃坝以及道路、桥梁与建筑物的倒塌等。

所谓变形监测,就是利用测量专用仪器和方法对变形体的变形现象进行监测,如图 8-1 所示。其任务是确定在各种荷载和外力作用下,变形体的形状、大小及位置变化的空间状态和时间特征。变形监测工作是人们通过变形现象获得科学认识、检验理论和假设的必要手段[1~3]。

变形体的范畴可以大到整个地球,小到一个工程建(构)筑物的块体,它包括自然和人工构筑物。根据变形体的研究范围,可将变形监测研究对象划分为三类[3]:

(1)全球性变形研究,如监测全球板块运动、地极移动、地球自转速率变化、地潮等。

(2)区域性变形研究,如地壳形变监测、城市地面沉降等。

(3)工程和局部性变形研究,如监测工程建筑物的三维变形、滑坡体的滑动、地下开采引起的地表移动和下沉等。

在精密工程测量中,最具代表性的变形体有道路、桥梁、大坝、矿区、高层(耸)建筑物、防护堤、边坡、隧道、地铁、地表沉降等。

图 8-1 某边坡工程变形监测现场

岩土工程三大问题之一是岩土体的形变问题。目前一般采用点变量来表达岩土体某一位置的变形信息。然而,点变量表达的变形观测点的信息,没有区间变量所表达的观测点的信息全面。因此,在变形监测领域中,利用区间变量来研究变形体的变形规律和特征,要比点变量更能反映变形的复杂性。

区间变形监测在边坡、路基、桥梁、隧道等工程的变形监测与灾害预警中有三个重要的应用:一是监测数据的区间取值基本方法;二是多源监测数据的融合;三是变形分析理论与方法。

8.1　变形监测数据的区间取值基本方法

从测量的角度看,变形监测的数据来源都有一定的区间范围及精度范围。第3章提及的岩土参数区间取值基本理论和方法,即概率统计法、仪器精度法、最大最小值法等均可用于变形监测数据的区间取值。

变形监测数据的区间取值,有其自身的特点。例如,在特定情形下,某种监测数据的取值区间应该综合考虑各方面因素,使得此取值区间大于或小于监测数据本身的误差区间。

采用测量机器人对结构物的形变进行实时监测时,包括仪器在一定距离内的精度等各种因素,使得观测到的原始数据存在误差区间[4,5]。例如,图 8-2 和图 8-3 为毕威高速赫章特大桥 11# 高墩施工过程及变形监测,图 8-4 为 2012 年 5 月 24 日和 25 日,206m 墩高右幅 0 号块顶面处的观测数据[4]。

图 8-2　赫章特大桥 11# 高墩

若考虑测量机器人所获得监测数据本身的误差区间为[−2,2]mm,则意味着前 50 次观测时间段内(500min 内每间隔 10min 观测一次),此监测点没有位移。考虑到观测当天的天气(晴,温度 10~16℃,风力一级),可以设定当天观测数据的误差区间为[−2,2]mm。

图 8-3　赫章特大桥 11# 高墩变形监测

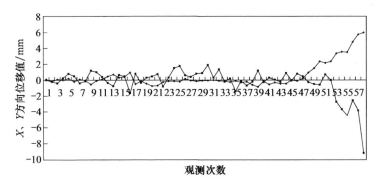

图 8-4　右幅 0 号块顶面处的观测数据(2012 年 5 月 24 日～25 日)

8.2　多源变形监测数据的融合

岩土工程的复杂性,使得现在的岩土工程变形监测技术越来越先进,同时也越来越复杂。从变形监测的数据源来看,有应力、应变、温度、湿度等适合在岩土体内部采集的数据,有通过 GPS、InSAR、遥感、摄影、全站仪等适合在岩土体外部采集的数据。这些通过不同手段、方法、仪器采集的数据,当需要使用时,必须经过复杂的前期处理。

有许多的教材和文献针对多源数据的融合理论进行讨论。本质上,多源数据与目前热议的大数据概念相类似,都是采集和分析不同途径获得的数据。本章只讨论区间分析在多源变形监测数据处理中的应用理论和方法。

8.2.1　前期处理

由于不同变形监测数据来源不同,当要进行具体某一工程的变形分析时,不同源的监测数据必须要有一个能够统一的标准。这个标准可以体现为精度、时间、工况等。借用区间分析中的区间变量,可以较好地实现一些标准的统一。

例如,当需要分析某公路边坡的变形时,利用多源采集的数据应该在同一工况和时间内,此时,工况和时间的表达即可采用区间变量来表达。

8.2.2　中期处理

中期处理主要是指处理过程中,特别是混合确定性模型,例如,结合力学、测量的变形预测确定性模型,由于计算公式中包含了多种变形监测数据,因此需要确定公式中各参数的区间取值。对于精度高的监测数据,可以采取区间宽度较小的区间取值,对于精度低的监测数据,适当采取区间宽度较大的区间取值,这样能更好地体现整个监测体系对变形的反映。

8.2.3　后期处理

后期处理是指确定什么样的指标为控制性指标或预警指标。传统的变形预警指标一般为点数值,但由于岩土工程的变形特性一般具有区间的特点。例如,以全站仪监测数据源为例,当变形数据位于区间$[0.1,1]$mm 时,大部分的边坡,可视为安全;当变形数据位于区间$[1,3]$mm 时,可以启动预警。另一个需要解决的问题就是,不同源监测数据的预警区间,需要协调。

区间变量要代替点变量作为变形监测的预警指标,还需要很多研究工作。

8.3　区间变形监测数据处理理论与方法

用数学模型来逼近、模拟和揭示工程建筑物的变形和动态特性是对建筑物变形分析的主要手段。变形分析与预测模型就是通过大量的重复观测结果,利用统计方法,通过变形与变形原因之间的相关性,建立荷载或环境量与变形之间的数学模型,并依此进行变形预测,或者依据变形自身随时间、空间变化特征及变化建立统计模型。常用的数学方法有曲线拟合、多元线性回归分析、逐步回归分析、频谱分析法、时间序列分析模型、多项式拟合法、灰色系统分析模型、Kalman 滤波模型、人工神经网络模型、组合法等。

统计模型是建立在数理统计基础上的一种模型。其缺点是,当法矩阵存在病态性时,参数估计的准确性和稳定性将大大降低,从而使模型的可靠性受到影响。

确定性模型是建立在物理力学概念基础上的,它结合建筑物和基础的实际工作状态,应用有限元方法或工程力学方法计算外荷载作用下建筑物和基础的位移场,然后以实测值进行校验,求得反映建筑物和基础的平均力学参数的调整系数,从而建立确定性模型。

随着现代科学技术的发展和计算机应用水平的提高,各种理论和方法为变形分析和变形预报提供了广泛的研究途径。由于变形体变形机理的复杂性和多样性,对变形分析与建模理论和方法的研究,需要结合地质、力学、水文等相关学科的信息和方法,引入数学、数字信号处理、系统科学以及非线性科学的理论,采用数学模型来逼近、模拟和揭示变形体的变形规律和动态特征,为工程设计和灾害防治提供科学的依据[3]。

变形观测数据分析与预测模型中,由于变形观测数据的近似或扰动,和真实形变存在一定误差,在一定的观测手段和方法下,这类误差导致目标函数的变化并不大,但其所求的模型参数会存在巨大差异。

8.3.1　回归分析法

1. 曲线拟合

曲线拟合是趋势分析法中的一种,又称为曲线回归、趋势外推或趋势曲线分析,它是迄今为止研究最多、也最为流行的定量预测方法。

常用各种光滑曲线来近似描述事物发展的基本趋势,即

$$Y_t = f(t,\theta) + \varepsilon_t \tag{8-1}$$

式中,Y_t 为预测对象;ε_t 为预测误差;$f(t,\theta)$ 根据不同的情况和假设,可取不同的形式,而其中的 θ 是代表某些待定的参数,下面是几个典型的趋势模型。

多项式趋势模型:$Y_t = a_0 + a_1 t + \cdots + a_n t^n$。

对数趋势模型:$Y_t = a + b\ln t$。

幂函数趋势模型:$Y_t = at^b$。

指数趋势模型:$Y_t = ae^{bt}$。

双曲线趋势模型:$Y_t = a + b/t$。

修正指数模型:$Y_t = L - ae^{bt}$。

Logistic 模型:$Y_t = \dfrac{L}{1 + \mu e^{-bt}}$。

Gompertz 模型:$Y_t = L\exp(-\beta e^{-\theta t}), \beta > 0, \theta > 0$。

皮尔曲线数学模型:$Y_t = \dfrac{L}{1 + ae^{-bt}}$。

其中,L 为函数增长上限;a 和 b 为系数。

2. 多元线性回归分析

经典的多元线性回归分析法仍然广泛应用于变形观测数据处理的数理统计中。它是研究一个变量(因变量)与多个因子(自变量)之间非确定关系(相关关系)

最基本的方法。该方法通过分析所观测的变形(效应量)和外因(原因)之间的相关性,来建立荷载-变形之间关系的数学模型。其数学模型为

$$\begin{cases} y_t = \beta_0 + \beta_1 x_{t1} + \beta_2 x_{t2} + \cdots + \beta_p x_{tp} + \varepsilon_t, & t = 1,2,\cdots,n \\ \varepsilon_t \sim N(0,\sigma^2) \end{cases} \tag{8-2}$$

8.3.2　时间序列分析模型

时间序列分析是 20 世纪 20 年代后期开始出现的一种现代数据处理方法,是系统辨识与系统分析的重要方法,也是一种动态的数据处理方法。时间序列分析的特点在于:逐次的观测值通常是不独立的,且分析必须考虑观测资料的时间顺序,当逐次观测值相关时,未来数值可以由过去观测资料来预测,可以利用观测数据之间的自相关性建立相应的数学模型来描述客观现象的动态特征。

时间序列分析的基本思想是:对于平稳、正态、零均值的时间序列 $\{x_t\}$,若 x_t 的取值不仅与其前 n 步的各个取值 $x_{t-1}, x_{t-2}, \cdots, x_{t-n}$ 有关,而且与前 m 步的各个干扰 $a_{t-1}, a_{t-2}, \cdots, a_{t-m}$ 有关 $(n,m=1,2,\cdots)$,则按多元线性回归的思想,可得到最一般的 ARMA 模型为

$$x_t = \phi_1 x_{t-1} + \phi_2 x_{t-2} + \cdots + \phi_n x_{t-n} - \theta_1 a_{t-1} - \theta_2 a_{t-2} - \cdots - \theta_m a_{t-m} + a_t \tag{8-3}$$

$$a_t \sim N(0,\sigma_a^2)$$

式中,$\phi_i (i=1,2,\cdots,n)$ 为自回归参数;$\theta_j (j=1,2,\cdots,m)$ 为滑动平均参数;$\{a_t\}$ 这一序列为白噪声序列。式(8-3)称为 x_t 的自回归滑动平均模型,记为 ARMA(n,m) 模型。

ARMA(n,m) 模型是时间序列分析中最具代表性的一类线性模型。它与回归模型的根本区别在于:回归模型可以描述随机变量与其他变量之间的相关关系。但是,一组随机观测数据 $x_1, x_2, \cdots$,即一个时间序列 $\{x_t\}$ 却不能陈述其内部的相关关系;另外,实际上,某些随机过程与另一些变量取值之间的随机关系往往根本无法用任何函数关系式来描述。这时,需要采用这个随机过程本身的观测数据之间的依赖关系来揭示这个随机过程的规律性。$x_t, x_{t-1}, x_{t-2}, \cdots$,同属于时间序列 $\{x_t\}$,是序列中不同时刻的随机变量,彼此相互关联,带有记忆性和继续性,是一种动态数据模型。

特点比较符合工程建筑物的变形机理,所以利用时间序列理论来分析变形机理也为人们所采纳。时间序列参数分为粗估计和精估计,精估计中应用最小二乘原理来估计模型参数是非常常用的。对于 AR(n) 模型,有

$$x_t = \varphi_1 x_{t-1} + \varphi_2 x_{t-2} + \cdots + \varphi_n x_{t-n} + a_t \tag{8-4}$$

若共有 x_1、x_2、$\cdots$,x_N N 个采样数据,则有

$$Y = X\varphi + a \tag{8-5}$$

式中,

$$X = \begin{bmatrix} x_1 & x_2 & \cdots & x_n \\ x_2 & x_3 & \cdots & x_{n+1} \\ \vdots & \vdots & & \vdots \\ x_{N-n} & x_{N-n-1} & \cdots & x_{N-1} \end{bmatrix}, \quad \varphi = \begin{bmatrix} \varphi_n \\ \varphi_{n-1} \\ \vdots \\ \varphi_1 \end{bmatrix}, \quad Y = \begin{bmatrix} x_{n+1} \\ x_{n+2} \\ \vdots \\ x_N \end{bmatrix}, \quad a = \begin{bmatrix} a_{n+1} \\ a_{n+2} \\ \vdots \\ a_N \end{bmatrix}$$

则 φ 的最小二乘估计为

$$\varphi_{LS} = (X^T X)^{-1} X^T Y \tag{8-6}$$

如果矩阵 $X^T X$ 的各元素是由数值很接近的数据大量累加而成的,数值彼此很接近,X 中的列存在复共线性,则式(8-6)将成为病态方程组,φ_{LS} 的数值解将很不稳定。

某边坡的序列变形观测数据共 8 个,见表 8-1。采用 AR(4)模型进行观测数据的时间序列分析[6]。

$$X = \begin{bmatrix} 9.79 & 11.44 & 13.00 & 14.68 \\ 11.44 & 13.00 & 14.68 & 16.29 \\ 13.00 & 14.68 & 16.29 & 17.90 \\ 14.68 & 16.29 & 17.90 & 19.56 \end{bmatrix}, \quad Y = \begin{bmatrix} 16.29 \\ 17.90 \\ 19.56 \\ 21.21 \end{bmatrix}$$

则

$$A = X^T X = \begin{bmatrix} 611.0300 & 690.5029 & 769.6352 & 849.8561 \\ 690.5029 & 780.5444 & 870.1804 & 961.0694 \\ 769.6352 & 870.1804 & 970.2789 & 1071.7783 \\ 849.8561 & 961.0694 & 1071.7783 & 1184.0554 \end{bmatrix}$$

此时,$\varphi_{LS} = (X^T X)^{-1} X^T Y = [-0.4658, 0.1635, 0.1649, 1.1468]$。则第九个数据的预测值为 $1.1468 \times 21.21 + 0.1649 \times 19.56 + 0.1635 \times 17.90 + (-0.4658) \times 16.29 = 22.89(\text{cm})$。

现设观测数据的 3 倍标准差为 0.3mm。表 8-1 可写成表 8-2。

表 8-1　某边坡变形观测数据(点变量)　　　　　　　(单位:cm)

序号	1	2	3	4	5	6	7	8
x_{1N}	9.79	11.44	13.00	14.68	16.29	17.90	19.56	21.21

表 8-2　某边坡变形观测数据(区间变量)　　　　　　(单位:cm)

序号	1	2	3	4
x_{1N}	[9.76,9.82]	[11.41,11.47]	[12.97,13.03]	[14.65,14.71]
序号	5	6	7	8
x_{1N}	[16.26,16.32]	[17.87,17.93]	[19.53,19.59]	[21.18,21.24]

由表 8-2 可知：

$$X_{\text{val}} = \begin{bmatrix} [9.76,9.82] & [11.41,11.47] & [12.97,13.03] & [14.65,14.71] \\ [11.41,11.47] & [12.97,13.03] & [14.65,14.71] & [16.26,16.32] \\ [12.97,13.03] & [14.65,14.71] & [16.26,16.32] & [17.87,17.93] \\ [14.65,14.71] & [16.26,16.32] & [17.87,17.93] & [19.53,19.59] \end{bmatrix}$$

$$Y_{\text{val}} = \begin{bmatrix} [16.26,16.32] \\ [17.87,17.93] \\ [19.53,19.59] \\ [21.18,21.24] \end{bmatrix}$$

此时，X_{val}、Y_{val} 称为区间矩阵。后续的计算需要根据区间矩阵的运算法则及最小二乘法原理进行。

但是，由于区间矩阵求逆算法的复杂性，在 INTLAB6.0 版本中，还不能有效地计算区间矩阵的逆，导致按照式（8-3）的计算结果出错。同时，由于时间序列 AR(n) 模型的严重病态性，INTLAB 命令 verifylss(a,b) 也不能计算出结果。2.2.2 节关于最小二乘问题的例 2-2 和例 2-3，在无法获得逆矩阵的情形下，INTLAB 命令 verifylss(a,b) 还能计算出正确的结果。表 8-2 中数据基于时间序列 AR(4) 模型的 Matlab 执行代码如下：

```
>>
x = [infsup(9.76,9.82),infsup(11.41,11.47),infsup(12.97,13.03),inf-
sup(14.65,14.71);infsup(11.41,11.47),infsup(12.97,13.03),infsup(14.65,
14.71),infsup(16.26,16.32);infsup(12.97,13.03),infsup(14.65,14.71),
infsup(16.26,16.32),infsup(17.87,17.93);infsup(14.65,14.71),infsup
(16.26,16.32),infsup(17.87,17.93),infsup(19.53,19.59)];
>>
y = [infsup(16.26,16.32);infsup(17.87,17.93);infsup(19.53,19.59);
infsup(21.18,21.24)];
>>a1 = x' * x
intval a1 =
   1.0e + 003  *
     0.61 ___      0.69 ___      0.77 ___      0.85 ___
     0.69 ___      0.78 ___      0.87 ___      0.96 ___
     0.77 ___      0.87 ___      0.97 ___      1.07 ___
     0.85 ___      0.96 ___      1.07 ___      1.18 ___
>>b1 = x' * y
intval b1 =
```

1. 0e + 003 ∗

    0. 93 ___

    1. 05 ___

    1. 17 ___

    1. 30 ___

\>\>s1 = a1\b1

intval s1 =

    NaN

    NaN

    NaN

    NaN

\>\>s2 = verifylss(a1,b1)

intval s2 =

    NaN

    NaN

    NaN

    NaN

\>\>s3 = inv(x' ∗ x) ∗ x' ∗ y

intval s3 =

    NaN

    NaN

    NaN

    NaN

矩阵 x 的取中点值的点矩阵为

\>\>

xmid = [9. 79, 11. 44, 13. 00, 14. 68; 11. 44, 13. 00, 14. 68, 16. 29; 13. 00, 14. 68,16. 29,17. 90;14. 68,16. 29,17. 90,19. 56]

xmid =

   9. 7900   11. 4400   13. 0000   14. 6800

   11. 4400   13. 0000   14. 6800   16. 2900

   13. 0000   14. 6800   16. 2900   17. 9000

   14. 6800   16. 2900   17. 9000   19. 5600

其行列式值与条件数为

\>\>det(xmid' ∗ xmid)

ans =

　　0. 0246

\>\>cond(xmid' * xmid)

ans =

　　1. 7613e + 06

　　上例表明,由于计算模型矩阵的病态性(x 的条件数达到 1.7613×10^6),数值计算上会产生很大的困难。2.2.2 节也已经举例说明。为获得有意义的 φ_{LS} 值,X 采用中点值的点矩阵,Y 采用区间矩阵计算。MATLAB 执行代码如下:

\>\>

x = [infsup(9. 76,9. 82), infsup(11. 41,11. 47), infsup(12. 97,13. 03), inf-
sup(14. 65,14. 71); infsup(11. 41,11. 47), infsup(12. 97,13. 03), infsup(14. 65,
14. 71), infsup(16. 26, 16. 32); infsup(12. 97, 13. 03), infsup(14. 65, 14. 71),
infsup(16. 26, 16. 32), infsup(17. 87, 17. 93); infsup(14. 65, 14. 71), infsup
(16. 26, 16. 32), infsup(17. 87, 17. 93), infsup(19. 53, 19. 59)];

\>\>

xmid = [9. 79, 11. 44, 13. 00, 14. 68; 11. 44, 13. 00, 14. 68, 16. 29; 13. 00,
14. 68, 16. 29, 17. 90; 14. 68, 16. 29, 17. 90, 19. 56];

\>\>

y = [infsup(16. 26, 16. 32); infsup(17. 87, 17. 93); infsup(19. 53, 19. 59);
infsup(21. 18, 21. 24)];

\>\>s4 = inv(xmid' * xmid) * xmid' * y

intval s4 =

[− 0. 9667, 0. 0352]

[− 0. 5077, 0. 8348]

[− 0. 8823, 1. 2122]

[0. 4990, 1. 7947]

\>\>s5 = xmid' * xmid\xmid' * y

intval s5 =

[− 0. 9667, 0. 0352]

[− 0. 5077, 0. 8348]

[− 0. 8823, 1. 2122]

[0. 4990, 1. 7947]

　　不同的计算方式,s4 和 s5 得到的区间矩阵相同。s4 和 s5 的中点值点矩阵为 $[-0.4658, 0.1635, 0.1649, 1.1468]$,与完全采用点变量计算得到的结果 $\varphi_{LS} = (X^T X)^{-1} X^T Y = [-0.4658, 0.1635, 0.1649, 1.1468]$ 相等。

　　基于区间运算法则,预测出第 9 个数据区间值为 $[-31.5951, 77.4089]$。

```
>>
```

$\mathrm{infsup}(0.4990, 1.7947) * \mathrm{infsup}(21.18, 21.24) + \mathrm{infsup}(-0.8823, 1.2122)$

$* \mathrm{infsup}(19.53, 19.59) + \mathrm{infsup}(-0.5077, 0.8348) * \mathrm{infsup}(17.87, 17.93) +$

$\mathrm{infsup}(-0.9667, 0.0352) * \mathrm{infsup}(16.26, 16.32)$

```
intval ans =
```

$[-31.5951, 77.4089]$

第 9 个数据中点值为 22.91cm，与点变量预测结果 22.89cm 接近。

8.3.3　灰色系统分析模型

1. GM(1,N)模型

在灰色系统理论中，由 GM(1,N) 模型描述的系统状态方程提供了系统主行为与其他行为因子之间的不确定性关联的描述方法，它根据系统因子之间发展态势的相似性，来进行系统主行为因子与其他行为因子的动态关联分析[7]。

GM(1,N) 是一阶的 N 个变量的微分方程模型，令 $x_1^{(0)}$ 为系统主行为因子，$x_i^{(0)}(i=2,3,\cdots,N)$ 为行为因子：

$$x_1^{(0)} = \left[x_1^{(0)}(1), x_1^{(0)}(2), \cdots, x_1^{(0)}(n) \right] \tag{8-7}$$

$$x_i^{(0)} = \left[x_i^{(0)}(1), x_i^{(0)}(2), \cdots, x_i^{(0)}(n) \right] \tag{8-8}$$

式中，n 是数据系列的长度，记 $x_i^{(1)}$ 是 $x_i^{(0)}(i=1,2,\cdots,N)$ 的一阶累加生成序列。则 GM(1,N) 白化形式的微分方程为

$$\frac{\mathrm{d}x_1^{(1)}}{\mathrm{d}t} + a x_1^{(1)} = b_1 x_2^{(1)} + b_2 x_3^{(1)} + \cdots + b_{N-1} X_N^{(1)} \tag{8-9}$$

将式(8-9)离散化，且取 $x_i^{(1)}$ 的背景值后，便可构成下面的矩阵形式：

$$\begin{bmatrix} x_1^{(0)}(2) \\ x_1^{(0)}(3) \\ \vdots \\ x_1^{(0)}(n) \end{bmatrix} = a \begin{bmatrix} -z_1^{(1)}(2) \\ -z_1^{(1)}(3) \\ \vdots \\ -z_1^{(1)}(n) \end{bmatrix} + b_1 \begin{bmatrix} x_2^{(1)}(2) \\ x_2^{(1)}(3) \\ \vdots \\ x_2^{(1)}(n) \end{bmatrix} + \cdots + b_{N-1} \begin{bmatrix} x_N^{(1)}(2) \\ x_N^{(1)}(3) \\ \vdots \\ x_N^{(1)}(n) \end{bmatrix} \tag{8-10}$$

式中，$z_1^{(1)} = 0.5 x_1^{(1)}(k) + 0.5 x_1^{(1)}(k-1), k=2,3,\cdots,n$。

令

$$y_N = \begin{bmatrix} x_1^{(0)}(2) \\ x_1^{(0)}(3) \\ \vdots \\ x_1^{(0)}(n) \end{bmatrix}, \quad B_N = \begin{bmatrix} -z_1^{(1)}(2) & x_2^{(1)}(2) & \cdots & x_N^{(1)}(2) \\ -z_1^{(1)}(3) & x_2^{(1)}(3) & \cdots & x_N^{(1)}(3) \\ \vdots & \vdots & & \vdots \\ -z_1^{(1)}(n) & x_2^{(1)}(n) & \cdots & x_N^{(1)}(n) \end{bmatrix}, \quad \widehat{a} = [a, b_1, b_2, \cdots, b_{N-1}]^{\mathrm{T}}$$

由此可写成下面的形式：

$$y_N = B\widehat{a} \tag{8-11}$$

由最小二乘法,可求得参数 $\hat{a}$ 的计算式为

$$\hat{a} = (B^{\mathrm{T}}B)^{-1}B^{\mathrm{T}}y_N \tag{8-12}$$

将求得的参数值 $\hat{a}$ 代入式(8-9),解此微分方程,可求得响应函数为

$$\hat{x}_1^{(1)}(k+1) = \left[x_1^{(1)}(1) - \frac{b_1}{a}x_2^{(1)}(k+1) - \cdots - \frac{b_{N-1}}{a}x_N^{(1)}(k+1) \right]e^{-ak} \tag{8-13}$$
$$+ \frac{b_1}{a}x_2^{(1)}(k+1) + \frac{b_2}{a}x_3^{(1)}(k+1) + \cdots + \frac{b_{N-1}}{a}x_N^{(1)}(k+1)$$

由式(8-13),便可根据 k 时刻的已知值 $x_2^{(1)}(k+1), x_3^{(1)}(k+1), \cdots, x_N^{(1)}(k+1)$ 来预报同一时刻的 $\hat{x}_1^{(1)}(k+1)$。并求其还原值:

$$\hat{x}_1^{(0)}(k+1) = \hat{x}_1^{(1)}(k+1) - \hat{x}_1^{(1)}(k) \tag{8-14}$$

2. GM(1,1)模型

设非负离散数列为

$$x^{(0)} = \{x^{(0)}(1), x^{(0)}(2), \cdots, x^{(0)}(n)\}$$

式中,n 为序列长度。

对 $x^{(0)}$ 进行一次累加生成,即可得到一个生成序列 $x^{(1)} = \{x^{(1)}(1), x^{(1)}(2), \cdots, x^{(1)}(n)\}$,对此生成序列建立一阶微分方程:

$$\frac{\mathrm{d}x^{(1)}}{\mathrm{d}t} + \otimes ax^{(1)} = \otimes u \tag{8-15}$$

记为 GM(1,1)。

式中,$\otimes a$ 和 $\otimes u$ 是灰参数,其白化值(灰区间中的一个可能值)为 $\hat{a} = [a \quad u]^{\mathrm{T}}$,用最小二乘法求解,得

$$\hat{a} = [a, u]^{\mathrm{T}} = (B^{\mathrm{T}}B)^{-1}B^{\mathrm{T}}y_N \tag{8-16}$$

式中,$B = \begin{bmatrix} -\dfrac{1}{2}[x^{(1)}(2) + x^{(1)}(1)] & 1 \\ -\dfrac{1}{2}[x^{(1)}(3) + x^{(1)}(2)] & 1 \\ \vdots & \vdots \\ -\dfrac{1}{2}[x^{(1)}(n) + x^{(1)}(n-1)] & 1 \end{bmatrix}$; $y_N = \begin{bmatrix} x^{(0)}(2) \\ x^{(0)}(3) \\ \vdots \\ x^{(0)}(n) \end{bmatrix}$。

求出 $\hat{a}$ 后代入式(8-15),解出微分方程得

$$\hat{x}^{(1)}(k+1) = \left[x^{(0)}(1) - \frac{u}{a} \right]e^{-ak} + \frac{u}{a} \tag{8-17}$$

对 $\hat{x}^{(1)}(k+1)$ 做累减生成,可得还原数据为

$$\hat{x}^{(0)}(k+1) = \hat{x}^{(1)}(k+1) - \hat{x}^{(1)}(k) \tag{8-18}$$

或

$$\hat{x}^{(0)}(k+1) = (1-\mathrm{e}^{-a})\left[x^{(0)}(1) - \frac{u}{a}\right]\mathrm{e}^{-ak} \tag{8-19}$$

式(8-18)和式(8-19)即为灰色预测的两个基本模型。当 $k<n$ 时,称 $\hat{x}^{(0)}(k)$ 为模型模拟值;当 $k=n$ 时,称 $\hat{x}^{(0)}(k)$ 为模型滤波值;当 $k>n$ 时,称 $\hat{x}^{(0)}(k)$ 为模型预测值。

试采用 GM(1,1)灰色预测模型计算灰参数 $\hat{a}$。

由

$$B = \begin{bmatrix} -(4.6+9.8)/2 & 1 \\ -(9.8+15.1)/2 & 1 \\ -(15.1+20.5)/2 & 1 \\ -(20.5+26.3)/2 & 1 \end{bmatrix} = \begin{bmatrix} -7.2 & 1 \\ -12.45 & 1 \\ -17.8 & 1 \\ -23.4 & 1 \end{bmatrix}, \quad y = \begin{bmatrix} 5.2 \\ 5.3 \\ 5.4 \\ 5.8 \end{bmatrix}$$

得 $\hat{a} = [a,u]^{\mathrm{T}} = (B^{\mathrm{T}}B)^{-1}B^{\mathrm{T}}y_N = [-0.0354, 4.8864]$。$B^{\mathrm{T}}B$ 的条件数为 788.2102。

按式(8-17),预测得 $x^{(1)}(6) = 32.2184$。

MATLAB 执行代码为

```
>>(4.6 - 4.8864/(-0.0354)) * exp(0.0354 * 5) + 4.8864/(-0.0354)
```

预测得 $x^{(1)}(7) = 38.3532$。

MATLAB 执行代码为

```
(4.6 - 4.8864/(-0.0354)) * exp(0.0354 * 6) + 4.8864/(-0.0354)
```

进一步可得 $x^{(0)}(6) = 32.2184 - 26.3 = 5.9184$,$x^{(0)}(7) = 38.3532 - 32.2184 = 6.1348$。

现设观测数据的 3 倍标准差为 0.5mm,表 8-3 可写成表 8-4 的形式。

表 8-3　某路基沉降观测资料(点变量)　　　　　　　　　（单位:cm）

序号	1	2	3	4	5
$x^{(0)}$	4.6	5.2	5.3	5.4	5.8
$x^{(1)}$	4.6	9.8	15.1	20.5	26.3

表 8-4　某路基沉降观测资料(区间变量)　　　　　　　　　（单位:cm）

序号	1	2	3	4	5
$x^{(0)}$	[4.55,4.65]	[5.15,5.25]	[5.25,5.35]	[5.35,5.45]	[5.75,5.85]
$x^{(1)}$	[4.55,4.65]	[9.70,9.90]	[14.95,15.25]	[20.3,20.7]	[26.05,26.55]

试计算 GM(1,1)模型的灰参数 $\hat{a}$。

易知

$$B_1 = \begin{bmatrix} -[7.1249,7.2751] & 1 \\ -[12.3249,12.5751] & 1 \\ -[17.6249,17.9751] & 1 \\ -[23.1750,23.6251] & 1 \end{bmatrix}, \quad y_1 = \begin{bmatrix} [5.15,5.25] \\ [5.25,5.35] \\ [5.35,5.45] \\ [5.75,5.85] \end{bmatrix}$$

MATLAB 执行代码如下：

>>

b1=[-infsup(7.1249,7.2751),1;-infsup(12.3249,12.5751),1;-infsup(17.6249,17.9751),1;-infsup(23.1750,23.6251),1];

>>y1=[infsup(5.15,5.25);infsup(5.25,5.35);infsup(5.35,5.45);infsup(5.75,5.85)];

>>s=inv(b1'*b1)*b1'*y1

intval s =

[-1.8272,1.7564]

[-23.3342,33.1070]

GM(1,1)模型的灰参数 $\hat{a}=([-1.8272,1.7564],[-23.3342,33.1070])$。$s$ 的中点值点矩阵为 $[-0.0354,4.8864]$，与采用点变量计算得到的结果 $\hat{a}=(B^{\mathrm{T}}B)^{-1}B^{\mathrm{T}}y_N=[-0.0354,4.8864]$ 相等。此例中，B_1 的中点值点矩阵转置后互乘，点矩阵 $B_1^{\mathrm{T}}B_1$ 条件数为 788.2102。对于 GM(1,1)模型信息矩阵病态问题的解决，很多文献提出了自己的方法[8]。本书作者提出的调整计量单位法[9]，有效降低了信息矩阵的条件数，且调整实测数据计量单位不会影响模型的相对残差、平均残差及预测精度。

当采用区间灰参数进一步预测 $x^{(1)}(6)$，$x^{(1)}(7)$ 的区间值时，式(8-17)的 MATLAB 执行代码如下：

>>

(infsup(4.55,4.65) - infsup(-23.3342,33.1070)/(infsup(-1.8272,1.7564))) * exp(-infsup(-1.8272,1.7564)*5) + infsup(-23.3342,33.1070)\infsup(-1.8272,1.7564)

intval ans =

NaN

由于 INTLAB 软件无法计算，可以采用区间灰参数的中点值，利用此中点值进行预测。即预测 $x^{(1)}(6)$ 的 MATLAB 执行代码改写为

>>

infsup((infsup(4.55,4.65) - 4.8864/(-0.0354)) * exp(0.0354*5) + 4.8864/(-0.0354))

intval =

[32.1586,32.2781]

预测 $x^{(1)}(7)$ 的 MATLAB 执行代码改写为

>>

infsup((infsup(4.55,4.65) – 4.8864/(-0.0354)) * exp(0.0354 * 6)+ 4.8864/(-0.0354))

intval =

[38.2914,38.4151]

由 $x^{(1)}(6)=[32.1586,32.2781]$，$x^{(1)}(7)=[38.2914,38.4151]$，得到 $x^{(0)}(6)=[5.6085,6.2282]$，$x^{(0)}(7)=[6.0133,6.2566]$。$x^{(0)}(6)$ 的中点值为 5.9184，$x^{(0)}(7)$ 的中点值为 6.1349，与点变量预测值相同。

参 考 文 献

[1]　陈永奇. 变形观测数据处理[M]. 北京:测绘出版社,1988.

[2]　陈永奇,吴子安,吴中如. 变形监测分析与预报[M]. 北京:测绘出版社,1998.

[3]　黄声享,尹晖,蒋征. 变形监测数据处理[M]. 武汉:武汉大学出版社,2010.

[4]　唐利民. 贵州省毕节至威宁高速公路赫章特大桥 11♯ 高墩施工过程中的形变规律研究[R]. 长沙:长沙理工大学,2013.

[5]　唐利民. 贵州省赤水至望谟高速公路仁赤段二郎河特大桥主桥施工测量控制研究[R]. 长沙:长沙理工大学,2014.

[6]　唐利民,唐平英. 公路路基沉降分析与预测模型病态问题研究[J]. 中外公路,2008,28(2):75−79.

[7]　邓聚龙. 灰色控制系统[M]. 武汉:华中工学院出版社,1985.

[8]　唐利民,郑健龙. 膨胀土 CBR 指标 GM(1,1)确定法中病态问题的解算方法[C]//第三届全国膨胀土学术研讨会论文集,海口,2013,(12):142−146.

[9]　唐利民. GM(1,1)病态问题求解的调整计量单位法[J]. 武汉大学学报(信息科学版),2014,39(9):1038−1042.

第 9 章   区间分析岩土工程计算实例

区间变量代替点变量、区间运算法则代替点运算法则,作为岩土工程计算手段的新理论、新方法,还需要做很多工作。本章给出岩土工程勘察、浅基础、深基础、地基处理、土工结构与边坡防护、基坑与地下工程、特殊条件下的岩土工程、地震工程、岩土工程检测和监测九个方面的计算实例[1,2]。

9.1   岩土工程勘察

[例题 9-1]   某场地地基处理采用水泥土搅拌桩法,桩径 0.5m,桩长 12m,矩形布桩,桩间距 1.2m×1.6m,按《建筑地基处理技术规范》(JGJ 79—2002)规定,复合地基竣工验收时,承载力检验应采用复合地基荷载试验,试求单桩复合地基荷载试验的压板面积为多少? 现场桩径、桩间距的施工误差均为±0.01m。

[解]:单桩复合地基荷载试验压板面积为一根桩所承担的处理面积,即

$$A_e = \frac{A_p}{m}, \quad m = \frac{d^2}{d_e^2}$$

式中,A_e 为压板面积;A_p 为桩体截面积;m 为置换率;d 为桩身直径;d_e 为一根桩分担处理地基面积的等效圆直径,矩形布桩 $d_e = 1.13\sqrt{s_1 s_2}$;s_1 和 s_2 为桩纵向间距和横向间距。

桩径区间值为[0.49, 0.51],桩间距区间值为[1.19, 1.21]×[1.59, 1.61]。则

$$d_e = 1.13 \times \sqrt{[1.19, 1.21] \times [1.59, 1.61]} = [1.5543, 1.5772] \text{(m)}$$

$$m = \frac{d^2}{d_e^2} = \frac{[0.49, 0.51]^2}{[1.5543, 1.5772]^2} = [0.0965, 0.1077]$$

$$A_e = \frac{A_p}{m} = \frac{\pi \times 0.25^2}{[0.0965, 0.1077]} = [1.8231, 2.0348]$$

$$= [1.8231, 2.0348] \text{(m}^2\text{)}$$

不考虑现场施工误差,用点变量计算得 $A_e = 1.92 \text{m}^2$。

MATLAB 代码如下:

d_e:infsup(1.13 * sqrt(infsup(1.19, 1.21) * infsup(1.59, 1.61)))

m:infsup(0.49, 0.51)^2/infsup(1.5543, 1.5772)^2

A_e:3.1415926 * 0.25^2/infsup(0.0965, 0.1077)

本例在每一行 MATLAB 代码前面标明了计算参数,是方便读者明白每一行

执行的计算参数。后续例题基本上也是按照题目要求的计算顺序提供代码顺序,其参数不再在每一行代码前面标注。

[**例题 9-2**] 钻机立轴升至最高时套管口为 1.5m,取样用钻杆总长 21.0m,取土器全长 1.0m,下至孔底后机上残尺 1.10m,钻孔用套管护壁,套管总长 18.5m,另有管靴与孔口护箍各高 0.15m,套管口露出地面 0.4m,试求取样位置至套管口的距离为多少? 各长度、尺寸量测精度均为±0.01m。

[**解**]:取样位置至套管口的距离为

$$l = \{([20.99,21.01]+[0.99,1.01])-([1.49,1.51]+[1.09,1.11])\}$$
$$-\{([18.49,18.51]+[0.14,0.16]+[0.14,0.16])-[0.39,0.41]\}$$
$$=[0.9199,1.0801](\text{m})$$

不考虑现场各长度、尺寸量测精度,用点变量计算得 $l=1.0$m。

MATLAB 代码如下:

```
((infsup(20.99,21.01) + infsup(0.99,1.01))-(infsup(1.49,1.51) + infsup(1.09,1.11)))-((infsup(18.49,18.51) + infsup(0.14,0.16) + infsup(0.14,0.16))-infsup(0.39,0.41))
```

[**例题 9-3**] 某场地进行压水试验,压力和流量关系见表 9-1,试验段位于地下水位以下,试验段长、宽均为 5.0m,地下水位埋藏深度为 50m,试计算试验段的单位吸水量。设压力测量精度为±0.01MPa,水流量测量精度为±1(L/min)。

表 9-1 压力和流量关系表

压力 p/MPa	0.3	0.6	1.0
水流量 Q/(L/min)	30	65	100

[**解**]:单位吸水量为

$$W = \frac{Q}{lp}$$

式中,W 为单位吸水量,L/(min·m²);Q 为压水稳定流量,L/min;l 为试验段长度,m;p 为试验段压水时所加的总压力,MPa。

则

$$W_1 = [29,31]/([0.29,0.31]\times5) = [18.7096,21.3794]$$
$$W_2 = [64,65]/([0.59,0.61]\times5) = [20.9836,22.0339]$$
$$W_3 = [99,101]/([0.99,1.01]\times5) = [19.6039,20.4041]$$
$$W = \frac{1}{3}(W_1+W_2+W_3)$$
$$=([18.7096,21.3794]+[20.9836,22.0339]+[19.6039,20.4041])/3$$
$$=[19.7656,21.2725]=[19.8,21.3][\text{L/(min·m}^2)]$$

不考虑压力、水流量量测精度,用点变量计算得 $W=20.6$ L/(min·m²)。

MATLAB 代码如下:

```
infsup(29,31)/(infsup(0.29,0.31)*5)
infsup(64,65)/(infsup(0.59,0.61)*5)
infsup(infsup(99,101)/(infsup(0.99,1.01)*5))
(infsup(18.7096,21.3794)+infsup(20.9836,22.0339)+infsup(19.6039,
20.4041))/3
```

[例题 9-4]　现场用灌砂法测定某土层的干密度,试验参数见表 9-2,试计算该土层的干密度。设土样质量量测精度为±0.1g,含水率量测精度为±0.1%。

表 9-2　灌砂法试验参数

试坑用标准砂质量 m_s/g	标准砂密度 ρ_s/(g/cm³)	土样质量 m_p/g	土样含水率 w
12566.40	1.6	15315.3	14.5%

[解]:土样质量区间值为[15315.2,15315.4]g,土样含水率区间值为[14.4,14.6]%。则有

标准砂体积:

$$V=\frac{m_s}{\rho_s}=\frac{12556.4}{1.6}=7854(\text{cm}^3)$$

土样密度:

$$\rho=\frac{[15315.2,15315.4]}{7854}=[1.9499,1.9501](\text{g/cm}^3)$$

土样干密度:

$$\rho_d=\frac{\rho}{1+w}=\frac{[1.9499,1.9501]}{1+[0.144,0.146]}$$
$$=[1.7014,1.7047](\text{g/cm}^3)$$

MATLAB 代码如下:

```
infsup(infsup(15315.2,15315.4)/7854)
infsup(infsup(1.9499,1.9501)/infsup(1.144,1.146))
```

[例题 9-5]　已知花岗岩残积土土样的天然含水率 $w=30.6\%$,粒径小于 0.5mm 细粒土的液限 $w_L=50\%$,塑限 $w_P=30\%$,粒径大于 0.5mm 的颗粒质量占总质量的百分比 $P_{0.5}=40\%$,试计算该土样的液性指数 I_L。设含水率的量测精度为±0.1%,液限、塑限、$P_{0.5}$的量测精度为±1%,

[解]:计算根据《岩土工程勘察规范》(GB 50021—2001)。

对花岗岩残积土,为求得合理的液性指数,应确定其中细粒土(粒径小于 0.5mm)的天然含水率 w_f、塑性指数 I_P、液性指数 I_L,试验应筛去粒径大于 0.5

mm 的粗颗粒后再做。而常规试验方法所得出的天然含水率失真,计算出的液性指数都小于零,与实际情况不符。细粒土的天然含水率可以实测,也可用下式计算:

$$w_f = \frac{w - 0.01 w_A P_{0.5}}{1 - 0.01 P_{0.5}}$$

式中,w 为花岗岩残积土(包括粗、细粒土)的天然含水率,%;w_A 为粒径大于 0.5mm 颗粒吸着水含水率%,可取 5%;$P_{0.5}$ 为粒径大于 0.5mm 颗粒质量占总质量的百分比,%;w_L 为粒径小于 0.05mm 颗粒的液限含水率,%;w_P 为粒径小于 0.5mm 颗粒的塑限含水率,%。

天然含水率区间值 $w = [30.5, 30.7]\%$,液限区间值 $w_L = [49, 51]\%$,塑限区间值 $w_P = [29, 31]\%$,$P_{0.5}$ 区间值为 $[39, 41]\%$,则

$$w_f = \frac{[30.5, 30.7] - 0.01 \times 5 \times [39, 41]}{1 - 0.01 \times [39, 41]}$$

$$= [46.6393, 48.7289]$$

$$I_P = [49, 51] - [29, 31] = [18, 22]$$

$$I_L = \frac{w_f - w_P}{I_P} = [0.7108, 1.0961] = [0.711, 1.100]$$

不考虑量测精度,用点变量计算得 $I_L = 0.885$。

MATLAB 代码如下:

```
(infsup(30.5,30.7)-0.01 * 5 * infsup(39,41))/(1-0.01 * infsup(39,41))
infsup(49,51)-infsup(29,31)
(infsup(46.6393,48.7289)-infsup(29,31))/infsup(18,22)
```

[例题 9-6]　在均质厚层软土地基上修筑铁路路堤,当软土的不排水抗剪强度试验平均值 $c_u = 8$kPa,路堤填料压实后的重度试验平均值为 18.5kN/m³ 时,如不考虑列车荷载影响和地基处理,路堤可能填筑的临界高度接近多少? 设抗剪强度 c_u 试验的 3 倍标准差为 0.2kPa,土重度试验的 3 倍标准差为 0.5kN/m³。

[解]:计算根据《铁路工程特殊岩土勘察规程》(TB 10038—2012)假设土坡和地基土为 $\varphi = 0°$ 的同一均质土,即土坡和地基土的重度 γ、不排水抗剪强度 c_u 相同,当软土层较厚时,临界坡高 H_c 为

$$H_c = \frac{5.52 c_u}{\gamma}$$

取 3 倍标准差作为区间值范围,则 c_u 区间值为 $[7.8, 8.2]$kPa,土重度 γ 区间值为 $[18, 19]$kN/m³,则

$$H_c = \frac{5.52 \times [7.8, 8.2]}{[18, 19]} = [2.2661, 2.5147] (m)$$

若采用平均值,不考虑 3 倍标准差,用点变量计算得 $H_c = 2.387$m。

MATLAB 代码如下：

```
5.52 * infsup(7.8,8.2)/infsup(18,19)
```

[例题 9-7]　现场取环刀试样测定土的干密度，环刀容积 $200 cm^3$，环刀内湿土质量 380g，从环刀内取湿土 32g，烘干后干土质量为 28g，试求土的干密度为多少。设土质量的量测精度为 ±0.1g。

[解]：土样质量密度

$$\rho = \frac{m}{V} = \frac{[379.9,380.1]}{200} = [1.8994,1.9006](g/cm^3)$$

土样含水率

$$w = \frac{m_w}{m_s} = \frac{[31.9,32.1]-[27.9,28.1]}{[27.9,28.1]} = [0.1352,0.1505]$$

土样干密度 ρ_d

$$\rho_d = \frac{\rho}{1+w} = \frac{[1.8994,1.9006]}{1+[0.1352,0.1505]} = [1.6509,1.6743](g/cm^3)$$

不考虑量测精度，用点变量计算得 $\rho_d = 1.66 g/cm^3$。

MATLAB 代码如下：

```
infsup(infsup(379.9,380.1)/200)
(infsup(31.9,32.1)-infsup(27.9,28.1))/infsup(27.9,28.1)
infsup(infsup(1.8994,1.9006)/(1 + infsup(0.1352,0.1505)))
```

[例题 9-8]　对某土层进行十字板剪切试验，得到土抗剪强度 $\tau = 50 kPa$，取土进行重塑土无侧限抗压强度试验得 $q'_u = 40 kPa$，试求土的灵敏度。设抗剪强度及无侧限抗压强度的量测精度为 ±2kPa。

[解]：十字板现场试验测定土的抗剪强度，属不排水剪切试验条件，其结果接近无侧限抗压强度试验结果：

$$q_u = 2\tau = 2 \times [48,52] = [96,104](kPa)$$

重塑土样无侧限抗压强度 $q'_u = [38,42] kPa$

土的灵敏度为原状土样的无侧限抗压强度与重塑土样无侧限抗压强度之比：

$$S_t = \frac{q_u}{q'_u} = \frac{[96,104]}{[38,42]} = [2.2857,2.7369], \quad 2 < S_t = [2.3,2.7] \leqslant 4$$

即该土为中灵敏度土。不考虑量测精度，用点变量计算得 $S_t = 2.5$。

MATLAB 代码如下：

```
2 * infsup(48,52)
infsup(96,104)/infsup(38,42)
```

[例题 9-9]　某公路路基需填方若干，要求填土干重度为 $\gamma_d = [17.8,18.0]$ kN/m^3，需填方量为 40 万 m^3。对某料场的勘察结果为：土粒相对密度 $G_s = 2.7$，含

水率 $w=[14.8,15.3]\%$,孔隙比 $e=[0.821,0.823]$。问该料场储量至少要达到多少?

[**解**]:填料所能达到的干重度为

$$\gamma_d'=\frac{G_s\rho_w}{1+e}=\frac{2.7\times10}{1+[0.821,0.823]}=[14.8107,14.8271](kN/m^3)$$

达到干重度为 $\gamma_d=17.8kN/m^3$ 的土粒质量为

$$m_s=\gamma_d V=[17.8,18.0]\times40$$

所需填料体积为

$$V=\frac{m_s}{\gamma_d'}=\frac{[17.8,18.0]\times40}{[14.8107,14.8271]}=[48.0201,48.6136](万m^3)。$$

MATLAB 代码如下:

```
infsup(2.7 * 10/(1+infsup(0.821,0.823)))
infsup(40 * infsup(17.8,18.0)/infsup(14.8107,14.8271))
```

9.2　浅　基　础

[**例题 9-10**]　某正常固结土层厚 2.0m,其下为不可压缩层,平均自重应力 $p_{cz}=[100,110]kPa$;压缩试验数据见表 9-3,建筑物平均附加应力 $p_0=[200,220]$ kPa,试求该土层最终沉降量。

表 9-3　压缩试验数据

压力/kPa	0	50	100	200	300	400
孔隙比	0.984	0.900	0.828	0.752	0.710	0.680

[**解**]:土层厚度为 2.0m,其下为不可压缩层,当土层厚度 H 小于基底宽度 b 的 1/2 时,由于基础底面和不可压缩层顶面的摩阻力对土层的限制作用,土层压缩时只出现很少的侧向变形,因而认为它和固结仪中土样的受力和变形条件很相近,其沉降量为

$$s=\frac{e_1-e_2}{1+e_1}H$$

式中,H 为土层厚度;e_1 为土层顶、底处自重应力平均值 $\sigma_c(p_1=\sigma_c)$ 所对应的孔隙比;e_2 为土层顶、底自重应力平均值 σ_c 与附加应力平均值 σ_z 之和($p_2=\sigma_c+\sigma_z$)所对应的孔隙比。

当 $p_{cz}=\sigma_c=[100,110]kPa$ 时,$e_1=[0.820,0.828]$。

当 $p=\sigma_c+p_{cz}=[100,110]+[200,220]=[300,330](kPa)$ 时,$e_2=[0.701,0.710]$。

$$s=\frac{e_1-e_2}{1+e_1}H=\frac{[0.820,0.828]-[0.701,0.710]}{1+[0.828,0.820]}\times2000=[120.4,139.6](mm)$$

MATLAB 代码如下：

(infsup(0.820, 0.828) – infsup(0.701, 0.710))/(1 + infsup(0.820, 0.828)) * 2000

此题需要注意的是，区间计算工具 INTLAB 接受的输入区间，一定是区间左边值小于右边值的区间，故 $e_1 = [0.828, 0.820]$，利用 infsup 函数计算时，需要输入成 infsup(0.820, 0.828)，而不是 infsup(0.828, 0.820)。同样，$e_2 = [0.710, 0.701]$，需要输入为 infsup(0.701, 0.710)。以后例题有此情形时，均需按照 infsup 函数的要求执行。

［例题 9-11］ 柱下独立基础底面尺寸为 $3\text{m} \times 5\text{m}$，$F_1 = [300, 330]\text{kN}$，$F_2 = [1500, 1650]\text{kN}$，$M = [900, 990]\text{kN} \cdot \text{m}$，$F_H = [200, 220]\text{kN}$，如图 9-1 所示，基础埋深 $d = 1.5\text{m}$，承台及填土平均重度 $\gamma = 20\text{kN/m}^3$，试计算基础底面偏心距和基底最大压力。

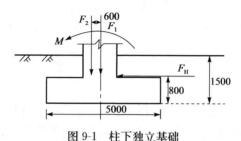

图 9-1　柱下独立基础

［解］：(1) 基础底面偏心距为

$$\sum M = [900, 990] + [1500, 1650] \times 0.6 + [200, 220] \times 0.8 = [1960, 2156] (\text{kN} \cdot \text{m})$$

$$\sum N = [300, 330] + [1500, 1650] + 3 \times 5 \times 1.5 \times 20 = [2250, 2430] (\text{kN})$$

$$e = \frac{\sum M}{\sum N} = \frac{[1960, 2156]}{[2250, 2430]} = [0.8065, 0.9583] = [0.81, 0.96] (\text{m})$$

(2) 由 $b/6 = 5/6 = 0.83(\text{m})$ 知，$0.81 < b/6 < 0.96$。基底最大压力值为

$$p_{kmax} = \frac{2(F_k + G_k)}{3la} = \frac{2 \times ([300, 330] + [1500, 1650] + 450)}{3 \times 3 \times [1.54, 1.69]}$$

$$= [295.86, 350.65] (\text{kPa})$$

式中，l 为垂直于力矩作用方向的基础底面边长，$l = 3\text{m}$；a 为合力作用点至基础底面最大压力边缘的距离，$a = 5/2 - [0.81, 0.96] = [1.54, 1.69]$。

MATLAB 代码如下：

```
infsup(900,990) + infsup(1500,1650) * 0.6 + infsup(200,220) * 0.8
infsup(300,330) + infsup(1500,1650) + 3 * 5 * 1.5 * 20
infsup(1960,2156)/infsup(2250,2430)
5/2 - infsup(0.81,0.96)
```

(infsup(300,330) + infsup(1500,1650) + 450) * 2/(3 * 3 * infsup(1.54,1.69))

[**例题 9-12**]　某建筑物基础宽 $b=3$m,基础埋深 $d=1.5$m,建于 $\varphi=0°$的软土层上,土层无侧限抗压强度区间标准值 $q_u=[6.6,6.8]$kPa,基础底面上、下的软土重度均为[18,19]kN/m³,按《建筑地基基础设计规范》(GB 50007—2012)计算地基承载力特征值。

[**解**]:按照《建筑地基基础设计规范》(GB 50007—2012),根据土的抗剪强度指标确定地基承载力特征值:

$$f_a=M_b\gamma b+M_d\gamma_m d+M_c c_k$$

式中,$M_b=0,M_d=1.0,M_c=3.14$;γ 为基础底面处土的重度;γ_m 为基底以上土的加权平均重度;c_k 为基底下一倍短边宽深度内土的黏聚力标准值。

对于软土,

$$c_u(土的不排水抗剪强度)=\frac{q_u}{2}=\frac{[6.6,6.8]}{2}=[3.3,3.4](kPa)$$

$$f_a=0+1.0\times1.5\times[18,19]+3.14\times[3.3,3.4]=[37.3619,39.1761](kPa)$$

MATLAB 代码如下:

```
0 + 1 * 1.5 * infsup(18,19) + 3.14 * infsup(3.3,3.4)
```

[**例题 9-13**]　某住宅采用墙下条形基础,建于粉质黏土地基上,未见地下水,由荷载试验确定的承载力特征值为(220±1)kPa,基础埋深 $d=1.0$m。基础底面以上土的平均重度 $\gamma=(18±0.1)$kN/m³,天然孔隙比 $e=0.70$,液性指数 $I_L=0.80$,基础底面以下土的平均重度 $\gamma=(18.5±0.1)$kN/m³,基底荷载标准值 $p_k=(300±1)$kN/m²,试计算修正后的地基承载力。

[**解**]:修正后地基承载力为

$$f_a=f_{ak}+\eta_b\gamma(b-3)+\eta_d\gamma_m(d-0.5)$$

由 $e=0.70,I_L=0.80$,查规范《建筑地基基础设计规范》(GB 50007—2012)得 $\eta_b=0.3,\eta_d=1.6,f_{ak}=[219,221]$kPa,$\gamma=[18.4,18.6]$kN/m³,$\gamma_m=[17.9,18.1]$kN/m³,$d=1.0$m,条形基础宽度小于 3m 时按 3m 计,$b=3$m。

$$f_a=[219,221]+0.3\times[18.4,18.6]\times(3-3)+1.6\times[17.9,18.1]\times(1-0.5)$$
$$=[227.9499,230.0501](kPa)$$

由 $p_k=bf_a$ 得

$$b=\frac{p_k}{f_a}=\frac{[299,301]}{[227.9499,230.0501]}=[1.2997,1.3205](m)<3.0m,满足要求。$$

MATLAB 代码如下:

```
infsup(infsup(219, 221) + 0.3 * infsup(18.4, 18.6) * (3-3) + infsup
(17.9,18.1) * (1 - 0.5))
```

infsup(infsup(299,301)/infsup(227. 9499,230. 0501))

[例题 9-14] 条形基础的宽度为 3.0m,已知偏心距为 0.7m,最大边缘压力为 (140 ± 3)kPa,试计算作用于基础底面的合力。

[解]: 偏心距 $e=0.7$m$>b/6=3.0/6=0.5$(m),基础底面边缘最大压力为

$$p_{kmax}=\frac{2(F_k+G_k)}{3la}$$

式中,l 为垂直于力矩作用方向的基础底面边长,$l=1.0$m;a 为合力作用点至基础底面最大压力边缘距离,$a=1.5-0.7=0.8$m。

由 $p_{kmax}=\dfrac{2(F_k+G_k)}{3\times1.0\times0.8}=[137,143]$kPa,得

$$F_k+G_k=\frac{[137,143]\times2.4}{2}=[164.3999,171.6000](kN/m)$$

MATLAB 代码如下:

infsup(infsup(137,143) * 2. 4/2)

[例题 9-15] 某港口重力式沉箱码头,沉箱底面积受压宽度和长度分别为 $B_{r1}=(10\pm0.1)$m,$L_{r1}=(170\pm0.1)$m,抛石基床厚 $d_1=(2\pm0.1)$m,作用于基础抛石基床底面上的合力标准值在宽度和长度方向偏心距为 $e'_B=(0.5\pm0.01)$m,$e'_L=(0\pm0.01)$m,试计算基床底面处的有效受压宽度 B'_{re} 和长度 L'_{re}。

[解]: 根据《港口工程地基规范》(JTS 147—2010),抛石基床底面受压宽度和长度:

$$B'_{r1}=B_{r1}+2d_1=[9.9,10.1]+2\times[1.9,2.1]=[13.6999,14.3001](m)$$
$$L'_{r1}=L_{r1}+2d_1=[169.9,170.1]+2\times[1.9,2.1]=[173.6999,174.3001](m)$$

抛石基床底面有效受压宽度和长度:

$$B'_{re}=B'_{r1}-2e'_B=[13.6999,14.3001]-2\times[0.49,0.51]=[12.6798,13.3202](m)$$
$$L'_{re}=L'_{r1}-2e'_L=[173.6999,174.3001]-2\times[-0.01,0.01]$$
$$=[173.6799,174.3201](m)$$

MATLAB 代码如下:

infsup(9. 9,10. 1) + 2 * infsup(1. 9,2. 1)

infsup(infsup(169. 9,170. 1) + 2 * infsup(1. 9,2. 1))

infsup(13. 6999,14. 3001) − 2 * infsup(0. 49,0. 51)

infsup(infsup(173. 6999,174. 3001)-2 * infsup(− 0. 01,0. 01))

此题中需要注意的是,INTLAB 工具箱在计算 B'_{r1} 时,代码 infsup(9.9,10.1)+ 2 * infsup(1.9,2.1)即可得结果[173.6999,174.3001],但在计算 L'_{r1} 时,如果直接输入 infsup(169.9,170.1)+2 * infsup(1.9,2.1),Matlab 会显示

intval ans =

174.＿＿＿＿

这不是常规显示的区间形式。为了得到区间显示的结果,可以在计算式前添加一个 infsup 函数指令。即 infsup(infsup(169.9,170.1)+2 * infsup(1.9,2.1))。本书前面已出现过此类现象,均通过此方法予以解决,后面实例中不再赘述。

>>infsup(169.9,170.1)+2 * infsup(1.9,2.1)

intval ans =

174.＿＿＿＿ >>

infsup(infsup(169.9,170.1)+2 * infsup(1.9,2.1))

intval =

[173.6999, 174.3001]

[**例题 9-16**]　某公路桥台基础 $b×l$=4.3m×6m,基础埋深 3.0m,土的重度 γ=(19±0.1)kN/m³。作用在基底的合力竖向分力 N=(7620±10)kN,对基底重心轴的弯矩 M=(4204±1)kN·m,试计算桥台基础的合力偏心距 e,并与桥台基底截面核心半径 ρ 相比较。

[**解**]:基础的合力偏心距:

$$e=\frac{M}{N}=\frac{[4203,4205]}{[7610,7630]}=[0.5508,0.5526](m)$$

截面核心半径:

$$\rho=\frac{W}{A}=\frac{1}{6}\frac{b^2 l}{bl}=\frac{b}{6}=4.3/6=0.7167(m)$$

$$e=[0.5508,0.5526]m<\rho=0.7167m$$

MATLAB 代码如下:

infsup(infsup(4203,4205)/infsup(7610,7630))

[**例题 9-17**]　某路堤填土高 8m,如图 9-2 所示。填土 γ=(18.8±0.1)kN/m³,c=(33.4±0.1)kPa,φ=20°,地基为饱和黏土,γ=(15.7±0.1)kN/m³,土的不排水抗剪强度 c_u=(22±0.1)kPa,φ_u=0°,土的固结排水抗剪强度 c_d=(4±0.1)kPa,φ_d=22°,试用太沙基公式计算两种工况的地基极限荷载(安全系数 K=3):

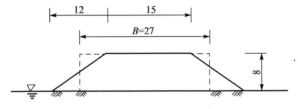

图 9-2　某路堤填土示意(单位:m)

(1)路堤填土速度很快,使得地基土中孔隙水压力来不及消散。

(2)填土速度很慢,地基土不产生孔隙水压力。

[解]:将梯形断面路堤折算成等面积和等高度的矩形断面,即 $1/2 \times (15+39) \times 8 = 8B$,得 $B=27\text{m}$。地基为饱和黏土,γ 取浮重度。

太沙基极限承载力公式为

$$p_u = \frac{1}{2}\gamma B N_r + q N_q + c N_c$$

(1) 采用不排水抗剪强度 $c_u = (22\pm0.1)\text{kPa}$,$\varphi_u = 0°$,查太沙基公式承载力系数表得 $N_c = 0$,$N_q = 1.0$,$N_c = 5.71$。

$$p_u = \frac{1}{2} \times [5.6, 5.8] \times 27 \times 0 + 0 + [21.9, 22.1] \times 5.71$$
$$= [125.0489, 126.1911](\text{kPa})$$

填土基底压力为

$$p = \gamma h = [18.7, 18.9] \times 8 = [149.5999, 151.2000](\text{kPa})$$

地基承载力安全系数为

$$K = \frac{p_u}{p} = \frac{[125.0489, 126.1911]}{[149.5999, 151.2000]}$$
$$= [0.8270, 0.8436] < K = 3$$

不满足要求。

(2) 采用固结排水抗剪强度 $c_d = (4\pm0.1)\text{kPa}$,$\varphi_d = 22°$,查太沙基公式承载力系数表得 $N_c = 6.8$,$N_q = 19.71$,$N_c = 20.6$。

$$p_u = \frac{1}{2} \times [5.6, 5.8] \times 27 \times 6.8 + 0 + [3.9, 4.1] \times 20.6$$
$$= [1512.4, 1535.0](\text{kPa})$$

地基承载力安全系数为

$$K = \frac{p_u}{p} = \frac{[594.4199, 616.9001]}{[149.5999, 151.2000]}$$
$$= [3.9313, 4.1237] > K = 3$$

满足要求。

MATLAB 代码如下:

```
infsup(1/2 * infsup(15.6, 15.8) * 27 * 0 + infsup(21.9, 22.1) * 5.71)
infsup(infsup(18.7, 18.9) * 8)
infsup(infsup(125.0489, 126.1911)/infsup(149.5999, 151.2000))
infsup(1/2 * infsup(5.6, 5.8) * 27 * 6.8 + infsup(3.9, 4.1) * 20.6)
infsup(infsup(594.4199, 616.9001)/infsup(149.5999, 151.2000))
```

[例题 9-18] 某沉箱码头为一条形基础,在抛石基床底面处的有效受压宽度 $B_e' = (11.54\pm0.01)\text{m}$,墙前基础底面以上荷载 $q_k = (18\pm0.1)\text{kPa}$,抛石基床底面以下地基,$\gamma = (19\pm0.1)\text{kN/m}^3$,$c_k = 0$,$\varphi_k = 30°$,底面合力与垂线间夹角 $\delta' =$

11.31°,不考虑波浪力作用,试计算地基极限承载力的竖向分力标准值($N_{rB}=8.862,N_{qB}=12.245$)。

[**解**]:根据《港口工程地基规范》(JTS 147—2010),水下 γ 取浮重度。

当 $\varphi_k>0,\delta'<\varphi_k$ 时,地基极限承载力竖向分力标准值为

$$F'_k=B'_c\left(\frac{1}{2}\gamma_k B'_c N_{rB}+c_k N_{rB}+q_k N_{qB}\right)$$
$$=[11.53,11.55]\times(1/2\times[8.9,9.1]\times[11.53,11.55]$$
$$\times 8.862+0+[17.9,18.1]\times 12.245)$$
$$=[7769.8,7939.0](kN/m)$$

MATLAB 代码如下:
```
infsup(infsup(11.53,11.55)*(1/2*infsup(8.9,9.1)*infsup(11.53,11.55)
*8.862+0+infsup(17.9,18.1)*12.245))
```

9.3　深　基　础

[**例题 9-19**]　某端承型单桩基础,桩入土深度 12m,桩径 $d=(0.8\pm0.1)$m,桩顶荷载 $Q_0=(500\pm5)$kN,由于地表进行大面积堆载而产生负摩阻力,负摩阻力平均值 $q_s^n=(20\pm1)$kPa。中性点位于桩顶下(6 ± 0.1)m,试求桩身最大轴力。

[**解**]:由于桩顶荷载 Q_0 产生的桩身轴力为中性点位置最大,其值为 Q_0,Q_0 加负摩阻力的下桩荷载为桩身最大轴力。

$$Q=Q_0+Q_g^n,Q_g^n=\eta_n\sum_{i=1}^n q_{si}^n l_i,单桩\ \eta_n=1$$
$$Q=Q_0+1\times\pi[0.7,0.9]\times[19,21]\times[5.9,6.1]=[495,505]$$
$$+[246.5207,362.1943]=[741.5206,867.1944]kN$$

MATLAB 代码如下:
```
1*3.1415926*infsup(0.7,0.9)*infsup(19,21)*infsup(5.9,6.1)
infsup(495,505)+infsup(246.5207,362.1943)
```

[**例题 9-20**]　桩顶为自由端的钢管桩,桩径 $d=(0.6\pm0.01)$m,桩入土深度 $h=10$m,地基土水平抗力系数的比例系数 $m=(10\pm0.01)$MN/m⁴,桩身抗弯刚度 $EI=(1.7\pm0.01)\times10^5$kN·m²,桩水平变形系数 0.59m⁻¹,桩顶容许水平位移 $x_{oa}=10$mm,试按《建筑桩基技术规范》(JGJ 94—2008)计算单桩水平承载力特征值。

[**解**]:单桩水平承载力特征值为

$$R_{ha}=0.75\frac{\alpha^3 EI}{v_x}x_{oa}$$

式中,EI 为桩身抗弯刚度;α 为水平变形系数;v_x 为桩顶水平位移系数。由 $\alpha h=$

$0.59 \times 10 = 5.9 > 4$，ah 取 4，桩顶自由，$v_x = 2.441$。

$R_{ha} = 0.75 \times 0.59^3 \times [1.69, 1.71] \times 10^5 \times 10 \times 10^{-3}/2.441 = [106.6439, 107.9061]$

MATLAB 代码如下：

```
infsup(0.75 * 0.59^3 * infsup(1.69,1.71) * 10^5 * 10 * 10^-3/2.441)
```

[例题 9-21]　某受压灌注桩桩径为 1.2m，桩端入土深度 20m，桩身配筋率 $(0.6 \pm 0.01)\%$，桩顶铰接，在荷载效应标准组合下桩顶竖向力 $N = (5000 \pm 50)$kN，桩的水平变形系数 $\alpha = 0.301 \text{m}^{-1}$，桩身换算截面积 $A_n = 1.2 \text{m}^2$，换算截面受拉边缘的截面模量 $W_n = 0.2 \text{m}^2$，桩身混凝土抗拉强度设计值 $f_t = (1.5 \pm 0.1) \text{N/mm}^2$，试按《建筑桩基技术规范》(JGJ 94—2008)计算单桩水平承载力特征值。

[解]：桩身配筋率为 0.6%，水平承载力按桩身强度控制，单桩水平承载力特征值（根据桩顶竖向力性质，压力取"+"，拉力取"—"）为

$$R_{ha} = \frac{0.75 \alpha \gamma_m f_t W_0}{\nu_m}(1.25 + 22\rho_g)\left(1 \pm \frac{\xi_N N}{\gamma_m f_t A_n}\right)$$

式中，R_{ha} 为单桩水平承载力特征值；α 为桩的水平变形系数；γ_m 为桩截面模量塑性系数，圆形截面为 2，矩形截面 1.75；f_t 为桩身混凝土抗拉强度设计值；W_0 为桩身换算截面受拉边缘的截面模量；ν_m 为桩身最大弯矩系数，单桩基础和单排桩基纵向轴线与水平力方向相垂直的情况，按桩顶铰接考虑；ρ_g 为桩身配筋率；A_n 为桩身换算截面积；ξ_N 为桩顶竖向力影响系数，竖向压力取 0.5，竖向拉力取 1.0；N 为在荷载效应标准组合下桩顶的竖向力，kN。

$\alpha = 0.301 \text{m}^{-1}$，$\gamma_m = 2$，桩顶铰接 $ah = 0.301 \times 20 = 6.02 > 4$，$\nu_m = 0.768$

$W_0 = 0.2 \text{m}^2$，$A_n = 1.2 \text{m}^2$，$f_t = [1490, 1510] \text{kPa}$，$\xi_N = 0.5$

$$R_{ha} = \frac{0.75 \times 0.301 \times 2 \times [1490, 1510] \times 0.2}{0.768}(1.25 + 22$$

$$\times [0.0059, 0.0061])\left(1 + \frac{0.5 \times [4950, 5050]}{2 \times [1490, 1510] \times 1.2}\right)$$

$$= [175.1914, 177.5430] \times [1.3797, 1.3843] \times [1.6829, 1.7061]$$

$$= [406.7764, 419.3130](\text{kN})$$

MATLAB 代码如下：

```
infsup(0.75 * 0.301 * 2 * infsup(1490,1510) * 0.2/0.768)
infsup(1.25 + 22 * infsup(0.0059,0.0061))
infsup(1 + 0.5 * infsup(4950,5050)/(2 * infsup(1490,1510) * 1.2))
infsup(infsup(175.1914,177.5430) * infsup(1.3797,1.3843) * infsup(1.6829,1.7061))
```

[例题 9-22]　某浮式沉井浮运过程（落入河床前），所受外力矩 $M = (40 \pm 1)$kN·m，排水体积 $V = (40 \pm 1) \text{m}^3$，浮体排水截面的惯性矩 $I = (50 \pm 1) \text{m}^4$，重心至

浮心的距离 $a=0.4$m(重心在浮心之上),试计算沉井浮体稳定性倾斜角。

[解]:根据《公路桥涵地基与基础设计规范》(JTG D63—2007),沉井浮体稳定倾斜角 ϕ 为

$$\phi=\arctan\frac{M}{\gamma_w V(\rho-a)}$$

式中,ϕ 为沉井在浮运阶段的倾斜角,不得大于 $6°$,并应满足 $\rho-a>0$;M 为外力矩;V 为排水体积;a 为沉井重心至浮心的距离,重心在浮心之上为正,反之为负;ρ 为定倾半径,即定倾中心至浮心的距离,$\rho=\dfrac{I}{V}$;γ_w 为水重度。

$$\rho=\frac{I}{V}=[49,51]/[39,41]=[1.1951,1.3077](m)$$

$$\phi=\arctan\frac{[39,41]}{10\times[39,41]\times([1.1951,1.3077]-0.4)}$$

$$=\arctan[0.1047,0.1323]=[5.9770°,7.5365°]$$

由 $[5.9770°,7.5365°]$ 可知,$5.9770°<6°<7.5365°$,不满足要求。

MATLAB 代码如下:

```
infsup(49,51)/infsup(39,41)
infsup(39,41)/(10 * infsup(39,41) * (infsup(1.1951,1.3077)-0.4))
atan(infsup(0.1047,0.1323)) * 180/3.1415926
```

[例题 9-23]　某桩基的多跨条形连续承台梁净跨距均为 (7.0 ± 0.1)m,承台梁受均布荷载 $q=(100\pm1)$kN/m 作用,试求承台梁中跨支座处变距 M。

[解]:根据《建筑桩基技术规范》(JGJ 94—2008),按倒置弹性地基梁计算砌体墙下条形桩基承台梁时,先求得作用于梁上的荷载,然后按普通连续梁计算其弯矩。

均布荷载下支座弯矩为

$$M=-q\times\frac{L_c^2}{12}$$

式中,q 为承台深底面以上的均布荷载;L_c 为计算跨度。

$$L_c=1.05L=1.05\times[6.9,7.1]=[7.2450,7.4551](m)$$

$$M=-\frac{100\times[7.2450,7.4551]^2}{12}=[437.4168,463.1544](kN\cdot m)$$

MATLAB 代码如下:

```
infsup(1.05 * infsup(6.9,7.1))
100 * infsup(7.2450,7.4551)^2/12
```

[例题 9-24]　某灌注桩基础,桩入土深度为 20m,桩径为 1.0m,配筋率 $\rho=(0.68\pm0.01)$%,桩顶铰接,地基土水平抗力系数的比例系数 $m=(20\pm0.01)$MN/m⁴,抗

弯刚度 $EI=(5\pm0.01)\times10^6\,\mathrm{kN\cdot m^2}$,则基桩水平承载力特征值 $R_{ha}=(1000\pm10)\,\mathrm{kN}$ 时的桩在泥面处的水平位移为多少?

[**解**]:$b_0=0.9(1.5d+0.5)=0.9\times(1.5\times1.0+0.5)=1.8(\mathrm{m})$

$$\alpha=\sqrt[5]{\frac{mb_0}{EI}}=\sqrt[5]{\frac{[19.9,20.1]\times10^3\times1.8}{[4.99,5.01]\times10^6}}=[0.3722,0.3734]$$

$$R_{ha}=0.75\frac{\alpha^3EI}{v_x}x_{oa}$$

由 $\alpha h=[0.3722,0.3734]\times20=[7.4439,7.4681]>4$,$\alpha h$ 取 4,桩顶铰接,$v_x=2.441$。

$$x_{oa}=\frac{R_{ha}v_x}{0.75\times\alpha^3EI}=\frac{[990,1010]\times2.441}{0.75\times[0.3722,0.3734]^3\times[4.99,5.01]\times10^6}$$

$$=[0.0123,0.0128](\mathrm{m})=[12.3,12.8](\mathrm{mm})$$

MATLAB 代码如下:

```
infsup((infsup(19.9,20.1)*10^3*1.8/(infsup(4.99,5.01)*10^6))^(1/5))
infsup(infsup(0.3722,0.3734)*20)
infsup(infsup(990,1010)*2.441/(0.75*infsup(0.3722,0.3734)^3*in-
fsup(4.99,5.01)*10^6))
```

[**例题 9-25**]　某地下室采用单桩单柱预制桩,桩截面尺寸 0.4m×0.4m,桩长 22m,桩顶位于地面下 6m,土层分布:桩顶下 0~6m 为淤泥质黏土,$q_{sik}=(28\pm2)$ kPa;6~16.7m 为黏土,$q_{sik}=(55\pm2)$kPa;16.7~22.8m 为粉砂,$q_{sik}=(100\pm2)$ kPa。试计算基桩抗拔极限承载力。

[**解**]:基桩抗拔极限承载力

$$T_{sik}=\sum\lambda_iq_{sik}u_il_i$$

黏土的抗拔系数 $\lambda_i=0.75$,砂土 $\lambda_i=0.6$。

$$T_{sik}=0.75\times[26,30]\times1.6\times6+0.75\times[53,57]\times1.6\times10.7+0.6$$
$$\times[98,102]\times1.6\times5.3=[1366.3,1466.9]$$

MATLAB 代码如下:

```
0.75*infsup(26,30)*1.6*6+0.75*infsup(53,57)*1.6*10.7+0.6
*infsup(98,102)*1.6*5.3
```

[**例题 9-26**]　某桥梁桩基,桩顶嵌固于承台内,承台底离地面 $(10\pm0.01)\mathrm{m}$,桩径 $d=(1\pm0.01)\mathrm{m}$,桩长 $L=(50\pm0.01)\mathrm{m}$,桩水平变形系数 $\alpha=(0.25\pm0.01)\mathrm{m}^{-1}$,试计算桩的压曲稳定系数。

[**解**]:根据《建筑桩基技术规范》(JGJ 94—2008),$h=50\geqslant4/\alpha=4/0.25=16$

$$L_c=0.5\times\left(l_0+\frac{4}{\alpha}\right)=0.5\times\left([0.99,10.01]+\frac{4}{[0.24,0.26]}\right)$$

$$=[12.6423,13.3384]$$

$$\frac{L_c}{d} = \frac{[12.6423, 13.3384]}{[0.99, 1.01]} = [12.5171, 13.4732]$$

取 L_c/d 区间值的中点值 $L_c/d = 13$，桩压曲稳定系数 $\varphi = 0.895$。

MATLAB 代码如下：

```
0.5 * (infsup(9.9, 10.01) + 4/infsup(0.24, 0.26))
infsup(12.6423, 13.3384)/infsup(0.99, 1.01)
```

[例题 9-27]　截面 $0.3\text{m} \times 0.3\text{m}$ 的预制桩，桩长 15m，C30 混凝土，土层分布：$0 \sim 13.5\text{m}$ 为黏土，$q_{sik} = (36 \pm 1)\text{kPa}$；13.5m 以下为粉土，$q_{sik} = (64 \pm 1)\text{kPa}$，$q_{pk} = (2100 \pm 5)\text{kPa}$。试计算桩竖向力设计值和单桩承载力特征值。

[解]：(1) 桩身轴向压力设计值：$N \leqslant \varphi_c f_c A_{ps}$。对于预制桩，$\varphi_c = 0.85$，C30 混凝土，$f_c = 13.4\text{N/mm}^2$，有

$$N \leqslant 0.85 \times 14.3 \times 10^2 \times 0.3^2 = 1094(\text{kN})$$

(2) 单桩极限承载力（土对桩支撑能力）。

$$\begin{aligned}Q_{uk} &= u \sum q_{sik} l_{si} + q_{pk} A_p \\ &= 0.3 \times 4 \times ([35, 37] \times 13.5 + [63, 65] \\ &\quad \times (15 - 13.5)) + [2095, 2105] \times 0.3^2 = [868.9499, 905.8501]\end{aligned}$$

(3) 单桩承力特征值。

$$R = \frac{Q_{uk}}{k} = \frac{[868.9499, 905.8501]}{2} = [434.4749, 452.9251]$$

MATLAB 代码如下：

```
0.3 * 4 * (infsup(35, 37) * 13.5 + infsup(63, 65) * (15-13.5)) + infsup(2095, 2105) * 0.3^2
infsup(868.9499, 905.8501)/2
```

9.4　地　基　处　理

[例题 9-28]　某饱和软黏土地基厚度 $H = 10\text{m}$，其下为粉土层。软黏土层顶铺设 1.0m 砂垫层，$\gamma = (19 \pm 0.1)\text{kN/m}^3$，然后采用 $(80 \pm 1)\text{kPa}$ 大面积真空预压六个月，固结度达 $(80 \pm 1)\%$，在深度 5m 处取土进行三轴固结不排水压缩试验，得到土的内摩擦角 $\varphi_{cu} = (5° \pm 0.1°)$，假设沿深度各点附加压力同顶压荷载，试求经预压固结后深度 5m 处土强度的增长值。

[解]：附加压力：

$$p_0 = [79, 81] + 1.0 \times [18.9, 19.1] = [97.8999, 100.1001](\text{kPa})$$

预压后地基土强度增长值按下式预估：

$$\Delta\tau_t = \Delta p_0 U_t \tan\varphi_{cu}$$

式中,$\Delta\tau_t$ 为 t 时刻土抗剪强度增长值;Δp_0 为预压荷载引起的该点的附加竖向压力;U_t 为固结度;φ_{cu} 为三轴固结不排水内摩擦角。

$$\Delta\tau_t=[97.8999,100.1001]\times[0.79,0.81]\times\tan[4.9°,5.1°]$$
$$=[6.6304,7.2363](kPa)$$

MATLAB 代码如下:

```
infsup(infsup(79,81) + 1.0 * infsup(18.9,19.1))
infsup(97.8999,100.1001) * infsup(0.79,0.81) * tan(infsup(4.9,5.1)/180 *
3.1415926)
```

[例题 9-29] 两个软土层厚度分别为 $H_1=5m$,$H_2=10m$,其固结系数和应力分布相同,排水条件皆为单面排水,两土层欲达到同样固结度时,$H_1=5m$ 土层需四个月时间,试求 $H_2=10m$ 土层所需时间。

[解]:由 $U_{v1}=1-\dfrac{8}{\pi^2}e^{\frac{-\pi^2 C_{v1}}{4H^2}t_1}=1-\dfrac{8}{\pi^2}e^{\frac{-\pi^2 C_{v1}}{4\times[4.9,5.1]^2}\times4}=U_{v2}=1-\dfrac{8}{\pi^2}e^{\frac{-\pi^2 C_{v2}}{4H^2}t_2}$

得

$$\frac{C_{v1}}{[4.9,5.1]^2}\ln e=\frac{C_{v2}}{4\times[9.9,10.1]^2}\times t_2\ln e$$

即

$$t_2=\frac{4\times[9.9,10.1]^2}{[4.9,5.1]^2}=[15.0726,16.9946](月)$$

所以 $H_2=10m$ 的土层要达相同固结度需 $[15.0726,16.9946]$ 个月的时间。

MATLAB 代码如下:

```
4 * infsup(9.9,10.1)^2/infsup(4.9,5.1)^2
```

[例题 9-30] 某建筑物主体结构施工期为两年,第 5 年时其平均沉降量为 4cm,预估该建筑物最终沉降量为 $(12\pm1)cm$,试估算第 10 年时的沉降量[设固结度$<(53\pm1)\%$]。

[解]:当固结度$<(53\pm1)\%$时,固结度和时间因数 T_v 关系可用下式表示:

$$T_v=\frac{1}{4}\pi U^2,\quad T_v=\frac{C_v t}{H^2}$$

得

$$U^2=\frac{4C_v t}{\pi H^2}$$

第 5 年固结度:

$$U=\frac{s_t}{s_\infty}=4/12,\quad U_5^2=\left(\frac{4}{[11,13]}\right)^2=\frac{4t}{\pi}\times\frac{C_v}{H^2},\quad \frac{C_v}{H^2}=\frac{4\pi}{[11,13]^2\times5}$$

第 10 年固结度:

$$U_{10}^2=\left(\frac{4}{[11,13]}\right)^2=\frac{4t_{10}}{\pi}\times\frac{4\pi}{[11,13]^2\times5}=\frac{4\times10\times4}{[11,13]^2\times5}=[0.1893,0.2645]$$

即 $U_{10}=[0.4350,0.5143]$。

第 10 年建筑物沉降量:

$$s_{10}=U_{10}\times s_{\infty}=[0.4350,0.5143]\times[11,13]=[4.7849,6.6860]$$

MATLAB 代码如下:

```
4 * 10 * 4/(infsup(11,13)^2 * 5)
sqrt(infsup(0.1893,0.2645))
infsup(0.4350,0.5143) * infsup(11,13)
```

[例题 9-31]　某软土地基采用预压排水固结加固,软土厚 10m,其层面和层底都是砂层,预压荷载一次瞬时施加,已知软土 $e=[1.6,1.7]$,$\alpha=[0.8,0.9]$MPa^{-1},$k_{v}=0.5\times10^{-3}$ m/d,试计算需要多长预压时间,使其固结度达 (80 ± 1)%。

[解]:固结系数:

$$C_{v}=\frac{k_{v}(1+e)}{\alpha\gamma_{w}}=\frac{0.5\times10^{-3}\times(1+[1.6,1.7])}{[0.8,0.9]\times10^{-3}\times10}=[0.1444,0.1688](m^{2}/d)$$

$$\beta=\frac{\pi^{2}C_{v}}{4H^{2}}=\frac{\pi^{2}\times[0.1444,0.1688]}{4\times5^{2}}=[0.0142,0.0167](m/d)$$

$$\alpha=\frac{8}{\pi^{2}}=0.811$$

$$\overline{U}_{t}=1-\alpha e^{-\beta t}$$

$$t=\frac{\ln\left(\frac{1-\overline{U}_{t}}{0.811}\right)}{-\beta}=\frac{\ln\left(\frac{1-[0.79,0.81]}{0.811}\right)}{-[0.0142,0.0167]}=[80.9078,102.2003]$$

MATLAB 代码如下:

```
0.5 * 10^(-3) * (1 + infsup(1.6,1.7))/(infsup(0.8,0.9) * 10^(-3) * 10)
3.1415926 * infsup(0.1444,0.1688)/(4 * 5^2)
3.1415926^2 * infsup(0.1444,0.1688)/(4 * 5^2)
log((1-infsup(0.79,0.81))/0.811)/-infsup(0.0142,0.0167)
```

[例题 9-32]　某重力式码头为水下沉箱条形基础,沉箱设有抛石基床,原 $d_{1}=2m$,底面受压宽度 $B'_{1}=9.2m$,在抛石基床下换填砂垫层,厚 $d_{2}=2m$ 砂垫层底面有效受压宽度 $B_{e}^{n}=11.5m$,砂垫层 $\gamma_{2}=(20\pm1)$kN/m^{3},砂垫层底面的最大、最小压力标准值为 $\sigma'_{max}=(211.5\pm0.1)$kPa,$\sigma'_{min}=(128.5\pm0.1)$kPa,取 $\gamma_{a}=1.0$,试计算作用于砂垫层底面单位有效宽度的平均压力设计值。

[解]:$\sigma_{a}=\left[\frac{(\sigma'_{max}+\sigma'_{min})B'_{1}}{2B_{e}^{n}}+\gamma'_{2}d_{2}\right]\gamma_{a}$

$$=\left[\frac{([211.4,211.6]+[128.4,128.6])\times9.2}{2\times11.5}+[9,11]\times2\right]\times1.0$$

$$=[153.9199,158.0801](kPa)$$

MATLAB 代码如下：

```
infsup(((((infsup(211.4, 211.6) + infsup(128.4, 128.6)) * 9.2)/(2 *
11.5) + infsup(9,11) * 2) * 1.0)
```

[例题 9-33]　某饱和软黏土，厚 $H=8\text{m}$，其下为粉土层，采用打塑料排水板真空预压加固，平均潮位与土顶面相齐，顶面分层铺设 0.8m 砂垫层 $[\gamma=(19\pm1)\text{kN/m}^3]$，塑料排水板打至软土层底面，正方形布置，间距 1.3m，然后用 $(80\pm1)\text{kPa}$ 真空预压六个月，按正常固结考虑，试计算最终固结沉降量 $[$土层 $\gamma=(17\pm1)\text{kN/m}^3$，$e_0=1.6$，$C_c=0.55$，沉降修正系数取 1.0$]$。

[解]:
$$p_0 = \frac{\gamma'H}{2} = \frac{[6,8]\times8}{2} = [24,32](\text{kPa})$$

$$\Delta p = [79,81] + 0.8\times[18,20] = [93.3999, 97.0001] = [94,97](\text{kPa})$$

$$\frac{C_c}{1+e_0}H\lg\left(\frac{p_0+\Delta p}{p_0}\right) = \frac{0.55}{1+1.6}\times8\times\lg\left(\frac{[24,32]+[94,97]}{[24,32]}\right)$$
$$= [0.9590, 1.2361](\text{m})$$

MATLAB 代码如下：

```
infsup(6,8) * 8/2
infsup(infsup(79,81) + 0.8 * infsup(18,20))
0.55/(1 + 2.6) * 8 * log10((infsup(24,32) + infsup(94,97))/infsup(24,32))
```

[例题 9-34]　某软土地基 $f_{ak}=(90\pm5)\text{kPa}$，采用 CFG 桩地基处理，桩径 0.36m，单桩承载力特征值 $R_a=(340\pm10)\text{kN}$，正方形布桩，复合地基承载力特征值 $f_{spk}=(140\pm5)\text{kPa}$，试计算桩间距 $(\beta=0.8)$。

[解]:
$$f_{spk} = m\frac{R_a}{A_p} + \beta(1-m)f_{ak}$$

$$m = \frac{f_{spk}-\beta f_{ak}}{\dfrac{R_a}{A_p}-\beta f_{ak}} = \frac{[135,145]-0.8\times[85,95]}{\dfrac{[330,350]}{0.1}-0.8\times[85,95]} = [0.0171, 0.0239]$$

$$d_e^2 = \frac{d^2}{m} = \frac{0.36^2}{[0.0171, 0.0239]} = [5.4225, 7.5790]$$

$$d_e = \sqrt{[5.4225, 7.5790]} = [2.3286, 2.7530](\text{m})$$

$$s = \frac{d_e}{1.13} = \frac{[2.3286, 2.7530]}{1.13} = [2.0607, 2.4363](\text{m})$$

MATLAB 代码如下：

```
(infsup(135,145)-0.8 * infsup(85,95))/(infsup(330,350)/0.1-0.8 * in-
fsup(85,95))
0.36^2/infsup(0.0171, 0.0239)
sqrt(infsup(5.4225, 7.5790))
```

infsup(2.3286,2.7530)/1.13

[例题 9-35]　在某振冲桩复合地基上进行三台单桩复合地基平板荷载试验，$p_{max}=(500\pm5)$kPa，其 p-s 曲线皆为平缓光滑曲线，当按相对变形 $s/b=0.015$ 所对应的压力为承载力特征值时，$f_{a1}=(320\pm5)$kPa，$f_{a2}=(300\pm5)$kPa，$f_{a3}=(260\pm5)$kPa，试求复合地基承载力特征值。

[解]：$f_m=\dfrac{([315,325]+[295,305]+[255,265])}{3}=[288.3333,298.3334]$

(kPa)

极差：$[315,325]-[255,265]=[50,70]$(kPa)。

复合地基承载特征值：$f_{ak}=[288.3333,298.3334]$(kPa)。

但 f_a 不应大于最大加载压力的一半，即

$$[495,505]/2=[247.5,252.5]\text{(kPa)}$$

所以，振冲桩复合地基承载力特征值 $f_{ak}=[247.5,252.5]$(kPa)。

MATLAB 代码如下：

```
infsup((infsup(315,325) + infsup(295,305) + infsup(255,265))/3)
infsup(315,325)-infsup(255,265)
infsup(infsup(495,505)/2)
```

[例题 9-36]　某湿陷性黄土厚 8m，$\rho_d=(1150\pm5)$kg/m³，$w=(10\pm1)\%$，地基土最优含水率为 $(18\pm1)\%$，采用灰土挤密桩处理地基，处理面积 200m²，当土含水率低于 $(12\pm1)\%$ 时，应对土增湿，试计算需加水量（$k=1.1$）。

[解]：$Q=V\rho_d(w_{op}-\overline{w})k$

式中，V 为加固土体积，$V=200\times8=1600$(m²)。

需加水量为

$$Q=1600\times[1145,1155]\times([0.17,0.19]-[0.09,0.11])\times1.1$$
$$=[120910,203290]\text{(kg)}=[120.910,203.290]\text{(t)}$$

不考虑各参数误差，用点变量计算得

$$Q=1600\times1150\times(0.18-0.10)\times1.1=161.92\text{(t)}$$

而 161.92 与区间 $[120.910,203.290]$ 的上下界差近 40。此例再次表明，试验过程所获参数取值的准确性对于工程实际造价的重大影响。

MATLAB 代码如下：

```
1600 * infsup(1145,1155) * (infsup(0.17,0.19) – infsup(0.09,0.11)) * 1.1
```

9.5　土工结构与边坡防护

[例题 9-37]　位于干燥场地的重力式挡土墙，墙重 $G=(156\pm5)$kN，对墙趾

的力臂 $z_w=0.8\mathrm{m}$;主动土压力垂直分力 $E_v=(18\pm1)\mathrm{kN}$,对墙趾的力臂 $z_v=1.2\mathrm{m}$;水平分力 $E_x=(36\pm1)\mathrm{kN}$,对墙趾的力臂 $z_x=2.44\mathrm{m}$。试验算挡墙的倾覆稳定性(忽略被动土压力)。

[解]:抗倾覆稳定系数为

$$K_t=\frac{G+E_v z_v}{E_x z_x}=([151,161]+[17,19]\times1.2)/([35,37]\times2.44)$$
$$=[1.8985,2.1523]$$

MATLAB 代码如下:

(infsup(151,161) + infsup(17,19) * 1.2)/(infsup(35,37) * 2.44)

[例题 9-38]　某厚度 25m 淤泥黏土地基之上覆盖有厚 2m 的强度较高粉质黏土层,现拟在该地基上填筑路堤,路堤填料 $\gamma=(18.6\pm0.1)\mathrm{kN/m^3}$,淤泥质黏土不排水抗剪强度 $c_u=(8.5\pm0.1)\mathrm{kPa}$,试估算该路堤极限高度($N_s=5.52$,覆盖 2m 厚粉质黏土等效于将路堤增高 0.5h)。

[解]:由 $N_s=\dfrac{\gamma h_0}{c_u}$ 得

$$h_0=\frac{N_s c_u}{\gamma}$$
$$=\frac{5.52\times[8.4,8.6]}{[18.5,18.7]}=[2.4795,2.5661](\mathrm{m})$$

路堤极限高度:

$$H_0=h_0+0.5h=[2.4795,2.5661]+0.5\times2=[3.4795,3.5661](\mathrm{m})$$

MATLAB 代码如下:

infsup(5.52 * infsup(8.4,8.6)/infsup(18.5,18.7))

infsup(infsup(2.4795,2.5661) + 0.5 * 2)

[例题 9-39]　某砂岩边坡高 10m,砂岩密度为 $(2.5\pm0.1)\mathrm{g/cm^3}$,$\varphi=35°\pm1°$,$c=(16\pm1)\mathrm{kPa}$,试计算岩体等效内摩擦角。

[解]:岩体边坡稳定性常用等效内摩擦角 φ_d 评价,$\theta=45°+\dfrac{\varphi}{2}$

$$\varphi_d=\arctan\left(\tan\varphi+\frac{2c}{\gamma h\cos\theta}\right)$$
$$=\arctan\left[\tan[34°,36°]+\frac{2\times[15,17]}{[24,26]\times10\times\cos\left(45°+\frac{[34°,36°]}{2}\right)}\right]$$
$$=\arctan[0.9202,1.0388]=[42.6202°,46.0903°]$$

MATLAB 代码如下:

tan(infsup(34,36)/180 * 3.1415926) + 2 * infsup(15,17)/(infsup(24,26) * 10 * cos((45 + infsup(34,36)/2) /180 * 3.1415926)) atan(infsup(0.9202,1.0388)) * 180/3.1415926

[例题 9-40] 某边坡如图 9-3 所示,坡角 $\beta=30°$,坡面倾角 $\theta=30°$,土的 $\gamma=(20\pm0.1)\mathrm{kN/m^3}$,$\varphi=25°\pm1°$,$c=(10\pm1)\mathrm{kPa}$,假设滑动面倾角 $\alpha=45°$,滑动面长度 $L=60\mathrm{m}$,滑动块楔体垂直高度 $h=20\mathrm{m}$,试计算边坡的稳定安全系数。

[解]:楔体重为

$$G=\frac{1}{2}h\cos\alpha L\gamma=0.5\times20\times\cos45°\times60\times[19.9,20.1]$$

$$=[8442.8,8527.8]\ (\mathrm{kN/m})$$

边坡稳定安全系数为抗滑力 T_i 与滑动力 T 之比,即

$$K=\frac{T_i}{T}=\frac{G\cos\alpha\tan\varphi+cL}{G\sin\alpha}$$

$$=\frac{[8442.8,8527.8]\times\cos45°\times\tan[24°,26°]+[9,11]\times60}{[8442.8,8527.8]\times\sin45°}$$

$$=[0.5303,0.6032]$$

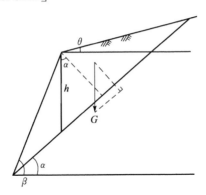

图 9-3 某边坡示意图

MATLAB 代码如下:

```
infsup(0.5 * 20 * cos(45/180 * 3.1415926) * 60 * infsup(19.9,20.1))
(infsup(8442.8,8527.8) * cos(45/180 * 3.1415926) * tan(infsup(24,26)/
180 * 3.1415926) + infsup(9,11) * 60)/(infsup(8442.8,8527.8) * sin(45/180
 * 3.1415926))
```

[例题 9-41] 某铁路路堤边坡高度 $H=(22\pm0.1)\mathrm{m}$,填土为细粒土,道床边坡坡率 $m=1.75\pm0.01$,沉降比 c 为 0.015 ± 0.001,试求路堤每侧应加宽宽度。

[解]:根据《铁路路基设计规范》(TB 10001—2005),当路堤边坡高度大于 20m 时,应根据填料、边坡高度加宽路基面。

$$\Delta b=cHm$$

$$=[0.014,0.016]\times[21.9,22.1]\times[1.74,1.76]=[0.5334,0.6224]$$

MATLAB 代码如下：

infsup(0.014,0.016) * infsup(21.9,22.1) * infsup(1.74,1.76)

[**例题 9-42**]　已知某土坡边坡率为 1∶1，土的黏聚力 $c=(12\pm0.1)$kPa，$\varphi=20°\pm0.1°$，$\gamma=(18\pm0.1)$kN/m³，试求土坡极限高度（土体稳定性系数 $N_s=0.065$）。

[**解**]：由边坡率为 1∶1，$\beta=45°$得

$$h=\frac{c}{\gamma N_s}=\frac{[11.9,12.1]}{[17.9,18.1]\times0.065}=[10.1147,10.3997](\text{m})$$

MATLAB 代码如下：

infsup(infsup(11.9,12.1)/(infsup(17.9,18.1) * 0.065))

[**例题 9-43**]　填土土堤边坡高 $H=4.0$m，填料重度 $\gamma=(20\pm0.1)$kN/m³，内摩擦角 $\varphi=35°\pm0.1°$，黏聚力 $c=0$，试求边坡坡角为多少时边坡稳定性系数最接近 1.25。

[**解**]：根据《建筑边坡工程技术规范》(GB 50330—2013)，平面滑动法边坡稳定系数为

$$K_s=\frac{\gamma V\cos\theta\tan\varphi+Ac}{\gamma V\sin\theta}$$

式中，γ 为岩土体重度；c 为结构面黏聚力；φ 为结构面内摩擦角；A 为结构面面积；V 为岩体的体积；θ 为结构面倾角。

由 $c=0$，得

$$K_s=\frac{\gamma V\cos\theta\tan\varphi}{\gamma V\sin\theta}=\frac{\cos\theta\tan\varphi}{\sin\theta}=\frac{\tan\varphi}{\tan\theta}=1.25$$

$$\tan\theta=\frac{\tan\varphi}{1.25}=\frac{\tan[34.9°,35.1°]}{1.25}=[0.5580,0.5623]$$

$$\theta=[29.1615°,29.3491°]$$

MATLAB 代码如下：

infsup(tan(infsup(34.9,35.1)/180 * 3.1415926)/1.25)

infsup(atan(infsup(0.5580,0.5623)) * 180/3.1415926)

[**例题 9-44**]　用砂性土填筑的路堤，如图 9-4 所示，高度为 3.0m，顶宽 26m，坡率为 1∶1.5，采用直线滑动面法验算其边坡稳定性，$\varphi=30°\pm1°$，$c=0.1$kPa，假设滑动面倾角 $\alpha=25°\pm1°$，滑动面以上土体重 $W=(52.2\pm0.1)$kN/m，滑面长 $L=7.1$m，试求抗滑动稳定性系数 K_s。

[**解**]：根据《建筑边坡工程技术规范》(GB 50330—2013)，采用平面滑动法时，

$$K_s=\frac{\gamma V\cos\theta\tan\varphi+Ac}{\gamma V\sin\theta}$$

$$=\frac{[52.1,52.3]\times\cos[24°,26°]\times\tan[29°,31°]+7.1\times1\times0.1}{[52.1,52.3]\times\sin[24°,26°]}$$

$$=[1.1631,1.3883]$$

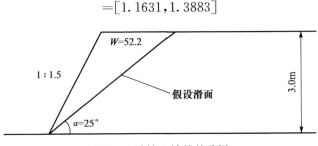

$W=52.2$

$1:1.5$

假设滑面

3.0m

$\alpha=25°$

图 9-4　砂性土填筑的路堤

MATLAB 代码如下：

```
(infsup(52.1,52.3) * cos(infsup(24,26)/180 * 3.1415926) * tan(infsup
(29,31)/180 * 3.1415926) + 7.1 * 1 * 0.1)/(infsup(52.1,52.3) * sin(infsup
(24,26)/180 * 3.1415926))
```

[**例题 9-45**]　一均匀黏性土填筑的路堤存在如图 9-5 所示的圆弧形滑面，滑面半径 $R=12.5$m，滑面长 $L=25$m，滑带土不排水抗剪强度 $c_u=(19\pm0.1)$kPa，内摩擦角 $\varphi=0$，下滑土体重 $W_1=(1300\pm10)$kN，抗滑土体重 $W_2=(315\pm10)$kN，下滑土体重心至滑动圆弧圆心的距离 $d_1=(5.2\pm0.1)$m，抗滑土体重心至滑动圆弧圆心的距离 $d_2=(2.7\pm0.1)$m，试求抗滑动稳定系数。

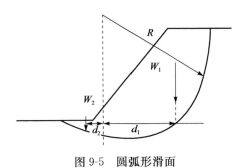

R

W_1

W_2

d_2 d_1

图 9-5　圆弧形滑面

[**解**]：据《工程地质手册》[3]，抗滑动稳定系数 K 为

$$K=\frac{W_2d_2+c_uLR}{W_1d_1}=\frac{[305,325]\times[2.6,2.8]+[18.9,19.1]\times25\times12.5}{[1290,1310]\times[5.1,5.3]}$$

$$=[0.9648,1.0456]$$

MATLAB 代码如下：

```
(infsup(305,325) * infsup(2.6,2.8) + infsup(18.9,19.1) * 25 * 12.5)/
(infsup(1290,1310) * infsup(5.1,5.3))
```

9.6　基坑与地下工程

[**例题 9-46**]　在基坑的地下连续墙后有 (5 ± 0.1)m 厚的含承压水的砂层,承压水头高于砂层顶面 (3 ± 0.1)m。试求在该砂层厚度范围内,作用在地下连续墙上单位长度的水压力合力大小。

[**解**]:砂层顶部水压力强度为

$$p_{w顶}=[2.9,3.1]\times10=[29,31](kPa)$$

砂层底部水压力强度

$$p_{w底}=[4.9,5.1]\times10+[29,31]=[78,82](kPa)$$

地下连续墙承受水压力

$$p=\frac{1}{2}(p_{w顶}+p_{w底})\times h=\frac{([29,31]+[78,82])\times5}{2}=[267.5,282.5](kPa)$$

MATLAB 代码如下:

```
infsup(2.9,3.1) * 10
infsup(4.9,5.1) * 10 + infsup(29,31)
(infsup(29,31) + infsup(78,82)) * 5/2
```

[**例题 9-47**]　某基坑采用板桩作为支护结构,如图 9-6 所示,坑底采用集水池进行排水,板桩嵌固深度为 (3 ± 0.1)m, $\gamma_{sat}=(19\pm0.1)$kN/m³,试计算渗流稳定系数。

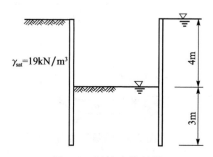

图 9-6　板桩支护结构

[**解**]:由 $i\leqslant i_c/K_s$ 得 $K_s\leqslant i_c/i$

$$i=\frac{4}{4+[2.9,3.1]+[2.9,3.1]}=[0.3921,0.4082]$$

$$i_c=\frac{\gamma'}{\gamma_w}=\frac{[18.9,19.1]-10}{10}=[0.8899,0.9101]$$

$$K_s=\frac{[0.8899,0.9101]}{[0.3921,0.4082]}=[2.1800,2.3211]$$

MATLAB 代码如下:

4/(4 + infsup(2.9,3.1) + infsup(2.9,3.1))

infsup((infsup(18.9,19.1)-10)/10)

infsup(0.8899,0.9101)/infsup(0.3921,0.4082)

[例题9-48]　如图9-7所示,某山区公路路基宽度 $b=20\text{m}$,下伏一溶洞,溶洞跨度 $b=8\text{m}$,顶板为近似水平厚层状裂隙不发育坚硬完整的岩层,现设顶板岩体的抗弯强度为 $(4.2\pm0.01)\text{MPa}$,顶板总荷重为 $Q=(19000\pm20)\text{kN/m}$,试问在安全系数为2.0时,按梁板受弯情况(设最大弯矩为 $M=\frac{1}{12}Qb^2$)计算溶洞顶板的最小安全厚度是多少?

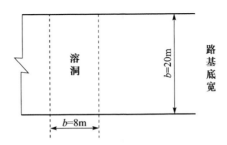

图9-7　某山区公路路基示意图

[解]:根据《公路路基设计规范》(JTG D30—2015),路基基底溶洞顶板安全厚度按固定梁受弯情况计算。

$$H=\sqrt{\frac{bM}{B[\delta]}}\times K$$

式中,H 为顶板安全厚度;b 为溶洞顺路线长度;B 为路堤底宽;$[\delta]$ 为岩石的允许弯曲应力;M 为弯矩,按两端固定梁计算,$M=\frac{1}{12}Qb^2$;K 为安全系数。

$$M=\frac{1}{12}Qb^2=\frac{[18980,19020]\times8\times8}{12}=[101220,101440](\text{kN}\cdot\text{m})$$

$$H=\sqrt{\frac{bM}{B[\delta]}}\times K=\sqrt{\frac{8\times[101220,101440]}{20\times[4190,4210]}}\times2=[6.2022,6.2239]$$

$$=[6.20,6.22](\text{m})$$

MATLAB 代码如下:

infsup(infsup(18980,19020)*8^2/12)

infsup(2 * sqrt(8 * infsup(101220,101440)/20/infsup(4190,4210)))

[例题9-49]　在密实砂土地基中进行地下连续墙的开槽施工,地下水位与地面齐平,砂土的饱和重度 $\gamma_{\text{sat}}=(20\pm0.1)\text{kN/m}^3$,内摩擦角 $\varphi=[37°,38°]$,黏聚力 $c=0$,采用水下泥浆护壁施工,槽内的泥浆与地面齐平,形成一层不透水的泥皮,为

了使泥浆压力能平衡地基砂土的主动土压力,使槽壁保持稳定,泥浆比重至少应达到多少?

[**解**]:槽底主动土压力强度:

$$e_0 = \gamma h K_a = \gamma h \tan^2\left(45° - \frac{\varphi}{2}\right) = [19.9, 20.1]h\tan^2\left(45° - \frac{[37°, 38°]}{2}\right)$$

$$= [4.7338, 4.9966]h$$

槽底水压力:

$$p_w = \gamma_w h = 10h$$

槽底总侧压力为$[4.7338, 4.9966]h + 10h = [14.7338, 14.9966]h$。

泥浆压力:

$$\gamma' h = [14.7338, 14.9966]h$$

$$\Rightarrow \gamma' h = [14.7338, 14.9966] \text{ kN/m}^3 = [1.47, 1.50](\text{g/cm}^3)$$

MATLAB 代码如下:

```
infsup(19.9,20.1) * tan(45/180 * 3.1415926-infsup(37/180 * 3.1415926,
38/180 * 3.1415926)/2)^2
```

[**例题 9-50**]　某基坑开挖深度为 10m,地面以下 2.0m 为人工填土,填土以下 18m 厚为中砂、细砂,含水层平均渗透系数 $k = (1.0 \pm 0.1)$m/d,砂层以下为黏土层,潜水地下水位在地表下 2.0m,已知基坑的等效半径为 $r_0 = (10 \pm 0.1)$m,降水影响半径 $R = (76 \pm 2)$m,要求地下水位降到基坑底面以下 0.5m,井点深为 20m,基坑远离边界,不考虑周边水体影响,试求该基坑降水的涌水量。

[**解**]:根据《建筑基坑支护技术规程》(JGJ 120—2012),当基坑远离边界时,涌水量按下式计算:

$$Q = 1.366k \times \frac{(2H - S)S}{\lg\left(1 + \dfrac{R}{r_0}\right)}$$

式中,Q 为基坑涌水量;k 为渗透系数;H 为潜水含水层厚度;S 为基坑水位降深;R 为降水影响半径;r_0 为等效半径。

$$Q = 1.366 \times [0.9, 1.1] \times \frac{(2 \times 18 - 8.5) \times 8.5}{\lg\left(1 + \dfrac{[74, 78]}{[9.9, 10.1]}\right)} = [303.0222, 381.5779](\text{m}^3/\text{d})$$

MATLAB 代码如下:

```
1.366 * infsup(0.9,1.1) * (2 * 18-8.5) * 8.5/(log10(1 + infsup(74,78)/
infsup(9.9,10.1)))
```

[**例题 9-51**]　进行基坑锚杆承载能力拉拔试验时,已知锚杆上水平拉力 $T = [400, 420]$kN,锚杆倾角 $\alpha = [15°, 16°]$,锚固体直径 $D = 150$mm,锚杆总长度为(18 ± 0.01)m,自由段长度为(6 ± 0.01)m,在其他因素都已考虑的情况下,试求锚杆锚

固体与土层的平均摩阻力。

[**解**]:锚杆轴力为

$$N=\frac{T}{\cos[15,16]°}=\frac{[400,420]}{\cos[15°,16°]}=[414.1104,436.9258](kN)$$

由 $N=\pi DLq_{sa}$ 得

$$q_{sa}=\frac{N}{\pi DL}$$

$$=\frac{[414.1104,436.9258]}{3.1415926\times0.15\times([17.99,18.01]-[5.99,6.01])}$$

$$=[73.1089,77.3945](kPa)$$

MATLAB 代码如下:

infsup(400,420)/cos(infsup(15,16)/180 * 3.1415926)

infsup(414.1104,436.9258)/(3.1415926 * 0.15 * (infsup(17.99,18.01)-

infsup(5.99,6.01)))

[**例题 9-52**]　在饱和软黏土地基中开挖条形基坑,如图 9-8 所示,采用 8m 长的板桩支护,地下水位已降至板桩底部,坑边地面无荷载,地基土重度 $\gamma=(19\pm0.1)kN/m^3$,通过十字板现场测试得地基土的抗剪强度为 $(30\pm0.1)kPa$,按《建筑地基基础设计规范》(GB 50007—2011),为满足基坑抗隆起稳定性要求,试求基坑最大开挖深度。

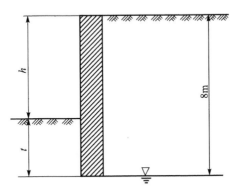

图 9-8　饱和软黏土地基中开挖条形基坑

[**解**]:坑底土抗隆起稳定性,由规范可知:

$$\frac{N_c\tau_0+\gamma t}{\gamma(h+t)+q}=1.6,\quad N_c=5.14,\quad t=8-h,\quad q=0$$

即

$$\frac{5.14\times[29.9,30.1]+[18.9,19.1]\times(8-h)}{[18.9,19.1](h+8-h)+0}=1.6$$

$$h=\frac{5.14\times[29.9,30.1]+[18.9,19.1]\times8-1.6\times8\times[18.9,19.1]}{[18.9,19.1]}$$

$$=[3.1626,3.4706](\text{m})$$

MATLAB 代码如下：

(5.14 * infsup(29.9,30.1) + 8 * infsup(18.9,19.1)-1.6 * 8 * infsup(18.9,19.1))/infsup(18.9,19.1)

[例题 9-53]　某基坑土层为软土,基坑开挖深度 $h=5$m,支护结构入土深度 $t=5$m,坑顶地面荷载 $q=(20\pm1)$kPa,土重度 $\gamma=(18\pm0.1)$kN/m³,$c=(10\pm0.1)$kPa,$\varphi=0$,设 $N_q=1.0$,试计算坑底土抗隆起稳定安全系数。

[解]:根据《建筑地基基础设计规范》(GB 50007—2011),安全系数为

$$F=\frac{N_c\times c+\gamma\times t}{\gamma(h+t)+q}=\frac{5.14\times[9.9,10.1]+[17.9,18.1]\times5}{[17.9,18.1]\times(5+5)+[19,21]}=[0.6949,0.7193]$$

MATLAB 代码如下：

infsup((5.14 * infsup(9.9,10.1) + 5 * infsup(17.9,18.1))/(10 * infsup(17.9,18.1) + infsup(19,21)))

[例题 9-54]　某重力式挡墙,墙重 $G=(180\pm10)$kN,墙后主动土压力水平分力 $E_x=(75\pm1)$kN,垂直分力 $E_v=(12\pm1)$kN,墙基底宽 $B=1.45$m,基底合力偏心距 $e=0.2$m,地基容许承载力 $[\sigma]=(290\pm5)$kPa,试计算地基承载力安全系数。

[解]:$e=0.2$m$<B/6=1.45/6=0.24$m

基底压力：

$$p=\frac{([170,190]+[11,13])\times[1+(6\times0.2)/1.45]}{1.45}$$

$$=[228.1331,255.8621](\text{kPa})$$

$$K=\frac{[285,295]}{[228.1331,255.8621]}=[1.1138,1.2932]$$

MATLAB 代码如下：

(infsup(170,190) + infsup(11,13)) * (1 + (6 * 0.2)/1.45)/1.45

infsup(285,295)/infsup(228.1331,255.8621)

9.7　特殊条件下的岩土工程

[例题 9-55]　某一薄层状裂隙发育的石灰岩出露场地,在距地面(17 ± 0.1)m深处以下有一溶洞,洞高 $H_0=(2.0\pm0.1)$m。若按溶洞顶板坍塌自行填塞法对此溶洞的影响进行估算,试求地面下不受溶洞坍塌影响的岩层安全厚度(石灰岩松散系数 k 取 1.2)。

[解]:顶板坍塌后,塌落体积增大,当塌落至一定高度 H 时,溶洞自行填满,无

需考虑对地基的影响,所需坍落高度 H' 为

$$H' = \frac{H_0}{k-1} = \frac{[1.9, 2.1]}{1.2-1} = [9.5000, 10.5001] (\text{m})$$

安全厚度 H 为

$$H = 17 - H' = [16.9, 17.1] - [9.5000, 10.5001] = [6.3998, 7.6001] (\text{m})$$

MATLAB 代码如下:

```
infsup(1.9,2.1)/(1.2-1)
infsup(16.9,17.1)-infsup(9.5000,10.5001)
```

[例题 9-56]　某一滑动面为折线的均质滑坡,其计算参数如表 9-4 所示。取滑坡推力安全系数为 1.05。试求滑坡③条块的剩余下滑力。

表 9-4　计算参数

滑块编号	下滑力/(kN/m)	抗滑力/(kN/m)	传递系数
①	3600±5	1100±5	0.76
②	8700±5	7000±5	0.90
③	1500±5	2600±5	—

[解]:根据《建筑地基基础设计规范》(GB 50007—2011),滑坡推力计算如下:

$$F_1 = 1.05 T_1 - R_1 = 1.05 \times [3595, 3605] - [1095, 1105] = [2669.7, 2685.1] (\text{kN/m})$$

$$F_2 = F_1 \varphi_1 + 1.05 T_2 - R_2 = [2669.7, 2685.1] \times 0.76 + 1.05 \times [8695, 8705]$$
$$- [6995, 7005] = [4153.7, 4186.0] (\text{kN/m})$$

$$F_3 = F_2 \varphi_2 + 1.05 T_3 - R_3 = [4153.7, 4186.0] \times 0.90 + 1.05 \times [1495, 1505]$$
$$- [2595, 2605] = [2703.0, 2752.7] (\text{kN/m})$$

即滑坡③条块的剩余下滑力 $F_3 = [2703.0, 2752.7] \text{kN/m}$。

MATLAB 代码如下:

```
infsup(1.05 * infsup(3595,3600)-infsup(1095,1105))
infsup(infsup(2669.7,2685.1) * 0.76 + 1.05 * infsup(8695,8705)-infsup
(6995,7005))
infsup(infsup(4153.7,4186.0) * 0.90 + 1.05 * infsup(1495,1505)-infsup
(2595,2605))
```

[例题 9-57]　根据泥石流痕迹调查测绘结果,在一弯道处的外侧泥位高程为 $(1028 \pm 0.1)\text{m}$,内侧泥位高程为 $(1025 \pm 0.1)\text{m}$,泥面宽度为 $(22 \pm 0.1)\text{m}$,弯道中心线曲率半径为 $(30 \pm 0.1)\text{m}$。试按《铁路工程不良地质勘察规程》(TB 100027—2012)计算该弯道处近似的泥石流流速。

[解]:根据规范知,泥石流流速:

$$v_c = \sqrt{\frac{R_0 \sigma g}{B}}$$

式中,R_0 为弯道中心线曲率半径;σ 为两岸泥位高差;B 为泥面宽度。

$$v_c = \sqrt{\frac{[29.9, 30.1] \times ([1027.9, 1028.1] - [1024.9, 1025.1]) \times 9.81}{[21.9, 22.1]}}$$
$$= [6.0961, 6.5686] (\text{m/s})$$

MATLAB 代码如下:

```
sqrt(infsup(29.9,30.1) * (infsup(1027.9,1028.1)-infsup(1024.9,
1025.1)) * 9.81/infsup(21.9,22.1))
```

[例题 9-58] 高速公路排水沟呈梯形断面,设计沟内水深(1.0 ± 0.1)m,过水断面积 $W = (2.0 \pm 0.1)$m^2,湿周 $\rho = (4.1 \pm 0.05)$m,沟底纵坡坡度为 0.005,排水沟粗糙系数 $n = 0.025$。试计算排水沟的最大流速。

[解]:水力半径为

$$R = \frac{W}{\rho} = \frac{[1.9, 2.1]}{[4.05, 4.15]} = [0.4578, 0.5186] (\text{m})$$

流速为

$$v = \frac{1}{n} R^{\frac{2}{3}} i^{\frac{1}{2}} = \frac{1}{0.025} \times [0.4578, 0.5186]^{\frac{2}{3}} 0.005^{\frac{1}{2}} = [1.6800, 1.8258] (\text{m/s})$$

MATLAB 代码如下:

```
infsup(1.9,2.1)/infsup(4.05,4.15)
(1/0.025) * infsup(0.4578,0.5186)^(2/3) * 0.005^(1/2)
```

[例题 9-59] 调查确定泥石流中固体体积比为 60%,固体质量密度 $\rho = (2700 \pm 10)$kg/m^3,试求该泥石流的流体密度(固液混合体的密度)。

[解]:设水的质量密度 $\rho_w = (990 \pm 2)$kg/m^3,则固液混合体密度为

$$\rho = \frac{[2690, 2710] \times 0.6 + [988, 992] \times 0.4}{0.6 + 0.4}$$
$$= [2009.1, 2022.9] (\text{kg/m}^3)$$

MATLAB 代码如下:

```
infsup((infsup(2690,2710) * 0.6 + infsup(988,992) * 0.4)/(0.6 + 0.4))
```

[例题 9-60] 某铁路隧道通过岩溶化极强的灰岩,由地下水补给的泉水流量 $Q' = (5 \pm 0.01) \times 10^5$ m^3/d,相应于 Q' 的地表流域面积 $F = (104 \pm 1)$km^2,隧道通过含水体的地下集水面积 $A = (10 \pm 0.1)$km^2,年降水量 $H' = (1800 \pm 30)$mm,降水入渗系数 $a = 0.4$。试按《铁路工程地质手册》的降水入渗法估算隧道通过含水体地段的经常涌水量 Q,并用地下径流模数法核对。

[解]:(1) 采用降水入渗法计算:

$$Q = 2.74 \times a \times H' \times A = 2.74 \times 0.4 \times [1770,1830] \times 10^7 / (1000 \times 365)$$
$$= [53148,54951] (\text{m}^3/\text{d})$$

（2）采用地下径流模数法计算：

$$Q = Q'/F \times A = \frac{[4.99,5.01] \times 10^5}{[103,105]} \times [9.9,10.1]$$
$$= [47048,49128] (\text{m}^3/\text{d})$$

MATLAB 代码如下：

```
infsup(2.74 * 0.4 * infsup(1770,1830) * 10^7/(1000 * 365))
infsup(infsup(4.99,5.01) * 10^5/infsup(103,105) * infsup(9.9,10.1))
```

[**例题 9-61**]　某粉土层 $\gamma = (18 \pm 0.1) \text{kN/m}^3$，$e = 0.78 \pm 0.01$，$a = 0.2 \text{MPa}^{-1}$，地下水位为 -5m，当地下水位降至 -35m 时，试计算地面沉降量（35m 以下为岩层）。

[**解**]：-5m 处水压力为零，水位下降至 -35m 处的水压力为
$$0.01 \times 30 = 0.3 (\text{MPa})$$

水压力平均值：
$$\Delta p = \frac{0+0.3}{2} = 0.15 (\text{MPa})$$

沉降量：
$$s = \frac{a}{1+e} \Delta p \times h = \frac{0.2}{1+[0.77,0.79]} \times 0.15 \times 30 = [0.5027,0.5085] (\text{m})$$
$$= [502.7,508.5] (\text{mm})$$

MATLAB 代码如下：

```
infsup(0.2/(1 + infsup(0.77,0.79)) * 0.15 * 30)
```

[**例题 9-62**]　试按表 9-5 中参数计算膨胀土地基的分级变形量。

表 9-5　膨胀土相关参数

层序	层厚 h_i/m	层底深度/m	第 i 层含水率变化 Δw_i	第 i 层收缩系数 λ_{si}	第 i 层在 50kPa 下的膨胀率 δ_{epi}
1	0.64	1.60	[0.0273,0.0274]	[0.28,0.29]	[0.0084,0.0085]
2	0.86	2.50	[0.0211,0.0212]	[0.48,0.49]	[0.0223,0.0224]
3	1.00	3.50	[0.0140,0.0140]	[0.35,0.36]	[0.0249,0.0250]

[**解**]：分级变形量：

$$s = \varphi \sum_{i=1}^{n} (\delta_{epi} + \lambda_{si} \times \Delta w_i) h_i = 0.7 \times \{([0.0084,0.0085] \times 640$$
$$+ [0.0223,0.0224] \times 860 + [0.0249,0.0250] \times 1000)$$
$$+ ([0.28,0.29] \times [0.0273,0.0274] \times 640 + [0.48,0.49]$$
$$\times [0.0211,0.0212] \times 860 + [0.35,0.36] \times [0.0140,0.0140] \times 1000)\}$$
$$= 0.7 \times [67.9562,68.7632] = [47.5693,48.1343] (\text{mm})$$

MATLAB 代码如下：

infsup(infsup(0.0084,0.0085) * 640 + infsup(0.0223,0.0224) * 860 + infsup(0.0249,0.0250) * 1000 + infsup(0.28,0.29) * infsup(0.0273,0.0274) * 640 ++ infsup(0.48,0.49) * infsup(0.0211,0.0212) * 860 ++ infsup(0.35, 0.36) * infsup(0.0140,0.0140) * 1000)

infsup(0.7 * infsup(67.9562,68.7632))

[**例题 9-63**]　某边坡高 10m，边坡坡率 1 : 1，如图 9-9 所示，路堤填料 $\gamma=(20\pm0.1)$kN/m³，$c=(10\pm0.1)$kPa，$\varphi=25°\pm0.1°$，试求直线滑动面的倾角 $\alpha=32°$ 时的稳定系数。

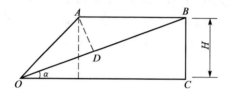

图 9-9　某边坡示意图

[**解**]：$OB=\dfrac{H}{\sin\alpha}=\dfrac{10}{\sin32°}=18.87$(m)

$OA=\dfrac{H}{\sin45°}=\dfrac{10}{0.71}=14.14$(m)

$AD=OA\times\sin(45°-\alpha)=14.14\times\sin(45°-32°)=14.14\times0.225=3.182$(m)

滑体重：

$$W=\frac{1}{2}\times OB\times AD\times\gamma=0.5\times18.87\times3.182\times[19.9,20.1]$$

$$=[597.4411,603.4457](\text{kN/m})$$

稳定系数：

$$K=\frac{W\cos\alpha\tan\varphi+d}{W\sin\alpha}$$

$$=\frac{[597.4411,603.4457]\cos32°\tan[24.9°,25.1°]+[9.9,10.1]\times18.87}{[597.4411,603.4457]\sin32°}$$

$$=[1.3196,1.3592]$$

MATLAB 代码如下：

infsup(0.5 * 18.87 * 3.182 * infsup(19.9,20.1))

infsup((infsup(597.4411,603.4457) * cos(32/180 * 3.1415926) * tan(infsup(24.9/180 * 3.1415926, 25.1/180 * 3.1415926)) + infsup(9.9, 10.1) * 18.87)/(infsup(597.4411,603.4457) * sin(32/180 * 3.1415926)))

9.8 地 震 工 程

[**例题 9-64**] 某 15 层住宅基础为筏板基础,尺寸 30m×30m,埋深 6m,土层为中密中粗砂,$\gamma=[19,20]$kN/m³,地下水位与基础底面平行,地基承载力特征值 $\gamma=[300,305]$kPa,试确定地基抗震承载力。

[**解**]:地基承载力经深度修正,$\eta_b=3$,$\eta_d=4.4$。

$$f_a=f_{ak}+\eta_b\gamma(b-3)+\eta_d\gamma_m(d-0.5)=[300,305]+3\times([19,20]-10)$$
$$\times(6-3)+4.4\times[19,20]\times(6-0.5)=[840.7999,879.0001](kPa)$$

根据《建筑抗震设计规范》(GB 50011—2010)可知,$\xi_a=1.3$。

地基抗震承载力为

$$f_{aE}=f_a\times\xi_a=[840.7999,879.0001]\times1.3=[1093.0,1142.8](kPa)$$

MATLAB 代码如下:

```
infsup(300,305) + 3 * (infsup(19,20)-10) * (6-3) + 4.4 * infsup(19,20)
* (6-0.5)
1.3 * infsup(840.7999,879.0001)
```

[**例题 9-65**] 按照《公路桥梁抗震设计规范》(JTJ 004—89)关于液化判别原理,某位于 8 度区的场地,地下水位在地面下(10±0.1)m 处,试求该深度的地震剪应力比。

[**解**]:根据规范,地震剪应力比为

$$\tau/\sigma_c=0.65K_h(\sigma_0/\sigma_c)C_v$$

在场地无地下水的情况下,$\sigma_0=\sigma_c$,8 度区 $K_h=0.2$,5m 处 $C_v=0.965$,10m 处 $C_v=0.902$,则(10±0.1)m 处,$C_v=[0.9007,0.9033]$。

$$\frac{\tau}{\sigma_c}=0.65\times0.2\times1.0\times[0.9007,0.9033]=[0.1170,0.1175]$$

所以,(10±0.1)m 处地震剪应力比为[0.1170,0.1175]。

MATLAB 代码如下:

```
infsup(0.65 * 0.2 * 1.0 * infsup(0.9007,0.9033))
```

[**例题 9-66**] 某场地土层分布如下:0～1.5m 为填土,土层剪切波速 $v_s=(80\pm1)$m/s;1.5～7.5m 为粉质黏土,$v_s=(210\pm1)$m/s;7.5～19m 为粉细砂,$v_s=(243\pm1)$m/s;19～26m 为砾石,$v_s=(350\pm1)$m/s;26m 以下为砾岩,$v_s>500$m/s。试判定该场地的类别。

[**解**]:(1) 确定场地覆盖层厚度。

根据《建筑抗震设计规范》(GB 50011—2010),覆盖层厚度为地面至剪切波速大于 500m/s 土层顶面的距离,所以该场地覆盖层厚度为 26m。

（2）计算等效剪切波速。

$$v_{se}=\frac{d_0}{t}, \quad t=\sum_{i=1}^{n}\frac{d_i}{v_{si}}$$

计算深度 d_0 取覆盖层厚度和 20m 两者的较小值，故 $d_0=20\text{m}$。

$$t=\frac{1.5}{[79,81]}+\frac{6}{[209,211]}+\frac{11.5}{[242,244]}+\frac{1}{[349,351]}$$
$$=[0.0969,0.0981]$$

$$v_{se}=\frac{d_0}{t}=\frac{20}{[0.0969,0.0981]}=[203.8735,206.3984]$$

覆盖层厚度 26m，v_{se} 在 [140,250] 内，场地类别为 Ⅱ 类。

MATLAB 代码如下：

```
infsup(1.5/infsup(79,81) + 6/infsup(209,211) + 11.5/infsup(242,244)
+ 1/infsup(349,351))
```

```
infsup(20/infsup(0.0969,0.0981))
```

[**例题 9-67**]　某建筑场地抗震设防烈度为 8 度，设计基本地震加速度为 0.30g，设计地震分组为第二组，场地类别为 Ⅲ 类，建筑物结构自震周期 $T=1.65\pm 0.1\text{s}$，结构阻尼比 $\xi=0.5$，当进行多遇地震作用下的截面抗震验算时，求相应于结构自震周期的水平地震影响系数。

[**解**]：根据《建筑抗震设计规范》（GB 50011—2010），Ⅲ 类场地，地震分组为第二组，其特征周期 $T_g=0.55\text{s}$，8 度设防，多遇地震，地震加速度 $0.3g$，其水平地震影响系数最大值 $\alpha_{max}=0.24$。

$$T_g < T=(1.65\pm 0.1)\text{s} < 5T_g=2.75\text{s}$$

由 $\xi=0.5$ 知，

$$\eta_2=1, \quad r=0.9$$

$$\alpha=\left(\frac{T_g}{T}\right)^r \eta_2 \alpha_{max}=\left(\frac{0.55}{[1.64,1.66]}\right)^{0.9}\times 1\times 0.24=[0.0888,0.0898]$$

MATLAB 代码如下：

```
infsup(1 * 0.24 * (0.55/infsup(1.64,1.66))^0.9)
```

[**例题 9-68**]　某建筑物按地震作用效应标准组合的基础底面边缘最大压力 $p_{max}=(380\pm 20)\text{kPa}$，地基土为中密状态的中砂，问该建筑物基础深、宽修正后的地基承载力特征值 f_a 至少应达到多少，才能满足验算天然地基地震作用下的竖向承载力要求？

[**解**]：根据《建筑抗震设计规范》（GB 50011—2010），有

$$p_{max}\leqslant 1.2f_{aE}, \quad p\leqslant f_{aE}, \quad f_{aE}=\xi_a f_a$$

式中，f_{aE} 为调整后地基抗震承载力；f_a 为经深度修正后的地基承载力特征值；ξ_a 为地基抗震承载力调整系数，持力层为中密中砂，$\xi_a=1.3$；p 为地震作用效应标准组

合的基础底面平均压力;p_{max} 为地震作用效应标准组合的基础边缘最大压力。

$$f_{aE} \geqslant \frac{p_{max}}{1.2} = \frac{[360,400]}{1.2} = [300.0000,333.3334](kPa)$$

$$f_{aE} = \xi_a f_a = 1.3 f_a = [300.0000,333.3334](kPa)$$

$$f_a = \frac{[300.0000,333.3334]}{1.3} = [230.7692,256.4104](kPa)$$

MATLAB 代码如下:

```
infsup(360,400)/1.2
infsup(300.0000,333.3334)/1.3
```

[例题 9-69]　高层建筑高 42m,基础宽 10m,深、宽修正后的地基承载力特征值 $f_a = (300\pm5)$kPa,地基抗震承载力调整系数 $\xi_a = 1.3$,按地震作用效应标准组合进行天然地基基础抗震验算,基础边缘最大压力 p_{max} 为多大?

[解]:根据《建筑抗震设计规范》(GB 50011—2010),在天然地基基础抗震验算时,应采用地震作用效应标准组合,且地基抗震承载力应取地基承载力特征值乘以调整系数 ξ_a,$f_{aE} = \xi_a f_a$。

由 $f_a = [295,305]$ kPa,$\xi_a = 1.3$ 得

$$f_{aE} = 1.3 \times [295,305] = [383.5000,396.5001](kPa)$$

$$p_{max} \leqslant 1.2 f_{aE} = 1.2 \times [383.5000,396.5001] = [460.1999,475.8002](kPa)$$

MATLAB 代码如下:

```
infsup(1.3 * infsup(295,305))
infsup(1.2 * infsup(383.5000,396.5001))
```

[例题 9-70]　采用拟静力法进行坝高 38m 土石坝的抗震稳定性验算。在滑动条分法的计算过程中,某滑动体条块的重力标准值为(4000±10)kN/m。场区抗震设防烈度为 8 度。试计算作用在该土条重心处的水平向地震惯性力代表值 F_h。

[解]:根据《水工建筑物抗震设计规范》(DL 5073—2000),$F_h =$ 条块重 $\times$ $a_h \xi \alpha_i / g$,查规范可知,$a_h = 0.2$,$\xi = 0.25$,坝高<40m,土石坝坝体动态分布系数 $\alpha_i = 1.0 + 1.18 = 2.18$。

$$F_h = [3990,4010] \times 0.2g \times 0.25 \times 2.18/g = [434.9100,437.0901](kN/m)$$

MATLAB 代码如下:

```
infsup(0.2 * 0.25 * 2.18 * infsup(3990,4010))
```

[例题 9-71]　某 8 层建筑物高 24m,筏板基础宽 12m,长 50m,地基土为中密-密实细砂,深宽修正后的地基承载力特征值 $f_a = (250\pm5)$kPa,按《建筑抗震设计规范》(GB 50011—2010)验算天然地基抗震竖向承载力。在容许最大偏心距(短边方向)的情况下,试计算按地震作用效应标准组合的建筑物总竖向作用力大小。

[解]:地基抗震承载力 $f_{aE} = \xi_a f_a$,$\xi_a = 1.3$。

$$f_{aE} = 1.3 \times [245,255] = [318.5000, 331.5001](\text{kPa})$$

$$p_{\max} \leqslant 1.2 f_{aE} = 1.2 \times [318.5000, 331.5001] = [382.1999, 397.8002](\text{kPa})$$

$H/b = 24/12 = 2$,基底面与地基土之间零应力区面积不应超过基底面面积的 15%。

竖向力 = 基底压力 × 面积

$$= 1/2 \times p_{\max} \times 12 \times 0.85 \times 50$$

$$= 1/2 \times [382.1999, 397.8002] \times 12 \times 0.85 \times 50$$

$$= [97460, 101440](\text{kPa})$$

MATLAB 代码如下：

```
1.3 * infsup(245,255)
1.2 * infsup(318.5000,331.5001)
1/2 * infsup(382.1999,397.8002) * 12 * 0.85 * 50
```

[**例题 9-72**]　某预制桩截面尺寸 0.3m×0.3m，桩长 15m，低桩承台为 C30 混凝土，土层为黏性土，桩端持力层为砾砂，水平抗力系数比例系数 $m = (24 \pm 0.01)$ MN/m⁴，试求单桩抗震水平承载力（$x_{ca} = 10\text{mm}$）。

[**解**]：$b_0 = 1.5b + 0.5 = 1.5 \times 0.3 + 0.5 = 0.95(\text{m})$

$$I_0 = \frac{bh^3}{12} = \frac{0.3 \times 0.3^3}{12} = 0.68 \times 10^{-3}(\text{m}^4)$$

$$EI = 0.85E_cI_0 = 0.85 \times 0.3 \times 10^7 \times 0.68 \times 10^{-3} = 17340(\text{kN} \cdot \text{m}^2)$$

$$\alpha = \sqrt[5]{\frac{mb_0}{EI}} = \alpha = \sqrt[5]{\frac{[23990,24010] \times 0.95}{17340}} = [1.0561, 1.0564]$$

$$\alpha h = [1.0561, 1.0564] \times 15 = [15.8414, 15.8461], v_x = 2.441$$

$$R_h = \frac{\alpha^3 EI}{v_x} x_{ca} = \frac{[1.0561, 1.0564]^3 \times 17340 \times 10 \times 10^{-3}}{2.441}$$

$$= [83.6751, 83.7465]\text{kN}$$

根据《建筑抗震设计规范》(GB 50011—2010)，抗震承载力可比非抗震承载力提高 25%，即

$$R_{hE} = [83.6751, 83.7465] \times 1.25 = [104.5938, 104.6832](\text{kN})$$

MATLAB 代码如下：

```
infsup((infsup(23990,24010) * 0.95/17340)^(1/5))
infsup(infsup(1.0561,1.0564) * 15)
infsup(infsup(1.0561,1.0564)^3 * 17340 * 10 * 10^-3/2.441)
infsup(infsup(83.6751,83.7465) * 1.25)
```

9.9　岩土工程检测和监测

[**例题 9-73**]　采用声波法对钻孔灌注桩孔底沉渣进行检测，桩径 1.2m，桩长

35m,声波反射明显。测头从发射到接收到第一次反射波的相隔时间为$[8.6, 8.8]$ms,从发射到接收到第二次反射波的相隔时间为$[9.2, 9.4]$ms,若孔底沉渣声波波速按 1000ms 考虑,则孔底沉渣的厚度为多少?

[解]:采用声波法检测沉渣厚度,当入射波到达沉渣顶面时,反射时间为$[8.6, 8.8]$ms,当入射波到达孔底时,反射时间为$[9.2, 9.4]$ms,因此,沉渣厚度为

$$H = \frac{[9.2, 9.4] \times 10^{-3} - [8.6, 8.8] \times 10^{-3}}{2} \times 1000$$

$$= \frac{[9.2, 9.4] - [8.6, 8.8]}{2} = [0.1999, 0.4001] (m)$$

MATLAB 代码如下:

```
(infsup(9.2,9.4)-infsup(8.6,8.8))/2
```

若取入射波到达沉渣顶面时,反射时间为$[8.7, 8.8]$ms,当入射波到达孔底时,反射时间为$[9.3, 9.4]$ms,沉渣厚度则为$[0.2499, 0.3501]$m。

[例题 9-74]　已知混凝土质量密度$\rho = [2440, 2450]$kg/m^3,实测应力波波速$C = [3600, 3601]$m/s,试求混凝土的弹性模量。

[解]:根据波速和材料弹性模量关系,知

$E = C^2 \rho = [3600, 3601]^2 \times [2440, 2450] = [31622, 31770] \times 10^6 (N/m^2)$

$= [31622, 31770] (MPa)$

(注:1kg 质量物体产生 1m/s^2 加速度所需的力为 1N。)

MATLAB 代码如下:

```
infsup(infsup(3600,3601)^2 * infsup(2440,2450))
```

[例题 9-75]　已知灌注桩直径 1.0m,纵波波速$C = [3500, 3501]$m/s,混凝土重度$\gamma = [24.0, 24.2]$kN/m^3,试求桩的力学阻抗。

[解]:根据桩身力学阻抗公式:

$$Z = \frac{EA}{C} = \frac{C^2 \rho A}{C} = \rho A C = \frac{[24.0, 24.2] \times 3.14 \times 0.5 \times 0.5 \times [3500, 3501]}{9.81}$$

$$= [6721.7, 6779.7] (kN \cdot s/m)$$

MATLAB 代码如下:

```
infsup(infsup(24.0,24.2) * 3.14 * 0.5^2 * infsup(3500,3501)/9.81)
```

[例题 9-76]　某多层住宅采用水泥土搅拌桩复合地基,桩径$[0.50, 0.51]$m,桩间距$[1.50, 1.51]$m,正三角形布桩,采用双桩复合静荷载试验检验复合地基承载力,试计算压板面积。

[解]:复合地基面积置换率

$$m = \frac{d^2}{d_e^2} = \frac{[0.50, 0.51]^2}{1.05 \times [1.50, 1.51]^2} = [0.1044, 0.1101]$$

$$A_c = \frac{A_p}{m} \times 2 = 2 \times \frac{0.196}{[0.1044, 0.1101]} = [3.5603, 3.7548](m^2)$$

MATLAB 代码如下：

```
infsup(0.50,0.51)^2/(1.05 * infsup(1.50,1.51)^2)
2 * 0.196/infsup(0.1044,0.1101)
```

[例题 9-77]　某场地土层分布为：填土厚度 0.9m；黏土厚度 2.6m；淤泥质黏土厚度 5.0m。采用堆载预压地基处理，堆载 $p_0 = 100$kPa，地下水位地面下 0.9m，在淤泥质黏土层底埋设孔隙水压力传感器量测孔隙水压力变化情况，经过两个月预压，测得孔隙水压力 (120 ± 2)kPa，试计算其淤泥质黏土固结度。

[解]：孔隙水压力传感器埋设地面下 8.5m 处，其静水压力为 $7.6 \times 10 = 76$(kPa)。

堆载后瞬时：

$$u_0 = 8.5 \times 100 - 76 = 774(kPa)$$

两个月后：

$$u = [118, 122] - 76 = [42, 46](kPa)$$

固结度：

$$v = 1 - \frac{u}{u_0} = 1 - \frac{[42, 46]}{774} = [0.9405, 0.9458]$$

MATLAB 代码如下：

```
infsup(118,122)-76
infsup(1-infsup(42,46)/774)
```

[例题 9-78]　某砖混结构住宅，采用天然地基条形基础，地基为软土，在基础梁上间距 10m 设置三个沉降观测点 A、B、C，各观测点之间间距分别为 5m，沉降量分别为 (120 ± 1)mm，(200 ± 1)mm 和 (170 ± 1)mm，试计算基础梁挠度。

[解]：按照《岩土工程监测规范》（YS 5229—1996），挠度 f_c 为

$$f_c = s_B - s_A - \frac{AB}{AC}(s_C - s_A) = [199, 201] - [119, 121] - \frac{5}{5}$$
$$\times ([169, 171] - [119, 121]) = [26.0000, 34.0000](mm)$$

结构梁挠度允许值为

$\frac{1}{250} = 0.004 \times 10 \times 1000 = 40$(mm)，挠度在允许范围内。

MATLAB 代码如下：

```
 infsup(199,201) - infsup(119,121) - 5/5 * ( infsup(169,171) - infsup
(119,121))
```

[例题 9-79]　某钻孔灌注桩，桩径 0.8m，桩长 50m，预埋声测管，采用单孔法检验桩身完整性，一发双收探头，两探头间距 (300 ± 1)mm，当遇到孔底沉渣时，传播时间明显增长，第一个振子收到的时间为 (9.1 ± 0.1)ms，第二个振子收到的时

间为(9.3 ± 0.1)ms,试计算声波在沉渣中的传播速度。

[解]：$v=\dfrac{\Delta L}{t_2-t_1}=\dfrac{[299,301]}{[9.29,9.31]-[9.09,9.11]}=[1359.0,1672.3]$(m/s)

MATLAB 代码如下：

```
infsup(299,301)/(infsup(9.29,9.31)-infsup(9.09,9.11))
```

[例题 9-80]　某预应力管桩 PHC500(125) A 进行高应变动力试桩,在桩顶下 1.0m 处的桩两侧面安装应变式力传感器,锤重 40kN,锤落高 1.2m,由传感器量测桩身混凝土表面应变值 $\varepsilon=(2200\pm1)\mu\varepsilon$,试计算作用在锤顶的锤击力。

[解]：PHC 型管桩为高强混凝土,强度等级 C80,弹性模量 $E_c=3.8\times10^4$MPa,桩截面积 $A_p=0.147$m^2。

$$\sigma=\varepsilon E=3.8\times10^7\times[2199,2201]\times10^{-7}=[8356.1,8363.9]\text{(kPa)}$$
$$F=\sigma A_p=[8356.1,8363.9]\times0.147=[1228.3,1229.5]\text{(kN)}$$

MATLAB 代码如下：

```
infsup(3.8 * 10^7 * infsup(2199,2201) * 10^-7)
infsup(infsup(8356.1,8363.9) * 0.147)
```

[例题 9-81]　某软土地基进行十字板抗剪切试验,板头尺寸 50mm× 500mm $(D=50\text{mm},H=100\text{mm})$,十字板常数 $K=436.78$m^{-2},钢环系数 $C=1.3$N/0.01 mm,剪切破坏时扭矩 $M=(0.02\pm0.001)$kN·m,试求软土的抗剪强度(顶面与底面在土体破坏时剪应力分布均匀,$a=2/3$)。

[解]：$\tau_f=\dfrac{2M}{\pi D^3\left(\dfrac{a}{2}+\dfrac{H}{D}\right)}=\dfrac{2\times[0.019,0.021]}{\pi\times0.05^3\times\left(\dfrac{\frac{2}{3}}{2}+\dfrac{0.1}{0.05}\right)}=\dfrac{2\times[0.019,0.021]}{0.39\times2.33\times10^{-3}}$

$=[41.8179,46.2199]$(kPa)

MATLAB 代码如下：

```
2 * infsup(0.019,0.021)/(0.39 * 2.33 * 10^-3)
```

参 考 文 献

[1]　刘兴录,刘琪.注册岩土工程师专业考试案例分析 2010 版[M].北京:人民交通出版社,2010:187.

[2]　张克恭,刘松玉.土力学[M].3 版.北京:中国建筑工业出版社,2010.

[3]　常士骠.工程地质手册[M].3 版.北京:中国建筑工业出版社,1992.

编　后　记

　　《博士后文库》(以下简称《文库》)是汇集自然科学领域博士后研究人员优秀学术成果的系列丛书。《文库》致力于打造专属于博士后学术创新的旗舰品牌,营造博士后百花齐放的学术氛围,提升博士后优秀成果的学术和社会影响力。

　　《文库》出版资助工作开展以来,得到了全国博士后管委会办公室、中国博士后科学基金会、中国科学院、科学出版社等有关单位领导的大力支持,众多热心博士后事业的专家学者给予积极的建议,工作人员做了大量艰苦细致的工作。在此,我们一并表示感谢!

《博士后文库》编委会